Ihre Arbeitshilfen zum Download:

Die folgenden Arbeitshilfen stehen für Sie zum Download bereit:

Muster:
- Lebensläufe
- Anschreiben
- Projektübersicht

Checklisten:
- Persönlichkeitsmerkmale
- Idealer Arbeitgeber
- Selbstanalyse Soft Skills

Linklisten:
- Jobbörsen und Suchmaschinen
- Karrieremessen
- Branchenverzeichnisse

Den Link sowie Ihren Zugangscode finden Sie am Buchende.

Bewerben 4.0 für Berufseinsteiger

Walter Feichtner/ Heike Anne Dietzel

Bewerben 4.0 für Berufseinsteiger

Online-AC, Skype-Interview, Social Media-Auftritt, Videobewerbung

1. Auflage

Haufe Group
Freiburg · München · Stuttgart

Bibliografische Information der Deutschen Nationalbibliothek

Die Deutsche Nationalbibliothek verzeichnet diese Publikation in der Deutschen Nationalbibliografie; detaillierte bibliografische Daten sind im Internet über http://dnb.dnb.de abrufbar.

Print: 14085-0001 Bestell-Nr. 978-3-648-12332-4
ePub: 14085-0100 Bestell-Nr. 978-3-648-12333-1
ePDF: 14085-0150 Bestell-Nr. 978-3-648-12334-8

Walter Feichtner/ Heike Anne Dietzel
Bewerben 4.0 für Berufseinsteiger
1. Auflage, November 2019

www.haufe.de
info@haufe.de

Bildnachweis (Cover): ©GaudiLab, shutterstock

Produktmanagement: Jasmin Jallad
Lektorat: Text + Design Jutta Cram

Inhaltsverzeichnis

Vorwort

Die Welt befindet sich gerade in einem umfangreichen und sehr rasanten Transformationsprozess, der uns alle betrifft. In Deutschland verändern sich die Bereiche Politik, Gesellschaft und Wirtschaft seit einigen Jahren stark – und das hat immense Auswirkungen auf den Arbeits- und Bewerbermarkt. Die Dynamik innerhalb vieler Unternehmen und Organisationen ist sehr hoch. Firmen fusionieren, werden von anderen Großkonzernen aufgekauft, komplette Abteilungen werden outgesourct und Insolvenzen, auch von Traditionsunternehmen, sind fast schon Alltag geworden. Die Automobilindustrie wird von Skandalen geschüttelt und muss das Problem alternativer Antriebe lösen. Das gesamte Bankengewerbe ist bereits seit einigen Jahren massiv unter Druck.

Auch in unserem Berufsleben können wir heute nicht mehr wirklich langfristig planen. Während Arbeitnehmerinnen und Arbeitnehmer noch vor gut 20 Jahren über viele Jahre, oft ihr ganzes Leben lang, für einen Arbeitgeber tätig waren, ist die Verweildauer in einem Unternehmen deutlich kürzer. Wer heute eine Ausbildung oder ein Studium abschließt, kann davon ausgehen, im Laufe seines Berufslebens für mehr als zehn Unternehmen zu arbeiten. Damit ist »Bewerbung« heute ein zentrales Thema für jeden Berufseinsteiger und auch für (bereits länger) Berufstätige.

Gleichzeitig ist unser Leben in den letzten Jahren immer digitaler geworden. Viele Aktivitäten unseres Alltags passieren online und in Social-Media-Kanälen. Seit einigen Jahren hat die Digitalisierung auch die Personalabteilungen in vielen Unternehmen erreicht. Die Personaler haben begonnen, ihre Recruiting-Strategien auf die digitale Lebensweise auszurichten, die gerade die jüngeren Generationen auszeichnet. Die Jungen im »War for Talents« zu erreichen ist für Arbeitgeber enorm wichtig, wenn nicht überlebenswichtig geworden.

Der Ratgeber »Bewerbung 4.0« beschäftigt sich mit den neuesten Online-Bewerbungs- und Recruiting-Trends, um Sie als Berufseinsteiger und Young Professionals auf die neue Realität bestmöglich vorzubereiten. Auch wenn Unternehmen in dieser Umbruchphase noch viel testen und sicher noch nicht die perfekten Strategien und Tools gefunden haben, tauchen sie immer mehr in die digitale Welt ein. Durch Erfahrungen über einen längeren Zeitraum und durch das Feedback der Bewerberinnen und Bewerber, das Unternehmen brauchen, werden sich die effektivsten Wege des Online-Recruitings erst herauskristallisieren.

Sie bekommen von uns in diesem Buch einerseits einen guten Überblick, was Sie tun können, um die richtigen Kanäle der digitalen Welt effizient zu nutzen. Andererseits ist es uns ein wichtiges Anliegen, Ihnen aufzuzeigen, wie Sie möglichst schnell zu dem Job kommen, der Sie glücklich und zufrieden macht.

Die Grundvoraussetzung für einen erfolgreichen Online-Bewerbungsprozess ist, dass Sie wissen, wie Sie auf den verschiedenen Online-Kanälen am besten und schnellsten sichtbar werden und sich dort von der Masse abheben können. Den klassischen Bewerbungsweg per Postbewerbung und Bewerbungsmappe können Sie weiterhin nutzen – uns ist es jedoch wichtig, dass Sie sich im beruflichen Veränderungs- oder Weiterentwicklungsprozess geschickt und effizient verhalten, um möglichst schnell die passenden Jobangebote zu bekommen. Wir zeigen Ihnen die wichtigen Vor- und Nachteile der verschiedenen Kanäle auf, damit Sie die zielführendste Strategie für Ihr Bewerbungsvorhaben entwickeln können.

Da auch Unternehmen das Internet vielfältig für sich nutzen, ist es von großem Vorteil, deren Ziele, Erwartungen und Suchkanäle zu kennen, um als Bewerber aufzufallen und Interesse zu generieren. Wenn sich ein Arbeitgeber auf die Suche nach potenziellen Mitarbeiterinnen und Mitarbeitern macht, also »Active Sourcing« betreibt, sind Sie als Jobsuchende dafür verantwortlich, die richtigen digitalen Spuren im Netz zu hinterlassen, damit er genau **Sie** findet!

Alles, was andere im Netz über Sie finden, sei es über XING, LinkedIn, Facebook oder Instagram, kann für und gegen Sie verwendet werden. Sie können also Ihr Image und Ihre Attraktivität sehr stark selbst beeinflussen, wenn Sie die richtigen Wege nutzen und sowohl Chancen als auch Risiken kennen.

Mithilfe unseres Buchs werden Sie Ihre Reputation und Ihr Bewerberprofil im Netz so gestalten können, dass Arbeitgeber auf Sie aufmerksam werden und Ihnen sicher schon bald spannende Jobangebote machen.

Viel Erfolg dabei wünschen Ihnen

Walter Feichtner und Heike Anne Dietzel

München, November 2019

Karrierecoach München – das sind wir

Karrierecoach München (www.karrierecoach-muenchen.de) unterstützt seit zehn Jahren Menschen, die sich beruflich verändern möchten oder müssen. Wir kennen daher sowohl die Anliegen und die Bedürfnisse unserer Kunden als auch die Anforderungen des Arbeitsmarkts bzw. der Unternehmen.

1 Aktuelle Recruiting-Trends

1.1 Trend #1: Active Sourcing

Die Suche und das Identifizieren geeigneter Mitarbeiter ist nicht einfach. Da der Arbeitsmarkt regelmäßig konjunkturellen Schwankungen unterworfen ist und Unternehmen immer mehr selbst die Initiative ergreifen möchten, aber auch müssen, warten diese nicht mehr, bis sich die richtigen Kandidaten bei ihnen melden.

Active Sourcing ist die Antwort der Unternehmen auf den sich derzeit sehr stark verändernden Arbeitsmarkt. Hierbei gehen Unternehmen immer mehr proaktiv und selbstständig auf Talente und potenzielle Bewerberinnen und Bewerber zu. So können offene Stellen deutlich schneller besetzt und zukünftige personelle Engpässe vermieden werden.

In der Vergangenheit wurden Stellenanzeigen in Zeitungen, Fachzeitschriften und in Jobbörsen geschaltet und die Unternehmen warteten eher passiv auf eingehende Bewerbungen. Im Gegensatz dazu betreiben die Unternehmen beim Active Sourcing eine aktive eigene Recherche im Bewerbermarkt inklusive der Kontaktaufnahme mit potenziellen Mitarbeiterinnen und Mitarbeitern.

Das Ziel ist somit nicht nur, Bewerber für offene Stellen zu finden, sondern diese auch langfristig an das Unternehmen zu binden. Eine längerfristige Verweildauer im Unternehmen ist von Arbeitgeberseite definitiv erwünscht. Unternehmen möchten sich daher unbedingt als attraktive Arbeitgeber für Bewerber und Bewerberinnen darstellen und ein professionelles Employer Branding nutzen.

Mit »Employer Branding« ist gemeint, dass Unternehmen zielgerichtet Marketingmaßnahmen einsetzen, um sich als attraktiver, angenehmer und interessanter Arbeitgeber zu präsentieren. Durch die Steigerung ihrer Bekanntheit und die Entwicklung eines positiven Images möchten die Unternehmen bewirken, dass deutlich mehr Bewerberinnen und Bewerber an einem Wechsel zu ihnen interessiert sind, generell mehr Bewerbungen eingehen und dadurch der Recruiting-Prozess maßgeblich verbessert wird.

Zudem kann sich Employer Branding auch positiv auf die Unternehmenskultur und die Mitarbeiterbindung auswirken. Es wird so eine positive Arbeitsatmosphäre im Unternehmen geschaffen. Indem sich die Mitarbeiter mit den Zielen des Arbeitgebers identifizieren, fühlen sie sich mit dem Unternehmen und der eigenen Aufgabe emotional verbunden. Ein Wechsel zu einem anderen Arbeitgeber wird so unwahrscheinlicher.

Doch jetzt noch einmal zurück zu Active Sourcing: Es ist als Methode zur Mitarbeitergewinnung nicht komplett neu. Diese Methode der aktiven Bewerbersuche und direkten Ansprache wird bereits seit mehreren Jahren erfolgreich von Personaldienstleistern und Headhuntern genutzt. Mit den beruflichen Netzwerken wie XING und LinkedIn wurde die Kontaktaufnahme für Unternehmen aus allen Branchen deutlich attraktiver, effizienter und rentabler. Für Personaler in Firmen ist es nun einfacher geworden, passendes Personal nicht nur für die Führungsebene, sondern für alle Hierarchieebenen und Aufgabenbereiche schnell und unkompliziert zu finden und anzusprechen.

Im Folgenden soll genauer auf die Unternehmen eingegangen werden, die Active Sourcing nutzen. Zudem werden Sie sehen, wie stark Active Sourcing in den unterschiedlichen Branchen genutzt wird.

Wer wendet Active Sourcing an?

Der Prozess, passende Bewerber selbst zu suchen, wird von Branchen und Unternehmen noch sehr unterschiedlich umgesetzt. In der IT-Branche und im Bereich Ingenieurwesen wird das Recruiting durch Active Sourcing am häufigsten verwendet. In der Studie »Social Recruiting and Active Sourcing« der Universität Bamberg aus dem Jahr 2019 gaben 38,7 Prozent der befragten IT-Unternehmen an, aktiv in Karrierenetzwerken nach Bewerbern zu suchen. Im Gegensatz dazu nutzen nur 20,1 Prozent der Top-1.000-Unternehmen aus diversen Branchen unterschiedliche Karrierenetzwerke, um Mitarbeiter zu rekrutieren.[1] Die Zahl der Unternehmen in anderen Branchen, die Active Sourcing betreiben, steigt jedoch stetig an.

Durch die wachsende Popularität der Berufsnetzwerke und Social Media wird Active Sourcing auch für mittelständische Unternehmen immer relevanter. Auf der Suche nach geeigneten Fachkräften konkurrieren mittelständische Betriebe mit großen Konzernen, denen ein viel höheres Budget für die Personalrekrutierung zur Verfügung steht. Auch der Fachkräftemangel, verursacht durch den demografischen Wandel, hat schwerwiegende Auswirkungen auf den Mittelstand. Deswegen ist es hier besonders wichtig, neue Wege bei der aktiven Kandidatensuche zu gehen. Active Sourcing ist hier genau das richtige Mittel, um kompetente Fachkräfte schnell zu erreichen.

In der Zukunft wird die aktive Recherche nach potenziellen Mitarbeitern mithilfe von XING, LinkedIn oder großen Suchmaschinen wie StepStone, Monster oder Indeed, in die auch Bewerberinnen und Bewerber ihre Profile stellen können, zum Standardsuchprozess der Personaler in allen Branchen und Firmen gehören.

1 Vgl. https://www.uni-bamberg.de/isdl/transfer/e-recruiting/recruiting-trends/recruiting-trends-2019/, 6

Warum wird Active Sourcing angewendet?
Das Hauptziel der proaktiven Bewerberrekrutierung ist es, einen Arbeitnehmer zu finden, der einerseits die offene Stelle ideal besetzen kann und andererseits auch zum Team, dem Unternehmen und der Unternehmenskultur passen wird. Obwohl der Prozess der aktiven Bewerbersuche aufwendig ist, ist es dennoch lohnend für die Unternehmen, auf diese Weise an neue Arbeitnehmerinnen und Arbeitnehmer heranzutreten. Das Verhältnis der aufgewendeten Kosten und des erzielten Ergebnisses durch Active Sourcing ist für Unternehmen positiv.

Die Vorteile von Active Sourcing für Personaler
Einer der wichtigsten Vorteile der aktiven Personalsuche ist das direkte Ansprechen von Bewerbern, die sich sonst mit großer Wahrscheinlichkeit nicht auf diese Stelle oder bei diesem Unternehmen bewerben würden. Insbesondere weniger bekannte, kleinere Unternehmen oder Firmen an weniger attraktiven Standorten wissen, dass sie selbst auf den Markt gehen müssen. In der Studie der Universität Bamberg gaben insgesamt 36,4 Prozent der Kandidatinnen und Kandidaten an, dass sie mit dem Unternehmen über dessen Direktansprache in Kontakt gekommen sind. Sie gaben an, dass sie sich selbst sicher nicht beworben hätten und sie sonst nicht für dieses Unternehmen tätig geworden wären.[2]

Durch das Speichern von Kandidaten in einem sogenannten »Talent Pool«, also in einer Datenbank mit interessanten und evtl. geeigneten Personen, verkürzt sich die Suchdauer nach neuen Bewerbern und Bewerberinnen deutlich. Vakanzen können schneller besetzt werden. In den Talent Pools wurde bereits eine Vorauswahl getroffen – somit kann bei Bedarf schneller auf Kandidaten zurückgegriffen werden.

Active Sourcing kann aber auch Nachteile für die Unternehmen mit sich bringen. Falls die Recherche auf den Lebenslaufplattformen oder in Karrierenetzwerken nicht gründlich durchgeführt wurde, kann dies negative Auswirkungen auf das Image des Unternehmens haben. Viele potenzielle Kandidaten fühlen sich belästigt und sind genervt, wenn sie Anfragen erhalten, die nicht zu ihren Qualifikationen, Fertigkeiten und vor allem Interessen passen. Auch wenn Nachrichten an den Bewerber nicht personalisiert werden, besteht die Möglichkeit, dass das Unternehmen negativ wahrgenommen wird – nicht personalisierte E-Mails vermitteln den Eindruck einer Massenabfertigung. Der Kandidat wird dann nicht aufgrund seines aussagekräftigen Profils und seiner individuellen Fähigkeiten ausgewählt, sondern eine oberflächliche Suche oder der Algorithmus einer Software haben ihn als geeignet erachtet und als Treffer identifiziert. Unternehmen präsentieren sich so nicht als gute Arbeitgeber und können ihrem Image sogar schaden. Die Folge kann sein, dass sich Jobsuchende auch bei

2 Vgl. https://www.uni-bamberg.de/isdl/transfer/e-recruiting/recruiting-trends/recruiting-trends-2019/, 30

möglicherweise sehr gut passenden Stellen oder Angeboten bei diesen Unternehmen in der Zukunft nicht mehr bewerben werden.

Obwohl die Erstauswahl von Kandidaten mittels Active Sourcing schnell durchgeführt werden kann, ist die Recherche nach den tatsächlichen Fähigkeiten und Potenzialen zeitlich immer noch sehr aufwendig und bringt so oft sogar höhere Kosten mit sich.

Insgesamt überwiegen bei einer gewissenhaften Recherche und der professionellen Kontaktaufnahme mit Kandidaten jedoch die Vorteile. Der Aufwand für Unternehmen ist überschaubar, insbesondere da Stellenanzeigen in guten Printmedien und digitalen Jobportalen nicht gerade günstig sind.

1.1.1 Wie wird Active Sourcing durchgeführt?

Personalerinnen und Personaler, die Active Sourcing nutzen, werden auch »Sourcer« genannt. Es gibt verschiedene Methoden und Strategien, Active Sourcing erfolgreich durchzuführen. Unternehmen legen diese individuell fest und setzen sehr unterschiedliche Schwerpunkte.

Ablauf des Active Sourcing
Generell wird der Prozess des Active Sourcing meist in folgende Schritte aufgegliedert:

Die Personalabteilung wird über eine Vakanz, also die dringende Neu- oder Nachbesetzung einer Stelle, von den Fachabteilungen informiert. Hier stehen besonders eine konkrete Stellenbeschreibung und das Anforderungsprofil bzw. die vorauszusetzenden Qualifikationen des Kandidaten im Fokus. Diese bilden die Hauptgrundlage der Entscheidung, auf welchen Kanälen nach passenden Bewerbern und Bewerberinnen gesucht werden soll. Nicht jeder Kanal eignet sich für alle Stellen und alle Bewerber.

Sobald die passenden Keywords und Skills sowie der geeignete Kanal ausgewählt wurden, beginnt die Hauptaufgabe der Active Sourcer. Eine Übersicht über alle Kanäle finden Sie im Kapitel 6 »Die digitale Visitenkarte«. Auf den unterschiedlichen Kanälen werden mithilfe der Freitextsuche und der entsprechenden Keywords die Profile der Mitglieder in den Portalen oder Netzwerken durchsucht.

Freitext- vs. Keyword-Suche

Bei der Freitextsuche handelt es sich um die Eingabe selbst gewählter Begriffe oder kurzer Sätze, die in der Regel spezielle Kenntnisse (Hard Skills) aus fachlicher oder technischer Sicht beinhalten.

Die Keyword-Suchfunktion umfasst meist eine Auswahl von Suchbegriffen, die die Suchmaske vorgibt oder vorschlägt.

Bei der Überprüfung der Mitgliederprofile in den Social Media oder in Lebenslaufdatenbanken sind große Sorgfalt und ein gutes Gespür wichtig. Hier liegt das größte Fehlerpotenzial im Rekrutierungsprozess. Bei jedem einzelnen Kandidatenprofil müssen die angegebenen Daten mit den vorher festgelegten Stichwörtern der Stellenbeschreibung verglichen werden. Anhand der gesammelten Informationen wird ausgewertet, ob der Kandidat die nötigen Qualifikationen und Eigenschaften für die vakante Stelle besitzt. Sprechen sich Personaler hier nicht sorgfältig mit den relevanten Personen im Unternehmen ab oder recherchieren nicht gründlich und gewissenhaft, werden entweder die richtigen Kandidaten gar nicht oder sogar die falschen Kandidaten angesprochen.

Selbst wenn in diesem Schritt der Rekrutierung nicht der exakt passende Bewerber für die zu besetzende Stelle gefunden wurde, werden das Profil und die Daten des Bewerbers in einem Talent Pool bzw. in der zugehörigen Datenbank abgespeichert. Wie es der Name »Talent Pool« schon andeutet, handelt es sich hier um Datensätze von Interessenten und möglichen Talenten. Diesen kann evtl. noch nicht sofort eine bestimmte Stelle angeboten werden, doch könnte hier bereits der richtige Mitarbeiter für eine bald zu besetzende Stelle identifiziert sein.

Nicht nur potenzielle Mitarbeiter, sondern auch Personen mit besonderen Kenntnissen oder speziellem Know-how werden in einem Talent Pool gespeichert. Bei Bedarf können die Firmen somit schnell auf die entsprechende Person zugehen.

Mit der Nutzung des Talent Pools wird die »Time-to-Hire«, also die Dauer von der Ausschreibung der Stelle bis zu ihrer Besetzung, signifikant verkürzt. Dies ist ein wichtiges Argument für Firmen, Active Sourcing zu betreiben und zusätzlich einen Talent Pool zu pflegen. Der große Arbeitsaufwand wiegt den daraus resultierenden Nutzen oft auf.

Methoden des Active Sourcing

Größere Unternehmen verfügen häufig über eigene »Karriereseiten« in den Social Media. Hier können sie nicht nur allgemeine Informationen zur Firma präsentieren, sondern auch Vakanzen zielgerichtet veröffentlichen. Auch eine Rekrutierung von »Young Professionals« ist über diese Karriereseiten möglich. Bewerber sehen, in welchen Bereichen oder Positionen gerade Bedarf besteht und Mitarbeiter gesucht werden.

Eine weitere geeignete Möglichkeit, neue Talente zu finden ist die »Open-Web-Search«-Methode. Hiermit ist ein »googeln« von möglichen Kandidaten gemeint. Mit bereits vordefinierten Suchbegriffen wird über gängige Suchmaschinen recherchiert.

Diese Art der Suche ist auch als »Natural Language Search« bekannt geworden. Besonders zielführend ist sie jedoch nicht. Hier werden Suchbegriffe bzw. Schlagworte eingegeben, um den semantischen Algorithmus der Suchmaschinen (Google, Bing oder Yahoo) zu nutzen.

Wenn von Recruiter-Seite Schlagwörter der Stellenbeschreibung und der notwendigen Kompetenzen eines Bewerbers in die Suchleiste bei beruflichen Netzwerken (XING und LinkedIn) oder Lebenslaufdatenbanken (Monster und StepStone) eingegeben werden, handelt es um die Methode »Profile Mining«. Diese Art des Active Sourcing ist die bekannteste. Sie ist jedoch am zeitintensivsten und nicht unbedingt am effektivsten, um die richtigen Kandidaten zu finden.

Ein gutes Suchergebnis kann auch mit der »Booleschen Suche« erzielt werden. Davon spricht man, wenn Unternehmen mit Schlüsselwörtern »komplexe Suchketten« bilden. Schlüsselwörter und die jeweiligen Synonyme, wie »Vertriebsleiter« als Schlüsselwort und als Synonyme »Sales Director«, »Head of Key Account Management« oder brancheninterne Spitznamen etc., verbessern die Suche. Auch sollten die »Variationen« der einzelnen Schlüsselwörter einbezogen werden, wie zum Beispiel die Bezeichnung »Vertriebsleiterin« oder die Position in einer anderen Sprache (s. o.). Um erfolgreiche Suchketten zu bilden, werden unterschiedliche Operatoren benötigt.

Hier eine kurze Übersicht über die Booleschen Operatoren:

Operator	**Bedeutung**
AND	Beide verknüpften Parameter kommen vor.
OR	Mindestens einer der verknüpften Parameter kommt vor.
NOT	Der mit NOT verknüpfte Parameter kommt nicht vor.
(...)	Begriffe in der Klammer werden als einzelne Parameter erachtet.
»...«	Die exakte Phrase wird gesucht.
*	Sog. Wildcard-Suche; ersetzt Begriffe.

Boolesche Operatoren, 2018, Active Sourcing, talentwunder.com, https://talentwunder.com/de/active-sourcing/

Das »Harvesting« bezeichnet das systematische »Abernten« eines Kanals. Obwohl bereits in einem der Kanäle ein erster Suchlauf durchgeführt wurde, kommt es zu einer weiteren semantischen Suche. Diese basiert auf der Eingabe von Suchbegriffen in die vorhandenen Suchfelder. Hier fokussieren sich die hinterlegten Algorithmen auf die eingegebenen Keywords. Mit dieser Art der Stichwortsuche ist es besonders effizient und schnell möglich, auf diversen Plattformen und Kanälen einen entsprechenden Kandidaten zu finden.

Der Active Sourcer sollte immer beachten, dass es nicht bei den anfangs festgelegten Suchstrategien und Suchbegriffen bleiben muss. Die flexible und zielgerichtete Suche ist besonders nutzenstiftend, wenn neue Anhaltspunkte aus Kandidatenprofilen in die aktive Recherche aufgenommen werden. Bei der Anlage eines Profils eines Kandidaten in den Online-Netzwerken gibt es nämlich keine einheitlichen Vorschriften zu den ausgewählten und veröffentlichten Daten und zur verwendeten Form. Jedes Profil wird individuell vom Nutzer selbst gestaltet – damit sind auch die enthaltenen Informationen sehr unterschiedlich.

Ergibt die Suche eines Recruiters zu viele Treffer, kann durch die Reduzierung und Kombination mit weiteren Suchbegriffen die Kandidatenmenge deutlich verkleinert werden. Die drastische Reduzierung von Begriffen kann jedoch auch geeignete Kandidaten ausschließen, da das gefundene Profil nicht immer alle Qualifikationen und Kenntnisse eines Kandidaten abbildet bzw. nicht jeder Kandidat alle wichtigen Keywords in sein Profil eingebaut hat. Personaler könnten dann vermuten, dass diese Kompetenzen fehlen.

Dies kann auch sehr kompetente Kandidaten aus der Treffergruppe ausschließen. Bei Online-Profilen handelt es sich nicht um die vollständigen Bewerbungsunterlagen. Die gefundenen Informationen sollten mit diesen auch nicht gleichgesetzt werden. In Online-Profilen findet man immer nur erste Anhaltspunkte für die grundsätzliche Eignung eines Kandidaten. Um ein vollständiges Bewerberprofil zu erhalten, sind eine direkte Kontaktaufnahme und ein Kennenlerntermin notwendig.

Referral Sourcing

Übrigens: Das Netzwerken ist in vielen Bereichen immer noch eine der effektivsten Formen, neue Mitarbeiter und Mitarbeiterinnen zu gewinnen. Viele Unternehmen halten ihre Mitarbeiter dazu an, offene Stellen in Online-Netzwerken zu teilen oder sich mit potenziellen Kandidaten in Verbindung zu setzen. Das Einbeziehen von Kontaktpersonen nennt man »Referral Sourcing«. Der Unterschied zu den direkten Empfehlungen der Mitarbeiter besteht darin, dass die Mitarbeiterinnen und Mitarbeiter selbst und nicht die Personalabteilung bzw. die Recruiter auf potenzielle Bewerber zugehen. Warum nicht auch diesen Weg bei der Suche nach neuen Kollegen gehen?

Wie Sie sich als Bewerber kompetent und aussagekräftig in beruflichen Netzwerken darstellen, finden Sie im Kapitel 6 »Die digitale Visitenkarte«.

Der nachfolgende Abschnitt geht genauer darauf ein, auf welchen Plattformen Active Sourcing betrieben wird und welche Vor- bzw. Nachteile diese für den Bewerber und den Sourcer haben.

1.1.2 Wo wird Active Sourcing betrieben?

Es gibt diverse Plattformen und Verzeichnisse, in denen man detaillierte berufliche Profile anlegen und veröffentlichen kann. Damit können Unternehmen leicht Kandidatenprofile finden, prüfen und direkt mit Bewerbern in Kontakt treten.

Online-Berufsnetzwerke
Die bekanntesten und größten Online-Netzwerke, die Active Sourcer nutzen, sind XING und LinkedIn. Hier kann ein Nutzer seinen beruflichen Werdegang darstellen und seine Kompetenzen und Fähigkeiten ins rechte Licht rücken. Beide Netzwerke sind nicht nur hilfreich, um sich potenziellen Arbeitgebern zu präsentieren, sondern auch sinnvoll, um Kontakte zu knüpfen und sein berufliches Netzwerk aufzubauen und zu erweitern.

Die Kombination dieser beiden Ziele ist jedoch gleichzeitig auch der Nachteil dieser Netzwerke für Recruiter. Ob sich ein Profilinhaber aktiv auf Stellensuche befindet, ist nicht immer eindeutig ersichtlich. Durch kostenpflichtige Leistungen können noch direktere Signale vom Bewerber nach außen, also an die Recruiter, gesendet werden. Ein gut gepflegtes Profil ist auf jeden Fall ein Aushängeschild, damit ein Nutzer von Personalern während des Sourcing-Prozesses gefunden wird.

Sie sollten Ihr Profil regelmäßig pflegen, selbst wenn Sie im Moment nicht aktiv auf Jobsuche sind. Erstens bleiben Sie selbst auf dem neuesten Stand, was gewisse Themen und Branchen betrifft, und Sie können Ihr Netzwerk stetig ausbauen. Zweitens sehen Active Sourcer, dass eine direkte Kontaktaufnahme mit Ihnen lohnend ist.

Bei Jobsuchenden sind Business Networks auch sinnvoll, um sich mit Unternehmen zu vernetzen. Dadurch erhalten Sie Werbeanzeigen der Firmen mit konkreten Stellenausschreibungen.

XING und LinkedIn sind ähnlich und doch verschieden. Mit XING erreichen Sie vor allem Firmen und Netzwerke im deutschsprachigen Raum, also in Deutschland, Österreich und der Schweiz. Mit LinkedIn erreichen Sie Unternehmen und Recruiter weltweit. Je nachdem, in welchen Regionen Sie sich bewegen möchten, sollten Sie Ihr Profil in den Online-Netzwerken erstellen und pflegen.

Doch nicht allein zum Networking sind diese Plattformen hilfreich. In den diversen Foren und Gruppen finden Sie gleichzeitig viele interessante Beiträge und wissenswerte Tipps, die Ihnen im beruflichen Alltag weiterhelfen können.

Wie Sie ein optimales XING-Profil erstellen, finden Sie in Kapitel 6 »Die digitale Visitenkarte«.

Lebenslaufdatenbanken

Weitere gute Quellen für das Active Sourcing sind die Lebenslaufdatenbanken von Monster und StepStone. Auch hier können Sie Ihren beruflichen Werdegang online veröffentlichen. Lebenslaufdatenbanken unterscheiden sich grundlegend von Online-Berufsnetzwerken, da hier nur der berufliche Werdegang von Personen veröffentlicht wird. Auf Lebenslaufdatenbanken werden zudem von Unternehmen und Personalagenturen Vakanzen online gestellt. Daher eignen sich diese Portale auch sehr gut für die Stellensuche, die nach Städten und Branchen untergliedert ist. Das ist ein klarer Vorteil für Jobsuchende.

Bei Monster und StepStone liegt der Schwerpunkt aus Ihrer Perspektive als Bewerber rein auf der Präsentation des eigenen beruflichen Werdegangs. Sie sollten diese nutzen, wenn Sie sich gerade im Bewerbungsprozess oder in einer Phase der Neuorientierung befinden.

Wer seine Daten auf den einschlägigen Internetseiten veröffentlicht, setzt ein klares Signal der Jobsuche. Das Profil kann jedoch auch vom bestehenden Arbeitgeber gesehen werden, was gewisse Gefahren in sich birgt. Wer dies nicht möchte, sollte die Veröffentlichung seines Lebenslaufs gut abwägen bzw. genau überprüfen, mit welchen Einstellungen er seine Daten anonymisieren kann. Da Sie jedoch das Ziel haben, sich kurz-, mittel- oder langfristig beruflich zu verändern, müssen Sie aktiv und auch mutig sein, sonst bleibt alles beim Alten. Obwohl die Mitgliederzahl in Lebenslaufdatenbanken in den letzten Jahren eher gesunken ist, sind diese immer noch eine wichtige Quelle für den Active-Sourcing-Prozess.

Social Media

Bei Facebook, Instagram und Co. spricht man von »Social Media«. Auch hier sind viele Unternehmen mit einem Profil vertreten. Hauptsächlich wird hier Image-Werbung und Employer Branding betrieben. Dafür haben Firmen Mitarbeiter, die die Profile pflegen und anhand eines genau definierten Redaktionsplans betreuen. Die Profile in den Social Media werden neben den allgemeinen Informationen zum Unternehmen, seinen Produkten und Dienstleistungen von den Firmen auch als »Karriereseiten« genutzt.

Facebook und Instagram sind für Unternehmen zudem eine gute Möglichkeit, um freie Stellen zu veröffentlichen. Facebook liegt als Social-Media-Kanal, in dem Stellenanzeigen veröffentlicht werden, auf Platz zwei hinter XING.

Instagram wurde in den letzten Jahren immer attraktiver für Kandidaten, um nach passenden Stellenanzeigen zu suchen. So ist die Nutzung von Instagram zur Recherche von Vakanzen von 2017 auf 2018 deutlich angestiegen. Die Annahme ist jedoch, dass die Nutzung von Instagram und Snapchat für die Stellensuche in nächster Zeit noch mehr zunehmen wird.

Der große Kritikpunkt bezüglich der Nutzung von Social Media für das Active Sourcing ist die Kontaktaufnahme mit Bewerbern, die dort ja eher privaten Charakter hat. Bei Facebook handelt es sich eigentlich nicht um ein berufliches Netzwerk. Die private Nutzung steht eindeutig im Vordergrund. Sollten Sie also zufällig mit dem Active Sourcer auf Facebook befreundet sein, dürfen Ihre Daten aus dem Profil nicht »gegen Sie verwendet« werden.

Das Gleiche gilt für die direkte Kontaktaufnahme durch Unternehmen mit Ihnen. Sollten Sie keine direkte Ansprache von Unternehmen wünschen, können Sie dies jederzeit in den Privatsphäre-Einstellungen Ihrer Profile anpassen. Je nach Bedarf können Sie die direkte Kontaktaufnahme durch Unternehmen entweder zulassen oder verhindern. Wenn Sie jedoch in Ihren Bewerbungsunterlagen oder Profilen alle anderen Profilnamen von Facebook, XING und weiteren angeben, haben Sie einer Auswertung Ihrer Daten durch den Personaler indirekt bereits zugestimmt.

Trotz aller Bedenken stellen Social Media für Sie als Bewerber eine gute Möglichkeit dar, sich über Ihr Wunschunternehmen und offene Stellen bei diesem zu informieren.

Lesen Sie in Kapitel 7 »Social Media im Bewerbungsprozess«, wie Sie Social Media gezielt für Ihre Jobsuche nutzen können.

Talent Pools bzw. interne Datenbanken

Oben wurde bereits der sogenannte »Talent Pool« angesprochen. Die Vorteile für Unternehmen sind klar ersichtlich: Die umfangreichen Recherchen haben sich bezahlt gemacht und wichtige Informationen bzw. geeignete Profile wurden abgespeichert. Sobald eine Stelle neu zu besetzen ist, kann in den internen Datenbanken nach Kandidaten gesucht werden. Falls sich ein idealer Kandidat darin befindet, verkürzen sich Rekrutierungsdauer und -aufwand für das Unternehmen immens. Das »Talentpooling« ist so ein zentrales Ziel des Active Sourcing.

Auch für Sie als Bewerber oder Bewerberin ist es vorteilhaft, in der internen Datenbank eines Unternehmens gespeichert bzw. gelistet zu sein. Ihre individuellen Fertigkeiten und Ihr Know-how sind dem Unternehmen damit bereits bekannt. Wenn eine offene Stelle zu besetzen ist, auf die Ihr Profil passt, können Sie als perfekter Kandidat sofort gefunden werden. Falls sich das Unternehmen bei Ihnen meldet, wurde die Stellenbeschreibung vorab bereits mit Ihrem Profil verglichen und Sie als passender Kandidat gewertet.

Sollte sich also ein Recruiter bei Ihnen melden, haben Sie mit Ihrem Profil vieles richtig gemacht. Falls Sie die vakante Stelle jedoch nicht interesssiert, muss dies nicht negativ sein, da sich mittel- oder langfristig andere Möglichkeiten bei diesem Unternehmen ergeben können und die Datenbankauswertung Sie sicher bald wieder als Treffer identifizieren wird.

Active Sourcer nutzen viele verschiedene Kanäle, u. a. auch die Karrieredienste Experteer, Jobleads und Placement24. Hierbei handelt es sich um Online-Netzwerke, in denen Sie, ähnlich wie bei Lebenslaufdatenbanken, ein Profil mit Ihrem beruflichen Werdegang veröffentlichen können. Angesprochen werden hier insbesondere Fach- und Führungskräfte in höheren Gehaltsregionen mit mehrjähriger Berufs-, Projekt- oder Führungserfahrung. Vor allem Headhunter nutzen diese für die aktive Suche nach Kandidaten.

Internet- und Google-Recherche im Allgemeinen
Die klassische Internet- und Google-Recherche wird von Recruitern weiterhin genutzt. Durch die Eingabe entsprechender Stichwörter in den Suchmaschinen wird nach möglichen Kandidaten gesucht. Eine Voraussetzung hierfür ist, dass Sie in Ihrem jeweiligen Profil zugestimmt haben, über Suchmaschinen gefunden werden zu können. Dies können Sie in den jeweiligen Privatsphäre-Einstellungen der Profile selbst meist recht einfach anpassen.

Um eine zielgerichtete und erfolgreiche Internetrecherche durchführen zu können, sollten umfangreiche Kenntnisse dieser Recherchemöglichkeiten vorhanden sein, da die Suchmaschinen keine einheitliche Struktur aufweisen. Aus diesem Grund ist die Internet- und Google-Recherche nicht der bevorzugte Weg von Personalern, um auf geeignete Kandidaten zu stoßen.

1.1.3 Wer wird hauptsächlich durch das Active Sourcing rekrutiert?

Generell werden Bewerber in zwei große Gruppen unterteilt: den aktiven und passiven Kandidatenmarkt, wie die Grafik unten verdeutlicht. Der aktive Kandidatenmarkt beinhaltet alle Bewerber, die arbeitslos bzw. arbeitssuchend sind oder sich noch in einem Beschäftigungsverhältnis befinden, jedoch bereits aktiv nach einem neuen Arbeitgeber suchen.

Der passive Kandidatenmarkt umfasst alle Kandidaten, die ebenfalls in einem Beschäftigungsverhältnis stehen, jedoch nicht auf Jobsuche sind. Hier erfolgt nun eine spezifischere Unterteilung in drei Bereiche. Zwei Gruppen daraus, die »Tiptoer« und die »Explorer«, sind die Hauptzielgruppe für Active Sourcer.

Bei den »Tiptoern« handelt es sich um Arbeitnehmerinnen und Arbeitnehmer, die einen Arbeitgeberwechsel konkret in Betracht ziehen und sich bereits im näheren Umfeld nach offenen Stellen erkundigt haben. Die »Explorer« sind die Kandidaten, die sich nicht aktiv auf der Suche befinden, jedoch einem Kontakt oder Gespräch bezüglich neuen beruflichen Perspektiven durchaus positiv und offen gegenüberstehen. Hierbei muss es sich nicht immer um unzufriedene Mitarbeiter handeln. Nicht selten fühlen sich Menschen unterfordert, möchten sich beruflich weiterentwickeln oder einfach mehr verdienen. Ein Markwertcheck ist für sie allemal von Interesse.

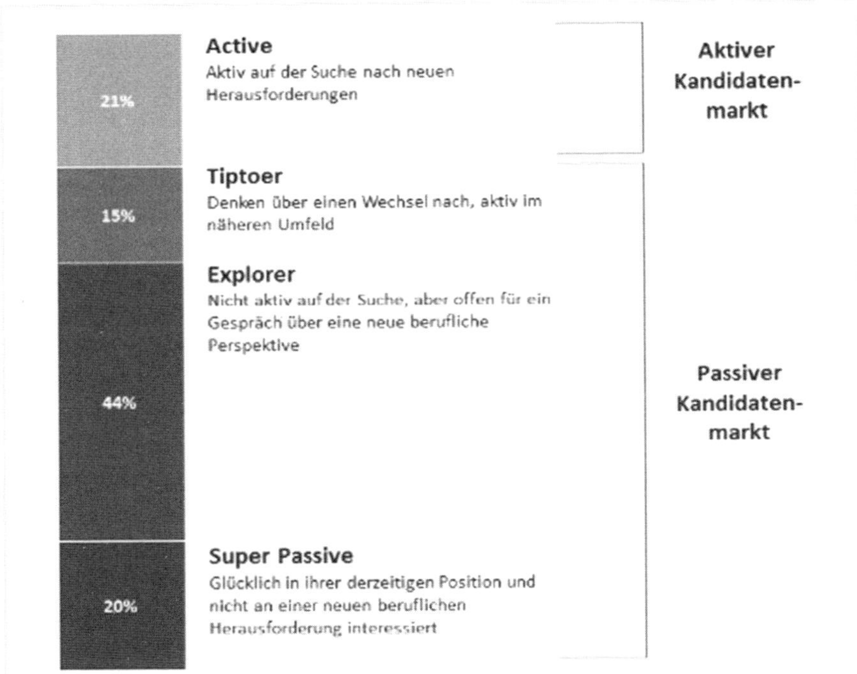

Aktiver und passiver Kandidatenmarkt: Ergebnisse basierend auf einer LinkedIn-Studie aus dem Jahr 2011. Die Begriffe »Tiptoer«, »Explorer« und »Super Passive« basieren auf Lou Adlers »Early-bird Sourcing Strategy« © 2010, https://www.deininger.de/data/Auzug_Seite 129-145 – Active Sourcing.pdf.

Der Bewerber kann so auf mögliche Jobangebote aufmerksam werden. Aber auch die rekrutierenden Firmen, die versuchen, beide Zielgruppen zu erreichen, profitieren davon. Die oben genannten Strategien und Methoden der aktiven Kandidatenauswahl sind genau auf diese beiden Zielgruppen abgestimmt, insbesondere da sich viele Kandidaten erst durch eine direkte Kontaktaufnahme über mögliche Angebote und Optionen für einen Wechsel bewusst werden.

Beispiele, wie Direktkontakte aufgebaut werden und welche Tipps man beherzigen sollte, um von Sourcern besser gefunden zu werden, sehen Sie insbesondere in den Kapiteln 2.5.7 und 6.2 zu XING und LinkedIn.

1.1.4 Die richtige Kandidatenansprache durch Active Sourcing

Die direkte Kontaktaufnahme mit interessanten Kandidatinnen und Kandidaten ist der erste Schritt, um eine Beziehung zu diesen aufzubauen. Der erste Eindruck zählt, vor allem da Kandidaten auf unpersönliche und standardisierte Nachrichten meist überhaupt nicht reagieren und diese komplett ignorieren. Voraussetzung für die Kontaktaufnahme ist die Einwilligung des Profilbesitzers. Falls diese nicht vorliegt, ist eine direkte Ansprache rechtlich nicht erlaubt. Recruiter müssen sehr professionell vorgehen und den angesprochenen Kandidatinnen und Kandidaten sofort möglichst konkrete Informationen zur Stelle geben, sonst schrecken sie diese ab.

1.2 Trend #2: Robot Recruiting

Das Robot Recruiting umfasst verschiedene Tools, mit denen im Recruiting bestimmte Aufgaben und Prozesse digitalisiert und automatisiert werden. Dazu gehört die Analyse von Big Data und der Einsatz von KI-basierten Lösungen, mit denen heute schon Jobinterviews durchgeführt und Kandidaten-Rankings erstellt werden. Der unternehmerische Nutzen ist hauptsächlich ein Zeitgewinn und damit eine Kostenersparnis, gleichzeitig wird das Risiko menschlicher Wahrnehmungsverzerrungen bei der Auswertung von Interviews reduziert.

Welche neuen Tools und Verfahren sehen Sie als Bewerber und welche Auswirkung haben diese?
Wir haben im Folgenden die wichtigsten neuen Tools und Verfahren für Sie zusammengestellt.

Künstliche Intelligenz
Die Personalauswahl revolutioniert sich gerade auch durch den Einsatz künstlicher Intelligenz, die in Verbindung mit maschinellem Lernen auf verschiedene Art und Weise zum Einsatz kommt:

- **Jobinterviews**: KI wird zur Analyse von sehr großen Datensätzen eingesetzt, die im Rahmen von Text-, Sprach- oder Videointerviews mit Kandidaten und Mitarbeitern gesammelt wurden. Die KI korreliert riesige Datensätze von einzelnen Personen mit den Leistungsdaten von Mitarbeiterinnen und Mitarbeitern in Unternehmen. Auf diese Weise kann die KI durchschnittliche Mitarbeiter von Leistungsträgern unterscheiden und das Ergebnis später auf Bewerber übertragen bzw. diese daran messen. Der Recruiter bekommt ein Ranking der Bewerber, das im Vergleich mit den internen Leistungsträgern erstellt wird.[3]

3 Vgl. Jungbauer, Kevin-Lim: Die Kunst des Recruiting, in: Wirtschaftspsychologie, Ausgabe 01/2019

Einige Unternehmen setzen KI bereits in Interviews mit Bewerbern ein. Precire z. B. ist eine Software, die Persönlichkeiten von Bewerbern auf der Basis von 15 Minuten dauernden Interviews analysiert und dabei über eine halbe Million Eigenheiten wie z. B. Akzent, Intonation, Sprachrhythmus, Pausen und Wortwahl einbezieht. Die Einsparungspotenziale der Unternehmen sind enorm. Die Thalanx-Gruppe, die bereits Interviews auf der Basis von KI durchführt, spricht von 70 Prozent.[4]

- **Game-Based-Assessments** betrachten das Spielverhalten von Bewerbern und analysieren Leistungsdaten. Die KI zieht so Rückschlüsse auf die Persönlichkeit des Users.
- **Optimierung von Stellenanzeigen**: KI hilft dabei, das Platzieren von Stellenanzeigen zu verbessern, damit Bewerber sie sofort finden. Sie schlägt Recruitern Jobkategorien, Jobbörsen und Schlagwörter für die Stellenanzeigen vor.
- **Chatbots** ermöglichen den Erstkontakt mit Bewerbern 24/7. Ein Chatbot kann einfache oder wiederkehrende Fragen beantworten und komplexere Anfragen an Mitarbeiterinnen und Mitarbeiter weiterleiten.
- **CV-Parsing** bezeichnet die automatische Verarbeitung von Daten aus dem Lebenslauf oder Online-Profil eines Bewerbers. Damit kann eine Bewerberdatenbank gefüllt werden, mit der Reruiter ebenfalls schneller nach geeigneten Kandidaten suchen können.[5]

Die Fachwelt ist geteilter Meinung, wie sie den Einsatz von KI im Recruiting einordnen soll. Die einen verteidigen vehement die wissenschaftsbasierten Ansätze, die mit psychometrischen Tests, Assessment-Centern und strukturierten Interviews eine valide, objektive und verlässliche Auswahl sichern. Die anderen favorisieren und feiern die neue Technologisierung und künstliche Intelligenz, die verschiedentlich eingesetzt werden kann und die viel verspricht. KI kann in kürzester Zeit extrem große Datenmengen verarbeiten und statistische Zusammenhänge identifizieren und ist damit dem menschlichen Gehirn weit überlegen. Ein großer Vorteil der KI ist definitiv auch deren Objektivität: Sie bewertet Informationen nicht eigenständig als positiv oder negativ und verzerrt nicht, was der Mensch automatisch bzw. unbewusst immer tut. Und natürlich kann KI den Recruitern Aufgaben wie die Voranalyse von Lebensläufen abnehmen und hilft damit, viel Zeit zu sparen, die wiederum nutzenstiftend in späteren Phasen des Recruiting-Prozesses eingesetzt werden kann.

Aus Bewerbersicht ist es wahrscheinlich gut zu hören, das KI-Verfahren nicht perfekt sind und das Mitwirken menschlicher Intelligenz brauchen:

- KI hinterfragt die eigenen Ergebnisse nicht. Die Datenanalyse kann ein Ergebnis produzieren, das keinen wirklichen, realen Kausalzusammenhang hat. Analyseer-

4 Vgl. Baier, Corinna: Mein Bewerbungsgespräch mit einem Roboter, Focus 37/2018

5 Vgl. Robot Recruiting: Möglichkeiten und Grenzen; erschienen am 24.06.2019 auf www.haufe.de/personal/hr/; Haufe Online Redaktion

gebnisse sollten geprüft und hinterfragt werden, um Fehler, z. B. den Ausschluss von geeigneten Bewerbern, zu vermeiden.

- Auch KI produziert bzw. hat eine eigene Verzerrung, den sog. algorithmischen Bias. Die KI kann nur bei guter Datenqualität gute Ergebnisse liefern. Bei schlechter Datenqualität kann es passieren, dass bestimmte Bewerbergruppen ausgeschlossen werden (z. B. Frauen oder Männer), wenn diese in den Input-Daten für die Analyse unterrepräsentiert sind.

Künstliche Intelligenz wird sich als Technologie weiterentwickeln und in Zukunft immer mehr Bestandteil unseres täglichen Lebens werden. Als Bewerber können Sie sich entscheiden, ob Sie der Einladung zu einem KI-basierten Interview oder einem Game-based Assessment folgen möchten oder nicht. Jede Neuerung ist am Anfang ungewohnt und wir werden Zeit brauchen, um sie zu verstehen und anzunehmen. Seien Sie neugierig und lassen Sie sich auf das Experiment ein! Erforschen Sie und entdecken Sie KI mit einer offenen Haltung. Dabei dürfen Sie durchaus kritisch sein und den Unternehmen dazu Feedback geben. Diese brauchen Ihre Rückmeldung, um Prozesse und Tools weiter zu verbessern und die sog. Candidate Experience und Candidate Journey, also Ihre Erfahrung während des Recruiting-Prozesses, so positiv wie möglich zu gestalten!

1.3 Trend #3: Reverse Recruiting und digitales Job-Matching

Mit dem Fachkräftemangel in vielen Fachbereichen, wie z. B. der IT, dem Ingenieurwesen und auch in der Pflege, haben sich die Gewichtungen im Bewerbungsprozess verändert. Heute ist der Arbeitsmarkt eher ein Bewerbermarkt, in dem sich Unternehmen bei den Kandidaten bewerben. Die Fachwelt hat hierfür den Begriff des »Reverse Recruiting« gefunden. Die Aufgabe der Personaler besteht mehr und mehr darin, den Bewerber vom Einstieg ins Unternehmen zu überzeugen. Da Personaler mehr Zeit für die persönliche Kommunikation und Betreuung der Bewerber haben und zudem auch für eine positive Candidate Experience im Bewerbungsprozess sorgen sollen, werden digitale Recruiting-Lösungen in den Unternehmen immer stärker nachgefragt, da sie sich von deren Einsatz einen großen Zeitgewinn und mehr Effizienz versprechen.

Big Data und deren Analyse bekommen im HR-Bereich eine immer größere Bedeutung und sind eines der großen Trendthemen im sog. E-Recruiting oder digitalen Recruiting. Ein sehr wichtiges Instrument ist das Job-Matching auf der Basis von Algorithmen, die man in Job-Apps und Online-Matching-Portalen einsetzt, um Bewerber mit einstellenden Unternehmen zusammenbringen. Diese Algorithmen analysieren die Eignung von Usern für bestimmte Stellen auf der Basis der Daten in den Nutzerprofilen. Das Matching des Systems führt zu einer ersten Vorauswahl, die der Personaler z. B. in einem persönlichen Dashboard ansehen kann. Er kann dann mit dem Kandidaten kommunizieren und so den Bewerbungsprozess weiter gestalten. Hier bieten einige digitale Lösungen bereits integrierte Messenger und die Möglichkeit, die Bewerbersysteme der Unternehmen mit diesen digitalen Lösungen zu verbinden.

1.3.1 Jobmatching-Portale

Dank dieser neuen digitalen Möglichkeiten können die Jobsuche und die Stellenbesetzung für alle Beteiligten im ersten Schritt um einiges einfacher werden. Für Sie als Bewerber oder Bewerberin werden auf einem Matching-Portal nur die Stellen vorgeschlagen, die zu Ihnen passen. Dem Recruiter sollten zudem nur mehr die Bewerber empfohlen werden, die zu seinen Anforderungen passen. Die Passgenauigkeit bzw. die Qualität des Matchings hängt vorrangig vom verwendeten Algorithmus und von der Qualität der persönlichen Daten ab, die in den Datenbanken gespeichert werden. Das Prinzip kennen wir aus den Dating-Portalen und geht auf das Parsonsche Trait-and-Factor-Prinzip zurück: »Trait« steht für die Eigenschaften und Fähigkeiten, die mit den beruflichen Anforderungen (»Factor«) abgeglichen werden.[6]

Die Herausforderung besteht darin, den Bewerber in Bezug auf seine Traits möglichst realistisch zu messen. Viele Job-Matching-Portale beziehen sich auf die Persönlichkeit, die Fähigkeiten und das Wissen des Bewerbers. Sie integrieren Persönlichkeitstests und andere Messverfahren, die den Nutzer in den für den Algorithmus relevanten Dimensionen der Persönlichkeit messen. Die Unternehmensseite ist ebenfalls komplex: Es werden Jobprofile definiert, die mit den Persönlichkeitsprofilen korreliert werden. Im Detail ist dies eine sehr komplexe Aufgabe. Das Ergebnis in der Anwendung kommt gut an: Bewerber und Unternehmen werden einander empfohlen bzw. vorgeschlagen, wenn vordefinierte Kriterien in einem bestimmten Maß übereinstimmen.

Job-Matching-Portale gibt es bereits zuhauf und es ist fast unmöglich, eine Liste zu erstellen, die realistisch Anspruch auf Vollständigkeit erhebt. Wir haben für Sie eine Auswahl an Jobmatching-Portalen getroffen, mit denen Sie als Bewerber sehr gut arbeiten können, da sie Ihnen einen Mehrwert in Bezug auf die Jobangebote, die Anzahl der teilnehmenden Unternehmen und die integrierten Testverfahren gibt. Konkrete Anwendungen und Beispiele finden Sie im Kapitel 3 »Tools für die Online-Jobsuche«.

6 Vgl. Parsons, Frank: Choosing a vocation. Houghton Mifflin, Boston 1909

1.3.2 Die One-Click-Bewerbung

Die One-Click-Bewerbung ist ebenfalls ein relativ neues Verfahren, das im Rahmen des E-Recruitings entwickelt wurde. In der Stellenanzeige kann sich der Nutzer bzw. Bewerber mit einem Klick auf einen Button bewerben, der bewirkt, dass sein aktuelles Profil aus einer CV-Datenbank oder aus einem beruflichen Netzwerk in die Datenbank des einstellenden Unternehmens übermittelt wird. Diese Art von Bewerbung ist heute auf sehr vielen Online-Jobportalen und Bewerbungsplattformen möglich.

In Unternehmen hat sich vielerorts die Ansicht durchgesetzt, dass man in umkämpften Arbeitsmärkten einen Bewerber nicht mehr mit langen, komplexen Bewerbungsprozessen quälen kann bzw. dass in der Langsamkeit von Bewerbungstools und -prozessen ein hohes Risiko steckt, dass er das Interesse verliert und den Prozess abbricht. Das Ziel besteht heute immer öfter darin, dem Kandidaten eine möglichst angenehme Erfahrung im Bewerbungsprozess zu ermöglichen – auch um sich als attraktiver Arbeitgeber in Position zu bringen.

Aus Bewerbersicht gibt es einige Vorteile, die eine One-Click-Bewerbung mit sich bringt:

- Sie gewinnen Effizienz und sparen viel Zeit: Mit nur einmal eingegebenen Daten können Sie sich auf beliebig viele Stellen bewerben.
- Sie können sich mobil von unterwegs per Smartphone oder Tablet bewerben und damit noch mehr Zeit sparen.

Aus Sicht der Bewerber ist die One-Click-Bewerbung fast ein Sechser im Lotto. Wenn man jedoch die Kommentare und Diskussionen in Personaler-Foren liest, dann erkennt man, wie umstritten sie aus deren Sicht ist. Die größten Nachteile, die diese beklagen, liegen in den wenig auf die Stelle(n) angepassten Standardinformationen, die wenig klare Motivation für die betreffende Stelle und das Fehlen wichtiger Informationen wie die Gehaltsvorstellung und die Verfügbarkeit. Diese Informationen, die zentral für den Recruiter sind, muss er dann mit Extraaufwand über ein Telefonat oder per E-Mail vom Bewerber einholen. Dass die One-Click-Bewerbung auch nicht von der Hand zu weisende Vorteile mit sich bringt, nämlich das um einiges einfachere Handling vieler Bewerbungen, die in einer Datenbank gespeicherten Daten und damit die bessere Vergleichbarkeit von Bewerbern, ist unbestritten.

Als Bewerber oder Bewerberin können Sie punkten, wenn Sie den Unternehmen bzw. deren Recruitern entgegenkommen. Machen Sie sich die Mühe, den Unternehmen persönliche Informationen zu schicken, wo es möglich ist, und Ihre Daten bestmöglich an das Anforderungsprofil der Stelle anzupassen. Die Empfänger Ihrer Bewerbung werden es Ihnen danken. Manche Stellen bei ausgewählten Arbeitgebern werden Sie nur einmal finden. Überlassen Sie in diesem Fall nichts dem Zufall und begnügen Sie sich nicht mit einer Standardbewerbung, die wenig Aussagekraft hat, einen relativ »lieblosen« Eindruck macht und damit höchstwahrscheinlich aussortiert wird. Den Unternehmen ist es weiterhin wichtig, Ihre Motivation für die Stelle zu verstehen, und sie schätzen aussagekräftige Informationen. Diese Aussagekraft können Sie erreichen, indem Sie

- Ihre praktischen Erfahrungen **genau und lückenlos** beschreiben,
- **Keywords** verwenden, um Ihre Expertise zu unterstreichen,
- **Weiterbildungen und Trainings** dokumentieren: Diese haben das Potenzial, Sie aus der Masse der Bewerber abzuheben,
- **klare Kernbotschaften** zu Ihren wichtigsten Skills formulieren (siehe hierzu Kapitel 2.3 »Profil und Selbstanalyse«).

Denken Sie auch daran, dass Ihre Online-Profile immer **auf dem aktuellen Stand, korrekt und vollständig** sein sollten. Machen Sie einen grundlegenden Check, bevor Sie in eine Bewerbungsphase starten. Und nachdem Sie die Daten in das entsprechende Bewerbungsformular geladen haben, machen Sie lieber noch einen weiteren Check, bevor Sie auf den Button »Bewerben« klicken. Es kann immer passieren, dass sich hier und da ein kleiner Fehler eingeschlichen hat oder Sie eine Information vergessen haben.

Wichtig

Die One-Click-Bewerbung mag dazu verleiten, sich auf sehr viele Stellen zu bewerben. Das mag Ihnen zunächst als Vorteil erscheinen. Hier gilt jedoch ebenfalls: Qualität vor Quantität. Bleiben Sie fokussiert auf Ihre Stellen-/ Jobprofile, die Sie für sich identifiziert haben (siehe Kapitel 2.5 »Entwickeln einer effizienten Online-Jobsuchstrategie«). Probieren Sie durchaus die eine oder andere Stelle aus. Übertreiben Sie es jedoch nicht! Jeder Personaler erkennt, wenn Sie keinen klaren Fokus haben und sich nach dem Gießkannenprinzip bewerben. Wie peinlich, wenn Sie sich nicht an die Ausschreibung erinnern, wenn ein Recruiter anruft, nach Ihrer konkreten Motivation für die Stelle fragt und Sie keine Antwort parat haben!

Die Zukunft wird es zeigen

Einer Studie im Auftrag der Monster Worldwide Deutschland GmbH von 2018 zufolge haben die meisten der befragten Unternehmen die One-Click-Bewerbung noch nicht implementiert. Die meisten Unternehmen sehen ebenfalls das Problem, dass die Auswahl der Bewerber durch standardisierte Bewerbungen schwieriger ist.[7] Die Zukunft wird zeigen, ob sich die Verbreitung der One-Click-Bewerbung steigern wird. Wir gehen davon aus, dass das geschehen wird, was mit vielen neuen Tools in der Vergangenheit passiert ist: IT-Cracks werden neue Lösungen entwickeln und hoffentlich

7 Vgl. Mobile Recruiting 2018, https://www.monster.de/mitarbeiter-finden/recruiting-tipps/einstellungsverfahren/rekrutierung/monster-recruitingtrends-2018/

neue Funktionalitäten einführen, mit denen die Nachteile der One-Click-Bewerbung behoben werden können.

1.4 Trend #4: Mobile Recruiting

Im Zentrum unseres täglichen Lebens stehen heute das Smartphone und das Tablet, die uns überallhin begleiten und mit denen wir alles relativ schnell und einfach erledigen können, was das tägliche Leben erfordert: Bankgeschäfte, Einkäufe, Bestellungen oder die Suche nach einem neuen Partner oder einem neuen Job. Unser soziales Leben passiert auf und über Social-Media-Kanäle und für die sog. Generation X, Y und Z ist der Umgang mit virtuellen Kontakten selbstverständlich, die sich allein auf digitalen Plattformen ergeben.

Auch Unternehmen orientieren sich in der Personalgewinnung seit mehreren Jahren neu. Sie setzen gezielt Social-Media-Kanäle ein, um in Kontakt mit jungen Bewerbern zu treten und ihre Unternehmen als Arbeitgeber zu bewerben. Beratungsunternehmen haben die Gunst der Stunde genutzt, um neue digitale Instrumente und Lösungen auf den Markt zu bringen, die Unternehmen im digitalen Bewerbungsprozess mehr Effizienz versprechen. Vieles, was im Bereich des E-Recruitings oder Mobile Recruitings neu auf den Markt gekommen ist, soll auch den Kandidaten und Kandidatinnen eine schnellere und einfachere Jobsuche und Bewerbung ermöglichen. Der große Vorteil aus Unternehmenssicht besteht darin, Kandidaten orts- und situationsbezogen ansprechen und die Reichweite in ihrer Ansprache vergrößern zu können.

Job-Apps im Bewerbungsprozess

Für fast jede im Alltag anfallende Tätigkeit gibt es heutzutage bereits Apps, die es uns ermöglichen, immer und überall das zu tun, was wir eben tun müssen: einkaufen, Informationen einholen und sich bewerben. Es gibt Unternehmen und Online-Stellenbörsen, die sich die Entwicklung von eigenen Job-Apps leisten, damit sich Bewerber leichter und schneller über ihr Smartphone oder Tablet bewerben können. Für Unternehmen ist dies oft nicht einfach und zudem sehr kostenintensiv: Den hohen technischen Aufwand können nur wenige Unternehmen leisten und die Integration in bestehende Online-Jobportale ist oft komplex. Deshalb ist die Verbreitung von Apps noch relativ gering: Knapp jedes zehnte Unternehmen stellt heute eine App zur Verfügung. Gleichzeitig gibt es Hoffnung: Etwa ein Fünftel der Unternehmen plant, in Zukunft eine App für den eigenen Bewerbungsprozess einzusetzen. Gleichzeitig platzieren viele

Unternehmen Stellenanzeigen auf Online-Stellenbörsen, die wiederum Apps zur Verfügung stellen.[8]

Zudem wachsen der Markt und das Angebot an Mobile Recruiting Tools stetig. Beratungsunternehmen, wie z. B. Talentcube, bieten Recruiting Apps an, die Unternehmen in ihren Bewerbungsprozess einfach integrieren können und die den klassischen Bewerbungsprozess auf den Kopf stellen, weil sie klassische Elemente ersetzen (Anschreiben) und neue integrieren (Videos). In den meisten Fällen ist ein Bewerbungsprozess über eine App einfach und intuitiv aufgebaut:

1. Sie laden die App auf Ihr Smartphone und registrieren sich.
2. Sie erstellen mit ein paar Klicks Ihr Bewerberprofil, z. B. durch die Verknüpfung mit einem Profil auf einem anderen Social-Media-Kanal wie XING, LinkedIn oder Facebook.
3. Sie laden Ihren aktuellen Lebenslauf über Dropbox oder Google Drive in Ihr Profil.
4. Die App gleicht nun Ihr Profil mit passenden Stellenangeboten ab, die Sie sofort angezeigt bekommen.

Konkrete Beispiele finden Sie in Kapitel 3 »Tools für die Online-Jobsuche«.

8 Vgl. Studien Mobile Recruiting, 2017/2018/2019 FAU, CHRISS, im Auftrag von Monster Worldwide Deutschland GmbH

2 Vorbereitung auf den erfolgreichen Online-Bewerbungsprozess

2.1 Die Erwartungen der Arbeitgeber

Im heutigen »War for Talents« hat sich der Wind gedreht und bläst den Unternehmen bei der Personalbeschaffung sprichwörtlich immer stärker ins Gesicht. Der viel beschworene demografische Wandel zeigt vielerorts Wirkung: Tausende Lehrstellen können nicht besetzt werden und gut ausgebildete Fachkräfte werden in vielen Branchen händeringend gesucht. Personalvermittler werden kreativ und bieten IT-Weiterbildungen nach dem Motto »In 100 Tagen zur IT-Fachkraft« an, um den großen Bedarf an IT-Spezialisten decken zu können.

Die Unternehmen reagieren und setzen mehr Anreize, um gut ausgebildete Bewerber anzulocken. Die Gehälter für Pflegekräfte beginnen langsam zu steigen, um mehr junge Menschen zu einer Ausbildung in diesem Bereich zu motivieren. In vielen, meist größeren Unternehmen, werden Initiativen gestartet, um Frauen neue, auf ihre Bedürfnisse zugeschnittene Karrierewege anzubieten. Man hat verstanden, dass Frauen durch die Familiengründung andere Karrieremuster haben als Männer.

Wie Unternehmen in Deutschland auf Social-Media-Kanälen Werbung für sich als Arbeitgeber machen, beweist, wie die Zeiten sich geändert haben. Das Personalmarketing und das sog. Employer Branding haben sich im Personalmanagement fest etabliert. Heute gibt es Mitarbeiter in den Personalabteilungen, die sich allein damit beschäftigen, das eigene Unternehmen nach außen als möglichst attraktiven Arbeitgeber zu präsentieren.

Unternehmen investieren viel Geld, um mit potenziellen Kandidaten in direkten Kontakt zu treten. Karriere- und Jobmessen sowie Recruiting-Tage schießen wie Pilze aus dem Boden, damit Unternehmen direkt mit potenziellen Bewerbern sprechen können – und umgekehrt. Firmen treten viel massiver auf Universitäts- und Hochschulcampussen auf. Mitarbeiter halten Vorträge und mancherorts wird ein eigenes Büro auf dem Campus eingerichtet. Campus-Recruiting wird immer mehr zum Alltag an unseren Hochschulen und Universitäten.

Hire for cultural fit, train for skills

Gleichzeitig verlagert sich die Gewichtung der Auswahlkriterien für Bewerber. Der neue Reruiting-Slogan heißt »Hire for cultural fit, train for skills«. Hard Skills sind trainierbar, Mitarbeiter können sich diese mit entsprechenden Weiterbildungsmaßnahmen aneignen. Persönlichkeit dagegen ist relativ schwer veränderbar und gleichzeitig maßgeblich dafür verantwortlich, wie sich ein Mitarbeiter in einer Unternehmenskultur zurechtfinden und einfügen kann.

Die Persönlichkeit und das Potenzial eines Bewerbers rücken also immer mehr in den Fokus der einstellenden Personaler und der fachlichen Vorgesetzten. Es ist oft die Erfahrung mit Mitarbeitern, deren Integration ins Unternehmen gescheitert ist, die zu der Einsicht geführt hat, dass man sich im Einstellungsprozess stärker auf die Persönlichkeiten der Bewerber konzentrieren muss.

Da die Einstellung eines neuen Mitarbeiters eine hohe finanzielle Investition ist, die sich über einen längeren Zeitraum »auszahlen« sollte, möchte man sein Potenzial immer mehr bzw. besser verstehen. Auch deswegen setzen Unternehmen in Auswahlverfahren häufiger Elemente einer Potenzialanalyse ein, mit denen eine bessere Aussage über die Entwicklung eines Kandidaten in der Zukunft getroffen werden kann. Diesbezüglich sehen sich die Unternehmen oft in einem Zwiespalt, denn sie fürchten, mit anspruchsvollen, herausfordernden Tests und Übungen Kandidaten abzuschrecken.

Wichtig

Sollten Sie die Einladung zu einer Potenzialanalyse oder zu einem Assessment-Center, in dem Ihre Persönlichkeit und Ihr Potenzial reflektiert und analysiert werden, erhalten, dann nehmen Sie sie unbedingt an! Es ist eine hervorragende Möglichkeit, mehr über sich zu lernen und professionelles Feedback zu den eigenen Stärken und Entwicklungsfeldern zu erhalten. Gerade in größeren Unternehmen werden Assessment-Center von Psychologen und professionellen Beratern begleitet.

Welche Fähigkeiten und Kompetenzen sind heute besonders gefragt?

Internationale Erfahrung und exzellente Sprachkenntnisse gehören zum fast schon selbstverständlichen Kompetenz-Set eines Bewerbers. Auch interkulturelle Kompetenz, also die Fähigkeit, mit Kollegen aus anderen Kulturen effektiv zusammenzuarbeiten, wird viel öfter vorausgesetzt als noch eine Generation zuvor in den 1990er-Jahren, in denen man noch mit sehr guten Sprachkenntnissen und internationaler Erfahrung bei Arbeitgebern punkten konnte.

Die digitale Transformation vieler Geschäftsmodelle hat zur Konsequenz, dass IT-Kenntnisse einen immer höheren Stellenwert im Anforderungskatalog der Unternehmen einnehmen. Absolventen mit starken IT-Kompetenzen sind sehr gefragt und erhalten oft viele Stellenangebote. In den meisten Funktionsbereichen in Unternehmen werden komplexe IT-Systeme eingesetzt, man muss Daten analysieren und interpretieren können.

Gleichzeitig erfordert die Digitalisierung, die in deutschen Unternehmen bei Weitem noch nicht abgeschlossen ist, einen tiefgreifenden Umbau von Geschäftsmodellen und eine Erneuerung der Organisationskulturen, in denen persönliche Eigenschaften wie Veränderungsbereitschaft, Mut, Risikofreude und Unternehmertum stärker in den Vordergrund rücken. Um diesen frischen Wind in ältere Unternehmen zu bringen, muss das Personalmanagement neue Mitarbeiter einstellen, die diese Werte teilen, »Change« gut finden und aktiv gestalten können.

2.2 Der Marktwert eines Bewerbers und seine berufliche Kompetenz

Im Bewerbungsprozess, der heute sehr kompetitiv ist und in dem Sie sich in den meisten Fällen mit vielen Mitbewerbern auseinanderzusetzen haben, geht es um Ihren Wert. Zentral für den Erfolg in Ihrem Bewerbungsprozess ist es, Ihren Wert für ein Unternehmen klar darzustellen, und das in möglichst deutlicher Abgrenzung zu Ihren Mitbewerbern. Eine zentrale Frage ist deshalb zu Beginn Ihrer Vorbereitung:

Wie können Sie Ihren Marktwert bestimmen und ausdrücken?
Es gibt eine Reihe von objektiven Kriterien, an denen Sie sich orientieren können und die im Kern Ihre berufliche Kompetenz beschreiben. Unter »Kompetenz« verstehen wir allgemein die Verbindung von Wissen und Können in der Bewältigung von Handlungsanforderungen. Kompetent sind die Personen, die auf der Grundlage von Wissen, Fähigkeiten und Fertigkeiten aktuell gefordertes Handeln neu generieren können. So definiert es generell das Bundesinstitut für Berufsbildung.[9] Die wichtigste Frage, die Sie sich an diesem Punkt stellen sollten, lautet:

Welche beruflichen Kompetenzen besitze ich und welche Erfahrung bringe ich mit?
Im Personalmanagement arbeitet man mit einer Vielzahl von Kompetenzmodellen, die teilweise sehr komplex sind. Um es für Sie so einfach wie möglich zu machen, gehen wir zuerst einmal von den sog. Hard und Soft Skills aus. Diese beinhalten bzw. bedeuten:

9 Vgl. https://www.bibb.de/de/8570.php

Ihre Hard und Soft Skills		
Hard Skills	**fachlich**	Hard Skills im fachlichen Bereich basieren auf Ihrer Ausbildung, d. h. auf Ihrer Berufsausbildung, Ihrem Studium in einem bestimmten Fachbereich und den absolvierten Weiterbildungen. Ihre Fachkompetenz wird durch Ihre Berufserfahrung in einem bestimmten Bereich eines Unternehmens oder einer Organisation gesteigert. Deshalb sind Ausbildung, Studium, Weiterbildung und Berufserfahrung relevant und tauchen fast immer an erster Position im Anforderungsprofil für eine Stelle auf.
	Beispiel	Sie haben Betriebswirtschaft studiert: Dann besitzen Sie Fachkompetenz im kaufmännischen Bereich und eventuell in Spezialgebieten, im Controlling, im Einkauf oder im Marketing, je nachdem, in welchen Fachbereichen Sie sich in Ihrem Studium spezialisiert haben und in welchen Unternehmensbereichen Sie bereits gearbeitet haben (während eines Praktikums, eines Trainee-Programms, als Werkstudent oder Mitarbeiter).
	methodisch	Methodische Hard Skills beziehen sich auf Methodenkenntnisse und die Fähigkeit, diese anwenden zu können.
	Beispiele	• Projektmanagement (wie z. B. das gerade sehr gehypte »agile Projektmanagement«) • Methoden des Qualitätsmanagements (wie z. B. Six Sigma) • kreative Methoden (wie z. B. Design Thinking) • Methoden der Softwareentwicklung (wie z. B. Scrum)
Soft Skills	**persönlich**	Soft Skills im persönlichen Bereich beziehen sich auf Ihr Selbstmanagement, also wie Sie mit sich selbst umgehen.
	Beispiele	Selbstorganisation, Arbeitsweise, Selbstmotivation, Stressmanagement
	sozial	Soft Skills im sozialen Bereich beziehen sich auf Ihre Fähigkeit, mit anderen in Kontakt zu treten.
	Beispiele	Kommunikationsfähigkeit, Überzeugungskraft, Konfliktmanagement, Motivation

Hard und Soft Skills – Definition und Beispiele

Muss- und Kann-Kriterien

Den Unterschied zwischen Muss- und Kann-Kriterien zu verstehen ist aus Bewerbersicht wichtig, um die Gewichtung der verschiedenen Anforderungen des Unternehmens nachvollziehen zu können. Im Anforderungsprofil der Stelle wird es immer Muss-Kriterien geben und möglicherweise sog. Kann-Kriterien. Diese beziehen sich auf Skills oder Kompetenzen, die ein Bewerber »idealerweise« mitbringt, d. h. es ist von Vorteil, wenn er sie besitzt.

Fach- und Methodenkompetenzen zählen in den meisten Fällen zu den Muss-Kriterien für eine Stelle:

- Ein Projektmanager muss Wissen und Erfahrung im Bereich des Projektmanagements haben. Eine Weiterbildung oder sogar eine Zertifizierung im Projektmanagement ist in den meisten Fällen Teil der Anforderungen eines Unternehmens.
- Ein Konstrukteur muss Wissen und, je nachdem auf welchem Niveau die Stelle angesiedelt ist (Junior oder Senior), auch Erfahrung im Maschinenbau, in der Konstruktion eines bestimmten Produkts oder von dessen Einzelteilen besitzen.

Je technischer ein Job ist, desto wichtiger sind in der Regel auch die fachlichen Kompetenzen (und Erfahrungen), die ein Bewerber mitbringen soll bzw. muss.

Matching mit den Hard Skills

In Deutschland ist der Fokus auf Hard Skills immer noch sehr stark ausgeprägt. In vielen Fällen konzentriert man sich im ersten Schritt der Auswahl auf die Hard Skills, um diese so gut wie möglich erfüllt zu wissen. In technischen Berufen ist dies nachvollziehbar. Jemand, der ein Flugzeug baut oder fliegt, muss eine entsprechende Qualifikation, eine entsprechende Fachkompetenz vorweisen können.

Deutschland wird oft als »das Land der Urkunden und Zertifikate« bezeichnet. Es scheint wahr zu sein, wenn man sich die Stellenausschreibungen ansieht. Für viele Stellen werden die entsprechenden Weiterbildungen im Projektmanagement, in der Softwareentwicklung (Scrum Master), im Qualitätsmanagement (Six Sigma Green oder Black Belt), in der Organisationsentwicklung (Coaching-Ausbildung) gefordert. Die Liste könnte man noch lange weiterführen. Manche Arbeitgeber scheinen dem Zertifikat mehr zu trauen als dem Menschen oder seiner Persönlichkeit, seiner Motivation und Lernfähigkeit für neue Bereiche. Doch zeigt der »War for Talents«, ausgelöst durch den demografischen Wandel, bereits seine Wirkung. Die Unternehmen orientieren sich um: Es geht immer mehr um den »Cultural fit«, »Hire for attitude, train for skills« und die Messung des Potenzials eines Kandidaten. Unternehmen können es sich immer weniger leisten, den Auswahlprozess rein an der Fachkompetenz auszurichten.

Ihre Persönlichkeit: Soft Skills!

Ihre Persönlichkeit und Ihr persönliches Potenzial rücken immer stärker in den Fokus des Bewerbungsprozesses. Der Blick auf die sog. Soft Skills wird ein neuer und ein genauerer: In Online- und Offline-Assessments, psychometrischen Tests und auch über den sog. digitalen Footprint können Spezialisten in den Personalabteilungen mithilfe von spezieller Software Persönlichkeitsprofile erstellen.

Interne und externe Einflussfaktoren auf Ihren Marktwert

Den Kern Ihres Marktwerts als Bewerber bilden Ihre Hard Skills und Ihre Persönlichkeit. Daneben gibt es verschiedene Faktoren, die einen Einfluss auf Ihren Marktwert haben, obwohl sie es laut AGG (Allgemeines Gleichbehandlungsgesetz) gar nicht dürften: Ihr Alter, Ihr Geschlecht und Ihre Nationalität. Dies ist an erster Stelle positiv bzw. ganz objektiv zu verstehen, denn Ihr Alter drückt z. B. die Dauer Ihres Berufslebens und damit die Qualität Ihrer Expertise aus und Ihre (Inter-)Nationalität und Auslandserfahrung stehen für eine besonders ausgeprägte interkulturelle Kompetenz und Anpassungsfähigkeit. Beides sollte sich definitiv positiv auf die Bestimmung Ihres Marktwerts auswirken. Für Frauen wie auch für Männer gilt es, den eigenen Wert mit einem gesunden Selbstbewusstsein zu bestimmen und sich an den realen Gehältern im jeweiligen Fachbereich und der Branche zu orientieren. Des Weiteren müssen Sie bei der Bestimmung Ihres Marktwerts äußere Faktoren mit einbeziehen, die direkt auf das Gehaltsniveau wirken: die wirtschaftliche Lage (global, national und regional), die Branche und natürlich insbesondere die wirtschaftliche »Gesundheit« des Unternehmens, bei dem Sie sich bewerben. Diese sollten Sie genauer betrachten und einbeziehen, wenn Sie Ihre Gehaltsvorstellung bestimmen.

Tipp

Das Thema »Gehalt« ist komplex. Was Sie brauchen, ist eine realistische Gehaltsvorstellung, wenn Sie sich bewerben. Besonders wertvoll bei deren Bestimmung ist das sog. Insiderwissen, also Feedback und Informationen von Headhuntern, Personalvermittlern oder Karriereberatern, die sich tagaus tagein mit dem Thema »Gehalt« beschäftigen. Fast noch nützlicher ist der Input eines Freundes oder Bekannten, der an der Quelle sitzt, d. h. bereits im Unternehmen arbeitet, bei dem Sie sich beworben haben.

Im Internet gibt es ebenfalls gute Informationsquellen, die Sie einbeziehen können. Auf den Unternehmensbewertungsportalen Glassdoor und Kununu finden Sie Informationen zu den Gehältern bestimmter Arbeitgeber. Überprüfen Sie, auf wie vielen Personen der angegebene Wert basiert, um einordnen zu können, wie repräsentativ die Angabe ist.

Es gibt Personalvermittler und Beratungsunternehmen, die regelmäßig Umfragen zum Thema Gehalt veröffentlichen (z. B. Robert Half für Finanzberufe). Über diese Umfragen erhalten Sie Input, der auf realen Werten in einer größeren Dimension (meist nehmen mehrere Tausend Mitarbeiter teil) basiert. Dies ist auf alle Fälle eine lohnenswerte Informationsquelle!

Wenn Sie verstanden haben, was Sie realistischerweise erwarten können, dann setzen Sie auf alle Fälle einen kleinen Verhandlungsspielraum (ca. 5 bis 10 %) oben drauf, denn fast immer werden Ihre Wunschvorstellungen in der Gehaltsverhandlung leicht nach unten korrigiert. Dies ergibt Ihre Gehaltsvorstellung, die Sie mit Ihrer Bewerbung kommunizieren. Frechheit siegt beim Thema Gehalt in den meisten Fällen, nur realistisch muss es trotzdem sein!

Das »richtige« Mindset als Erfolgsfaktor
Personaler und Recruiter möchten im Bewerbungsprozess Ihre berufliche Kompetenz und Ihren Marktwert verstehen. Deren Köpfe beschäftigen sich permanent mit Hard und Soft Skills, Potenzialen und Anforderungsprofilen von Stellen, die sie zu besetzen haben. Wenn Sie diesen Menschen mit dem gleichen Mindset begegnen, werden Sie einen riesigen Vorteil haben. Denken Sie in deren Kategorien (Skills und Erfahrungen, Potenziale) und sprechen Sie ihre Sprache. Nehmen Sie immer wieder Bezug auf das, was Sie suchen und was Sie aus dem Anforderungsprofil einer Stelle erkennen können. Das ist schon die halbe Miete!

Tipp
Um die gleiche Sprache zu sprechen und zu verstehen, worauf der Recruiter im konkreten Fall anspringt, lesen Sie die Stellenanzeige ganz genau. Markieren Sie die »Keywords« in der gesamten Anzeige. Sie können sie daran erkennen, dass sie meist mehrmals genannt werden.

2.3 Profil und Selbstanalyse

Der Bewerbungsprozess ist ein **Werbung**sprozess, d. h. im Kern aller Bemühungen steht die **Werbung**. Womit wir bei des Pudels Kern angelangt sind: Die Challenge, die Sie im Bewerbungsprozess zu bewältigen haben, ist Werbung für sich – und damit eine wichtige Kommunikationsaufgabe für Sie. Sie müssen Werbung machen, und zwar wie ein Unternehmen für ein Produkt. Werbung in eigener Sache! Ein Unternehmen engagiert eine Werbeagentur und hat Marketingexperten in den eigenen Reihen. Diese stellen sicher, dass das Produkt erfolgreich vermarktet und verkauft wird. Werbefachleute und Marketingspezialisten beschäftigen sich damit, wie das Produkt verpackt, wie es genannt und auf welchen Kanälen es beworben werden soll. Genau das Gleiche müssen Sie mit sich selbst machen. Im Bewerbungsprozess sind **Sie** Ihr Produkt, das Sie vermarkten bzw. »verkaufen« müssen. Sie sind Ihr eigener Werbefachmann und Marketingexperte. Dabei geht es nicht um Ihre Person, sondern – wie wir im vorherigen Kapitel ausgeführt haben – um Ihre beruflichen Kompetenzen, Erfahrungen und Ihr Potenzial.

2.3.1 Ihr USP

Marketingspezialisten in einem Unternehmen arbeiten eines genau heraus: die Merkmale eines Produkts, die es von den Konkurrenten abhebt, unterscheidet und damit den entscheidenden Anreiz zum Kauf auslöst. Im Normalfall sind dies zwei oder drei Alleinstellungsmerkmale, die in der Werbung konsistent in den Vordergrund gestellt werden. Im Fall des menschlichen »Produkt« sind es mehrere Eigenschaften und Fähigkeiten, die zusammen den einzigartigen Mehrwert eines Kandidaten ausmachen. Bevor Sie also mit Ihrem »Produkt« an die Öffentlichkeit gehen und sich bewerben, gilt es jetzt, diese besonderen Eigenschaften und Fähigkeiten zu analysieren und herauszuarbeiten, damit Sie sich später mit klaren Botschaften zu Ihrer beruflichen Qualifikation von Ihren Konkurrenten abheben können.

Kundenorientiert denken und handeln

Um wie ein Unternehmen mit einem Produkt erfolgreich zu sein, sollten Sie sich immer an Ihrem Kunden orientieren. Im Bewerbungsprozess sind dies der Recruiter und der oder die Entscheider in den Fachabteilungen. Setzen Sie ab sofort die Brille des Marketingexperten auf. Ihr vorrangiges und einziges Ziel ist es, mit Ihrem Kunden in Kontakt zu treten und ihn zu überzeugen, dass Sie das richtige »Produkt« für ihn sind. Denken und handeln Sie kundenorientiert! Ihre Aufgabe im Bewerbungsprozess ist die zielgerichtete Kommunikation, und zwar die Kommunikation mit Ihrem Kunden. Und dabei werden sich immer folgende Fragen stellen:

- Was will mein Kunde? Was sucht er?
- Wie tickt er? Was interessiert und bewegt ihn?
- Wo finde ich ihn?

Ihr Bewerber- oder Kandidatenprofil

Wenn wir von Ihrem Bewerber- oder Kandidatenprofil sprechen, dann meinen wir Ihren USP (Unique Selling Point) – die Darstellung Ihrer wichtigsten Kompetenzen, Erfahrungen und Potenziale. Ihr Profil ist das kommunikative Herzstück, auf dem der Erfolg in Ihrem Bewerbungsprozess basiert.

> **Wichtig**
>
> Nehmen Sie sich genügend Zeit für die Definition Ihres Bewerberprofils. Sie brauchen Zeit für Ihre Selbstreflexion, um genau herauszuarbeiten, welche Skills und Erfahrungen Sie am stärksten auszeichnen. Es wird sich nicht um Wochen handeln, sondern um ein paar Tage, die Sie investieren. Jede Selbstreflexion ist eine spannende Reise, auf der es viel zu entdecken gilt. Viel Freude dabei!

Um Ihr Bewerberprofil wirklich schlagkräftig zu machen, sollte bzw. muss es alle Kompetenzkategorien einbeziehen und sich auf die Muss-Kriterien eines Stellenprofils oder mehrerer Stellenprofile beziehen. Damit sind wir bei einer weiteren, sehr wichtigen Frage im Bewerbungsprozess angelangt, nämlich der nach der strategischen Ausrichtung Ihrer Jobsuche: Auf welche Stellenprofile konzentrieren Sie sich?

Für Berufseinsteiger gibt es neben dem Einstieg über ein Trainee-Programm zwei grundsätzliche Richtungen:

- den Einstieg in einen »breit« angelegten Job, z. B. den Junior-Marketing-Manager oder Junior-Buyer, also die Position in einer Linienfunktion eines Unternehmens oder einer Agentur
- den Einstieg in eine spezialisierte Rolle in einem Fachbereich, wie z. B. den Online-/Social-Media-Experten oder den Employer-Branding-Experten in der Personalabteilung

Die Leitlinie zur Beantwortung der Frage der Stellenprofile sollte sein, Stellenprofile zu identifizieren, die Ihren wichtigsten Stärken und Interessen entsprechen. Dies wird Sie am wahrscheinlichsten zu Glück und Zufriedenheit in Ihrem Berufsleben führen. Wenn wir nämlich das tun, was unseren Stärken, unseren wichtigsten Interessen und unseren Werten entspricht, werden wir darin richtig gut sein und uns richtig wohlfühlen. Das Gefühl, richtig gut in etwas zu sein, tut uns gut, bereitet uns Freude und spornt uns zu noch mehr an. Die Psychologie hat hierfür den Begriff der Selbstwirksamkeit geprägt. Streben Sie also nach Selbstwirksamkeit und machen Sie sie zu Ihrer obersten Maxime in Ihrem Berufsleben. Es wird Ihnen richtig guttun und Sie erfolgreich machen!

2.3.2 Sich auf den Punkt bringen

Für Ihre jetzt anstehende Selbstreflexion und -analyse gibt es drei Wege, um Ihre Persönlichkeit zu erkennen und auf den Punkt zu bringen:

1. Selbstreflexion
2. Feedback von Mitmenschen
3. Psychometrische Testverfahren

Das Ziel ist ein möglichst realistisches Bild Ihrer Person, Ihrer Kompetenzen und idealerweise auch Ihres Potenzials, das sich auf Ihren möglichen und wahrscheinlichen beruflichen Weg in der Zukunft bezieht. Eine Persönlichkeit mit ihren Fähigkeiten, Werten und Potenzialen realistisch zu erfassen ist ein komplexes Unterfangen, das auch für Psychologen eine Herausforderung darstellt. Deshalb sollten Sie mit allen drei Bereichen arbeiten, um ein möglichst unverzerrtes Bild Ihrer Person und Ihrer Persönlichkeit zu erlangen.

2.3.2.1 Selbstreflexion

Für Ihre Selbstreflexion bzw. Selbstanalyse haben wir einen kurzen Soft-Skills-Bogen entwickelt, den Sie auch als Arbeitshilfe »Soft-Skills-Bogen« online downloaden können.

ARBEITSHILFE ONLINE

KARRIERECOACH MÜNCHEN

Check Ihrer Soft Skills bzw. Persönlichkeitsmerkmale

Persönlichkeits-merkmale	***Typische Aussage***	***Ausprägung*** ***schwach*** — ***stark***
Aufgeschlossenheit	*Ich höre gerne Menschen zu, die eine ganz andere Auffassung haben als ich.*	1 - 2 - 3 - 4 - 5 - 6 - 7
Selbstbewusstsein	*Ich weiß genau was ich will und was ich kann.*	1 - 2 - 3 - 4 - 5 - 6 - 7
Eigeninitiative	*Ich setze mir eigene Ziele und verwirkliche sie, auch ohne Anstöße von außen.*	1 - 2 - 3 - 4 - 5 - 6 - 7
Leistungsbereitschaft	*Ich habe den Ehrgeiz, auch harten Anforderungen gerecht zu werden.*	1 - 2 - 3 - 4 - 5 - 6 - 7
Flexibilität	*Ich bin dazu bereit, mich ungewohnten Situationen auszusetzen und gewohnte Pfade zu verlassen.*	1 - 2 - 3 - 4 - 5 - 6 - 7
Anpassungsvermögen	*Ich komme mit ganz unterschiedlichen Menschen zurecht.*	1 - 2 - 3 - 4 - 5 - 6 - 7
Lernbereitschaft	*Ich lerne gerne etwas Neues dazu.*	1 - 2 - 3 - 4 - 5 - 6 - 7
Konfliktmanagement	*Ich kann Konfliktsituationen gut erkennen und bin in der Lage, zu vermitteln und Lösungen zu forcieren.*	1 - 2 - 3 - 4 - 5 - 6 - 7
Selbstständigkeit	*Ich arbeite lieber nach Regeln als nach Anweisungen.*	1 - 2 - 3 - 4 - 5 - 6 - 7
Auffassungsvermögen	*Ich begreife sehr schnell, wenn mir jemand etwas Neues erklärt.*	1 - 2 - 3 - 4 - 5 - 6 - 7
Entscheidungsfähigkeit	*Ich kann mich gewöhnlich schnell und sicher entscheiden.*	1 - 2 - 3 - 4 - 5 - 6 - 7
Kontaktfähigkeit	*Es fällt mir leicht, fremde Menschen kennenzulernen.*	1 - 2 - 3 - 4 - 5 - 6 - 7
Kritikbereitschaft	*Ich lasse mir auch etwas sagen, wenn ich einen Fehler gemacht habe.*	1 - 2 - 3 - 4 - 5 - 6 - 7
Überzeugungskraft	*Ich habe in Diskussionen oft treffsichere Argumente, die andere überzeugen.*	1 - 2 - 3 - 4 - 5 - 6 - 7
Zuverlässigkeit	*Ich bin ein Mensch, auf den man sich verlassen kann.*	1 - 2 - 3 - 4 - 5 - 6 - 7

Karrierecoach München – Viktoriastr. 1 – D-80803 München
T +49 (0)89 2020817-18 od. +49 (0)160 96488040
E info@karrierecoach-muenchen.de W www.karrierecoach-muenchen.de

Arbeitshilfe »Soft-Skills-Bogen« (S.1)

KARRIERECOACH
MÜNCHEN

Persönlichkeits-merkmale	***Typische Aussage***	***Ausprägung*** *schwach* – *stark*
Impulsivität	*Ich handle oft spontan.*	1 - 2 - 3 - 4 - 5 - 6 - 7
Einfühlungsvermögen	*Ich kann auf Gedanken und Gefühle anderer eingehen, ohne Rücksicht auf meine eigenen Interessen sowie ohne Wertung.*	1 - 2 - 3 - 4 - 5 - 6 - 7
Kompromissbereitschaft	*Ich muss nicht immer Recht behalten.*	1 - 2 - 3 - 4 - 5 - 6 - 7
Kommunikationsfähigkeit	*Ich kann eine Botschaft klar und deutlich formulieren, so dass sie schnell und richtig verstanden wird (auch vor größeren Gruppen).*	1 - 2 - 3 - 4 - 5 - 6 - 7
Hilfsbereitschaft	*Wenn jemand Hilfe braucht, helfe ich gerne.*	1 - 2 - 3 - 4 - 5 - 6 - 7
Teamfähigkeit	*Ich kann gut mit anderen zusammenarbeiten.*	1 - 2 - 3 - 4 - 5 - 6 - 7
Ausdauer	*Ich kann so lange an einer Arbeit sitzen bis ich das gewünschte Ergebnis habe.*	1 - 2 - 3 - 4 - 5 - 6 - 7
Selbstsicherheit	*Ich bin überzeugt davon, dass ich in allen Situationen zurechtkomme.*	1 - 2 - 3 - 4 - 5 - 6 - 7
Selbstdisziplin	*Auch wenn ich keine Lust habe, kann ich mich zum Arbeiten zwingen.*	1 - 2 - 3 - 4 - 5 - 6 - 7
Auftreten	*Ich habe ein sicheres Auftreten und gute Umgangsformen.*	1 - 2 - 3 - 4 - 5 - 6 - 7
guter Zuhörer	*Ich kann anderen Menschen bei ihren Problemen gut zuhören.*	1 - 2 - 3 - 4 - 5 - 6 - 7
Zielstrebigkeit	*Was ich mir vorgenommen habe, versuche ich konsequent zu erreichen.*	1 - 2 - 3 - 4 - 5 - 6 - 7
Risikobereitschaft	*Um etwas zu gewinnen, gehe ich gern mal ein Risiko ein.*	1 - 2 - 3 - 4 - 5 - 6 - 7
Organisationsfähigkeit	*Auch bei komplexen Aufgaben kann ich Zeitbedarf und Mitteleinsatz optimal planen.*	1 - 2 - 3 - 4 - 5 - 6 - 7
Durchsetzungsvermögen	*Ich arbeite zielgerichtet auf ein bestimmtes Ergebnis hin und erreiche es auch unter widrigen Umständen.*	1 - 2 - 3 - 4 - 5 - 6 - 7

Karrierecoach München – Viktoriastr. 1 – D-80803 München

Arbeitshilfe »Soft-Skills-Bogen« (S.2)

Tipp

Je spontaner und schneller Sie den Bogen ausfüllen, desto unverfälschter sind Ihre Antworten, denn dann greifen Sie direkt auf Ihr Unterbewusstsein zurück, in dem ein unverfälschteres Selbstbild gespeichert ist.

Um den Bogen auszuwerten, gehen Sie den Bogen durch und schauen Sie, welche Eigenschaften Sie am oberen und welche am unteren Rand der Skala eingeordnet haben. Markieren Sie sie farblich. Mehr muss es für diesen Moment (noch) nicht sein. Damit erhalten Sie ein erstes Stärken-Schwächen-Bild Ihrer Persönlichkeit.

Ihre Story: die Logik Ihrer beruflichen Entwicklung

Eine gute Story ist notwendig, um Ihr Bewerberprofil zum Leben zu erwecken. Ihr Kompetenzprofil ist abstrakt, denn es stellt ja, wie wir schon gesagt haben, eine Zusammenfassung Ihrer wichtigsten Hard und Soft Skills dar. Gefragt ist nicht irgendeine Geschichte, sondern die Geschichte Ihrer beruflichen Entwicklung. Denn es ist genau die Geschichte, die Ihre Zielgruppe, die einstellenden Recruiter, am meisten interessiert. Diese werden später in Ihren XING- und LinkedIn-Profilen und in Ihrem Lebenslauf die wichtigsten Eckdaten Ihrer Biografie sehen, und damit das, »was« Sie gemacht haben, verstehen. Die entscheidenden Fragen in den Köpfen der Recruiter werden dann sein:

- Warum haben Sie das alles gemacht?
- Wie haben Sie es gemacht?

Dies gilt es erst einmal für sich selbst zu verstehen.

Story-Building

Arbeiten Sie mit Ihrem Lebenslauf und reflektieren Sie ihn mit genau diesen beiden Fragen: Warum habe ich dies gemacht? Wie habe ich es gemacht? Auf diese Weise kommen Sie sich selbst in Bezug auf Ihre wichtigsten Stärken und Antriebskräfte auf die Schliche.

Beginnen Sie bei der Schule und gehen Sie dann Schritt für Schritt weiter. Dokumentieren Sie Ihre Antworten auf die beiden oben genannten Fragen für jede Station. Damit schreiben Sie Ihre berufliche Story. Fügen Sie in die große Story die vielen, kleinen, guten Geschichten ein, auf die Sie gerne zurückblicken und die herausragen:

- die Präsentation, die Sie vor dem Projektleiter in Ihrem Praktikum gehalten haben, der Ihnen am Ende begeistert die Hand geschüttelt und gratuliert hat
- das tolle Referat, das Sie an der Universität gehalten haben, für das Sie die beste Note von allen erhalten haben
- die besondere Klausur in den Abschlussprüfungen in einem Fach, in dem Sie sonst eher mittelmäßige Noten hatten

Reflektieren und beschreiben Sie auf diese Weise jede Station in Ihrem Lebenslauf und Sie werden erkennen, was Sie motiviert, was Sie begeistert, was Sie auszeichnet.

Sparringspartner und Spiegel

Gibt es jemanden, dem Sie Ihre Story erzählen können? Es hilft Ihnen auf alle Fälle, wenn Sie Ihre Geschichte jemandem erzählen können. Beim Formulieren und Aussprechen werden Ihnen bestimmte Dinge noch klarer werden. Ihr Gegenüber kann Ihnen zurückmelden, was ihm aufgefallen ist, und wichtigen Input für die Kernpunkte Ihres Profils geben.

Fragen Sie jemanden, der Ihnen eine ehrliche und konstruktive Meinung geben kann. Er muss Sie nicht unbedingt gut kennen. Auf alle Fälle sollte er gut zuhören und sich für eine gewisse Zeit »in Ihren Dienst« stellen können. Sie können ihm als Gegenleistung das Gleiche anbieten, damit es eine echte Win-Win-Situation wird. Fragen Sie Ihren Sparringspartner am Ende, wenn Sie ihm Ihre Story erzählt haben:

- Wo siehst du meine wichtigsten Fachkompetenzen und mein wichtigstes Wissen?
- Welche großen Interessen erkennst du bei mir?
- Welche Motivatoren und Treiber erkennst du bei mir?
- Wonach suche ich in meiner (beruflichen) Entwicklung?
- Worin siehst du mein größtes berufliches Potenzial?

Tipp

Dokumentieren Sie Ihre Gedanken und die wichtigsten Sätze, die Sie von Ihrem Sparringspartner hören. Sie können eine Mindmap verwenden – sie bietet den Vorteil, alles übersichtlich und klar auf einer Seite zu haben, was Sie für die Definition Ihres Profils brauchen: Stärken, Motivatoren, Interessen, Wissen und Erfahrungen.

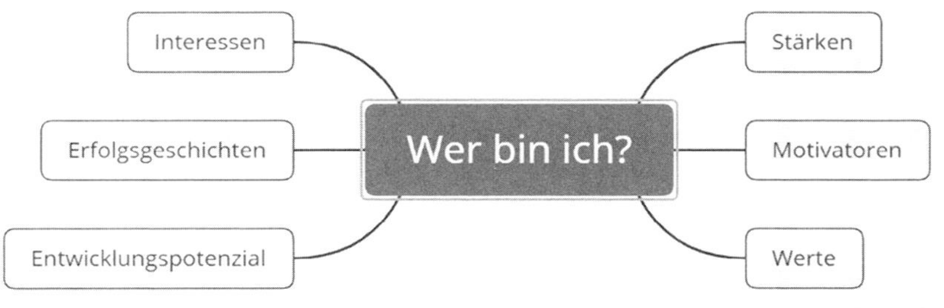

Mindmap-Vorlage

2.3.2.2 Feedback von Mitmenschen

Der zweite Weg zu einem realistischen Bild Ihrer Persönlichkeit ist das Feedback von anderen. Je mehr Sie sich davon holen, desto repräsentativer wird das Bild Ihrer Persönlichkeit. Jeder menschliche Blick, der eigene wie der fremde, ist jedoch subjektiv verzerrt.

Das treffendste und für Sie wertvollste Feedback wird von Menschen sein, die Sie in beruflichen oder berufsnahen Situationen erleben oder erlebt haben. Das können auch Kommilitonen sein oder Mitauszubildende. Das Feedback von Kollegen und Vorgesetzten ist das zuverlässigste, denn diese verbringen sehr viel Zeit mit Ihnen und erfahren Ihre Stärken und Schwächen in sehr vielen konkreten Situationen. Sie können sich selbst als Feedbackgeber anbieten, damit Ihr Gegenüber auch etwas zurückbekommt.

Sie können mit folgenden Fragen arbeiten:

- Welche Eigenschaften fallen dir bei mir auf?
- Welche Stärken zeige ich in deinen Augen?
- Was gefällt dir besonders gut an mir? Was gefällt dir weniger gut?
- Wo kann ich deiner Meinung nach noch besser werden?
- Kannst du mir die konkreten Situationen nennen, in denen du meine Stärken und meine Schwächen wahrgenommen hast?

Hören Sie Ihrem Feedbackgeber gut zu. Schreiben Sie das Wichtigste mit und bedanken Sie sich bei Ihrem Gegenüber. Er hat Ihnen einen sehr wertvollen Dienst erwiesen. Das gesammelte Feedback können Sie nun ebenfalls in Ihre Mindmap (wenn noch Platz ist) oder in eine neue Mindmap übertragen, damit Sie den Überblick bewahren.

2.3.2.3 Psychometrische Testverfahren

Der dritte Eckpfeiler für die Reflexion und Analyse Ihrer Persönlichkeit kann ein psychometrisches Testverfahren sein. Hier braucht man im großen Dschungel der verfügbaren Tests das richtige Händchen bzw. muss verstanden haben, wonach man sucht. Idealerweise verwenden Sie einen in der Praxis erprobten, validen Test, den Sie nicht oder nur sehr schwer manipulieren können und der Ihnen einen echten Mehrwert in Bezug auf Aussagen über Ihre Persönlichkeit bietet. Hier spielt Geld definitiv eine Rolle: Die validen Testverfahren sind sehr aufwendig entwickelte Tests, deren Anbieter sich das entsprechend bezahlen lassen. Im Kapitel 10.7 finden Sie weitere Informationen zu psychometrischen Tests.

2.3.3 Ihren Wert sehen

Tragen Sie die Ergebnisse Ihrer Selbstanalyse zusammen. Betrachten Sie Ihre Mindmap oder Ihre verschiedenen Mindmaps. Was oder wen erkennen Sie? Jetzt liegt Ihr Wert vor Ihnen: Das sind Sie! Erkennen Sie Ihren Wert? Er ist ganz objektiv vorhanden und ein Blick darauf wird Ihr Selbstbewusstsein stärken.

Diese Übung ist ungemein wichtig: Wenn Sie Ihren Wert sehen und von ihm überzeugt sind, dann können Sie ihn auch verkaufen. Sehen Sie sich diese Mindmaps immer wieder an – und frischen Sie damit Ihr Selbstbewusstsein und Ihre Selbstsicherheit auf. Der Bewerbungsprozess wird genau an dieser Stelle herausfordernd werden, nämlich Ihren Wert nach außen zu tragen und ihn überzeugend darzustellen.

2.3.4 Profil bilden

Ihr Profil ist die kurze Zusammenfassung Ihrer wichtigsten beruflichen Stärken, Interessen, Erfahrungen und Potenziale. Das Profil sollte Hard und Soft Skills umfassen, um alle relevanten Kompetenzbereiche abzudecken. Denken Sie an die Anforderungsprofile der Stellen, auf die Sie sich bewerben möchten. Erinnern Sie sich: Sie sollten eine klare Zielgruppe haben (Arbeitgeber) und klare Zielstellen für Ihre Bewerbungsoffensive. Das Profil kann als Ihr Markenkern nur schlagkräftig sein, wenn es auf beides Bezug nimmt!

Beispiel #1

- Betriebswirtin mit erster praktischer Erfahrung im Konzerncontrolling
- fokussiert auf konkrete Ergebnisse und effektive Lösungen
- professionelle Kommunikation auf allen Managementebenen
- sehr gute Projektmanagement- und Prozesskompetenz

Beispiel #2

- erste praktische Erfahrungen in den Bereichen Online- und Social-Media-Marketing
- schnelle Datenanalyse und zielgruppengenaue Content-Erstellung
- neugierig und begeisternd in der Teamarbeit
- engagiert und bereit, die extra Meile zu gehen

2.4 Die Bedeutung eines guten »Keyword Matching«

Zwei Punkte, die wir in diese vorbereitenden Tätigkeiten für Ihre Bewerbungsoffensive unbedingt noch einbeziehen müssen: die sog. **Keywords** und das sog. **Matching**. Beide sind sehr wichtige Schlüssel zum Erfolg im Bewerbungsprozess. Beide sind ein sehr wichtiger Bestandteil Ihres Selbstmarketings.

Warum Keywords?

Sie werden gerade in der ersten Phase des Bewerbungsprozesses auf vielen Kanälen hauptsächlich mit Wörtern arbeiten: Denken Sie an Ihre diversen Online-Profile, Ihre Bewerbungsunterlagen, Ihre Nachrichten und Kommentare (schriftlich oder mündlich), die Sie mit Recruitern austauschen – alles erst einmal Worte. Es wird in der ersten Phase der Bewerbung oft darum gehen, dass Sie die richtigen Worte finden.

Zudem verwenden Unternehmen häufig eine speziell entwickelte Software, die Bewerbungsunterlagen im Detail analysieren. Diese Software sucht mit einem Algorithmus bestimmte Wörter, um festzustellen, wie gut Sie die Anforderungen erfüllen, die mit bestimmten Keywords verbunden sind.

Wie können Sie die relevanten Keywords identifizieren?
Ganz praktisch und einfach: Sie müssen die Quellen analysieren, in denen Keywords verwendet werden. Wichtige Quellen, die Sie einbeziehen sollten, sind:

- relevante Stellenanzeigen
- die Website des Unternehmens, die wichtige Schlüsselwörter enthält, mit denen Sie das Mindset des Unternehmens ansprechen und damit auch ein Matching erzeugen können
- Artikel in Blogs, Zeitungen oder Fachzeitschriften zu fachlichen Themen, die für die Stelle oder die Branche relevant sind

Tipp

Legen Sie sich eine Liste mit geeigneten Keywords und deren Synonymen inklusive verwandter Themen an, damit Sie später beim Verfassen des Anschreibens und des Lebenslaufs variieren können und Ihre Sprache damit abwechslungsreicher wird. Es gibt Online-Lexika, in denen Sie nach Synonymen suchen können, wie z. B. das Gabler Wirtschaftslexikon oder den OpenThesaurus.

2.5 Entwickeln einer effizienten Online-Jobsuchstrategie

Offene Stellen zu besetzen ist heute ein zeitintensives Projekt. Im sog. E-Recruiting arbeiten Personaler oft mit einem Mix an Online-Jobportalen, dem eigenen Bewerberportal, Online-Netzwerken wie XING und LinkedIn sowie Social-Media-Kanälen, um geeignete Kandidaten zu finden. Wo sie ihre offenen Stellen bewerben und wo sie im Rahmen ihrer Active-Sourcing-Aktivitäten selbst suchen, hängt hauptsächlich von ihrem Budget ab. Viele Unternehmen verwenden Social-Media-Kanäle noch nicht allzu lange und sammeln derzeit erste Erfahrungen damit.

Aber auch für die Bewerberinnen und Bewerber ist die Jobsuche zeitintensiv. In der Fülle des Online-Angebots ist es deshalb wichtig, eine effiziente Strategie für die Suche nach dem geeigneten Job zu finden. Ihr zukünftiger Job kann in vielen verschiedenen Kanälen und Medien auf Sie warten. Die Online-Suche kann und wird viel Zeit in Anspruch nehmen. Deshalb ist das Entwickeln einer effizienten Suchstrategie sehr wichtig. Diese sollte folgende Elemente beinhalten:

1. Liste mit favorisierten Arbeitgebern
2. Priorisierte Stellenprofile
3. Mix der Jobsuch-Kanäle und Medien
4. Zeitrahmen

2.5.1 Liste mit Ihren favorisierten Arbeitgebern

Wie finden Sie Ihre Wunsch-Arbeitgeber?

Machen Sie sich zuerst Ihre wichtigsten Auswahlkriterien bewusst. Reflektieren Sie für sich, welche Faktoren einen Arbeitgeber für Sie attraktiv machen und mit welchen Arbeitgebern Sie sich stark identifizieren können. Sie können sich unsere Checkliste für Ihren »idealen Arbeitgeber« auch online downloaden.

ARBEITSHILFE ONLINE

Ihr »idealer« Arbeitgeber Markieren Sie die Kriterien und Rahmenbedingungen (Vorlieben bzw. Wünsche), die für Sie besonders wichtig sind.	
Unternehmen	
	Unternehmensgröße: Groß-Konzern/mittelständisches Unternehmen/Kleinbetrieb/Agentur
	Image und Bekanntheit des Unternehmens: international bekannt/national bekannt/regional bekannt/spielt keine Rolle
	Sektorzugehörigkeit: Dienstleistung/Industrie
	Branchenzugehörigkeit: Bank/Versicherung/IT/Produktion/Handel/Politik/Kultur/sozialer Bereich/Medizin/Pharma/Consulting …
	Das Unternehmen ist: ein Start-up/alteingesessen
	Eigentümer: staatlich/privat/gemeinnützig/Gesellschaftsform
	Charakter des Unternehmens: konservativ/neutral/modern
Arbeitsumfeld	
	Standort: große Stadt/kleine Stadt/Zentrum/Stadtrand
	Entfernung von zu Hause: bis 50/bis 100/über 100 Kilometer
	Fahrt zum Arbeitsplatz: Auto/öffentliche Verkehrsmittel
	Umgang innerhalb des Unternehmens: formell/eher leger
	Arbeitsplatzsicherheit: befristete Stelle/1 Jahr/3 Jahre/länger
	Meine Wochenarbeitszeit sollte sein: mehr als 40 Stunden bei Bedarf/genau 40 Stunden/Teilzeit/flexibel/Gleitzeit

Ihr »idealer« Arbeitgeber **Markieren Sie die Kriterien und Rahmenbedingungen (Vorlieben bzw. Wünsche), die für Sie besonders wichtig sind.**	
	Ich bin verfügbar für: Überstunden/Arbeit an den Wochenenden/Schichtarbeit
	Ich möchte reisen: oft/manchmal/nie
	Office-Strukturen: Einzelbüro/Großraumbüro/Shared Desks
	Möglichkeit, im Homeoffice zu arbeiten: ja/nein
Personalführung und -entwicklung	
	Karrierewege/Entwicklungsmöglichkeiten (Position, Verantwortung): sind definiert/werden individuell geplant/werden regelmäßig besprochen/sind mir nicht wichtig
	Regelmäßige Feedbackgespräche mit dem Manager sind mir: sehr wichtig/wichtig/unwichtig
	Performance-Management mit persönlichen Zielen ist mir: sehr wichtig/wichtig/unwichtig
	Jobrotation in der Organisation ist mir: sehr wichtig/wichtig/unwichtig
	Regelmäßige Weiterbildungsmöglichkeiten sind mir: sehr wichtig/wichtig/nicht wichtig
	Fehlerkultur in der Organisation ist mir: sehr wichtig/wichtig/nicht wichtig
	Vielfalt/Diversity in der Stellenbesetzung wird gefördert: sehr wichtig/wichtig/nicht wichtig
	Auslandsaufenthalte sind Teil der Führungskräfteentwicklung: sehr wichtig/wichtig/nicht wichtig
	Mentorenprogramme sind etabliert: sehr wichtig/wichtig/nicht wichtig
	Manager ist on site oder an einem anderen Standort: sehr wichtig/wichtig/nicht wichtig
Gehalt/Zusatzleistungen	
	Wie soll meine Arbeitsleistung abgegolten werden? Fixgehalt/leistungsabhängiges Gehalt/nur Provisionen/beides
	Einstiegsgehalt, voraussichtliche Gehaltsentwicklung: ist fair/liegt über dem Branchenniveau/wird der allg. Preissteigerung angepasst/ist für mich nebensächlich
	Anerkennung ist mir: sehr wichtig/wichtig/weniger wichtig
	Unternehmen sollte besondere Sozialleistungen bieten: wichtig/unwichtig
	Aufstiegschancen (finanziell) sind mir: sehr wichtig/wichtig/nicht wichtig
	Incentives/Firmenevents sind mir: sehr wichtig/wichtig/nicht wichtig

2.5.2 Die Liste mit favorisierten Stellenprofilen

Ziel ist es, vier bis maximal fünf Stellenprofile zu identifizieren, für die Sie sich bewerben möchten. Dies gibt Ihnen den notwendigen Fokus. Wenn wir von Stellenprofilen sprechen, meinen wir die Bezeichnungen für eine bestimmte Art von Job auf einem bestimmten Level wie zum Beispiel:

- Junior-Marketing-Manager
- Marketing-Spezialist
- Online-Marketing-Experte
- Inner Sales Coordinator

Es gibt eine immense Anzahl an sog. Jobtiteln. Hier ist der Fantasie heute keine Grenze mehr gesetzt, denn jedes Unternehmen hat praktisch sein eigenes System. So finden sich deutsche und englische Stellenprofile in vielen Varianten und Kombinationen. Die folgende Aufschlüsselung kann Ihnen in diesem Dschungel als eine Art Richtlinie dienen:

Junior +	Spezialist	Specialist	beziehen sich auf Einstiegspositionen für Absolventen und Bewerber mit abgeschlossener Berufsausbildung und erster praktischer Erfahrung bzw. Berufserfahrung
	Koordinator	Coordinator	
	Experte	Expert	
	Project/Projekt, Marketing, Sales +	Manager	
Senior	Project/Projekt, Marketing, Sales +	Manager	beziehen sich auf Stellen, für die zumeist ein Universitäts- oder einen Hochschulabschluss und eine mehrjährige Berufserfahrung gefordert werden.
Referent			
Lead(er)			
Head of			

Jobtitel und was sich dahinter verbirgt

Die Entscheidung, welche Stellenprofile Sie in Ihre Jobsuchstrategie aufnehmen, sollte sich primär an folgenden zwei Aspekten orientieren:

- **Ihre Motivation,** d. h. wie motiviert Sie sich für diese Art Job fühlen, also wie viel positive Energie Sie verspüren, diese Stelle anzunehmen. Je mehr Motivation Sie für den Job haben, desto stärker wird Ihre Überzeugungskraft später in den Interviews sein und mit umso mehr positiver Energie werden Sie später den Job ausüben und umso bessere Resultate werden Sie erzielen können. Eine richtig gute Win-Win-Situation für Sie und Ihren neuen Arbeitgeber!

- **Ihr Matching,** d. h. wie gut Sie die Anforderungen für diesen Stellentypus erfüllen, also wie gut das Matching zwischen dem Anforderungsprofil der Stelle und Ihrem Profil ist. Je mehr Anforderungskriterien in Bezug auf Hard und Soft Skills Sie erfüllen, desto besser ist Ihr Matching und desto höher sind – relativ gesehen – auch Ihre Erfolgschancen.

Wichtig

- Vertrauen Sie Ihren Impulsen und ersten Ideen, die Ihnen während der Selbstreflexion bestimmt in den Sinn gekommen sind.
- Lesen Sie so viele aktuelle Stellenanzeigen wie möglich. Auf diese Weise verinnerlichen Sie die Anforderungen und können die Höhe Ihres Matchings besser einordnen. Bringen Sie die ausgewählten Stellenprofile in eine Reihenfolge.
- Priorisieren Sie Ihre Stellenprofile:
  - Ihre Nummer 1, d. h. Ihr Top-Stellenprofil oder Ihr »Traumjob« (die »Rosinen«)
  - Ihre Nummer 2, d. h. das Stellenprofil, das Sie als sehr attraktiv und motivierend bewerten
  - Ihre Nummer 3, d. h. das Stellenprofil, das Sie »gut« finden
  - Ihren Back-up, d. h. das Stellenprofil, das Sie »okay« finden, jedoch wissen, dass es in Bezug auf das Matching gut ist
- Verwenden Sie zur visuellen Dokumentation Ihrer Jobsuch-Strategie eine Mindmap. Auf diese Weise behalten Sie alle relevanten Faktoren Ihrer Jobsuch-Strategie im Blick. Wenn Sie diese gut sichtbar über Ihrem Schreibtisch platzieren, bleiben Sie immer auf das Wichtigste fokussiert.

2.5.3 Ihr Mix an Jobsuch-Kanälen

Ein sehr wichtiges Element Ihrer Online-Jobsuch-Strategie bezieht sich auf die Kanäle, die Sie nun im letzten Schritt definieren sollten.

Woran orientieren Sie sich hierbei?
Natürlich an der Effizienz bezogen auf die **Quantität**, also die Anzahl der gefundenen Stellenangebote, und auf die **Qualität** der Stellenangebote, in Bezug auf die von Ihnen ausgewählten Jobprofile, und die **Zeit**. Mit anderen Worten: Ihr Ziel ist es, möglichst viele, Ihrer Suchstrategie entsprechenden Stellenangebote in möglichst kurzer Zeit zu finden.

Es gibt nicht die eine, allgemeingültige Suchstrategie, die für alle Jobprofile und Branchen zum Ziel führt. Das versteht sich fast von allein, denn die Branchen sind zu unterschiedlich und haben ihre eigenen Suchkanäle und Recruiting-Gesetze:

- In der Film- und Kommunikationsbranche werden Jobs hauptsächlich über persönliche Kontakte und Netzwerke vergeben. Hier kennt der eine den anderen, der

ein gutes Wort für seinen Freund einlegt und ihn ins Spiel bringt. Hier gibt es kaum formale Bewerbungen.
- Für eine Anstellung als Unternehmensberater oder Ingenieur kann der Erstkontakt über die Teilnahme an einer Karrieremesse oder einem sog. Recruiting-Event, wie z. B. einem themenbezogenen Workshop, das Sprungbrett zum persönlichen Interview und dem Jobangebot sein.
- Der Weg in einen großen Konzern ist oft ein schwieriger. Renommierte Konzerne sind meist sehr beliebte Arbeitgeber und erhalten überdurchschnittlich viele Bewerbungen. Hier kann die Empfehlung über einen Freund, der bereits Mitarbeiter ist, zum Ziel führen, oder die Empfehlung eines Professors, der einen Kontakt im Unternehmen hat und eine Empfehlung aussprechen kann.

Es gibt also verschiedene Wege, die zum Ziel führen, und Sie sollten auf alle Fälle verschiedene Wege bzw. Suchkanäle einbeziehen bzw. kombinieren. Die Frage, die Sie in den Mittelpunkt Ihrer Vorabüberlegungen stellen sollten, lautet: Wo finden Sie Ihre favorisierten Arbeitgeber?

Recherchieren Sie deshalb:
- Auf welchen Online-Portalen und Suchmaschinen schalten meine favorisierten Arbeitgeber ihre Stellenanzeigen?
- Auf welchen Online-Plattformen bewegen sich meine favorisierten Arbeitgeber hauptsächlich?
- In welchen Online-Netzwerken schalten sie ihre Stellenanzeigen?
- Auf welchen Online-Karrieremessen sind meine Top-Arbeitgeber in den nächsten Wochen/Monaten vertreten?
- Mit welchen Personaldienstleistern bzw. Headhuntern arbeiten sie zusammen?

2.5.4 Der notwendige Zeitrahmen

Zeit ist in unserem Leben eine wichtige Ressource, denn sie steht uns nicht unendlich zur Verfügung. Da der Bewerbungsprozess und insbesondere die Jobsuche eine Aufgabe darstellt, die sehr viel Zeit in Anspruch nimmt, sollten Sie Ihre Zeit sehr gut organisieren.

Wie lange Ihr Bewerbungsprozess dauert und wie schnell Sie ihn erfolgreich abschließen können, liegt an Ihnen. Es ist sehr schwer zu sagen, wie viel Zeit, d. h. wie viele Wochen oder Monate es dauern wird, um einen Arbeitsvertrag erfolgreich unter Dach und Fach zu bekommen. Es liegt an Ihrem USP/Ihrem Profil, an der Verfügbarkeit der ausgeschriebenen, passenden Stellen, an dem Ort/den Orten, an denen Sie suchen, maßgeblich an Ihrem Einsatz und definitiv auch an Ihrer Entscheidungsfreude. Gehen

Sie von mehreren Wochen bis Monaten aus, die Sie benötigen werden, um den für Sie richtigen bzw. passenden Job zu finden.

Der entscheidende Schlüssel sind Sie. Auch wenn in Ihrem Bereich nicht viele gute Stellen ausgeschriebenen sind: Je mehr positive Energie Sie einsetzen, desto schneller werden Sie an Ihr Ziel kommen!

Die erste Phase der Jobsuche ist wichtig, denn sie stellt sicher, dass Sie später statt nach dem Gießkannenprinzip sehr gezielt und fokussiert – also effizient – vorgehen und suchen können. Wir empfehlen Ihnen dazu folgende Schritte:

2.5.5 Schritt 1: Online-Jobsuchmaschinen

Beschäftigen Sie sich in einem ersten Schritt mit Online-Jobsuchmaschinen, um die für Sie passendsten Arbeitgeber zu identifizieren:

Online-Jobsuchmaschinen	
Beginnen Sie mit einer Meta-Suchmaschine wie Indeed.de oder Kimeta.de, um zu verstehen, auf welchen Online-Plattformen die Art von Jobs von den Arbeitgebern zu finden sind, die Sie interessieren (siehe auch die Liste von Online-Jobsuchmaschinen in Kapitel 3.4).	
Branchenspezifische Jobsuchmaschinen	Es gibt für jede Branche und jeden Fachbereich spezialisierte Jobsuchmaschinen, wie z. B. für Jobs im Vertrieb, im Marketing, für Ingenieure, im Bereich Life Sciences, im kulturellen Bereich, usw. Sie können hier mit einer einfachen Google-Suche die wichtigsten Suchmaschinen herausfinden oder gerne unsere Liste in Kapitel 3.4 prüfen, ob Ihr Fachbereich enthalten ist.
Regionale Jobbörsen bzw. Suchmaschinen	Regionale Jobbörsen können genauso Ihren Traumjob bereithalten wie »große« Stellenportale. Genau dann, wenn Sie sich auf einen bestimmten Arbeitsort konzentrieren, kann eine regionale Jobbörse am passendsten sein.
Zielgruppenspezifische Jobbörsen bzw. Suchmaschinen	Es gibt viele Online-Suchmaschinen, die sich an ganz bestimmte Zielgruppen richten, insbesondere an Studenten und Berufsanfänger. Diese sollten Sie sich auf alle Fälle in der vorbereitenden Phase Ihrer Jobsuche ansehen. Hier finden Sie schneller den auf Sie und Ihre Interessen zugeschnittenen Stellenmarkt, d. h. Praktika, Trainee-Programme, Karriere-Events und Junior-Stellen.

Online-Jobsuchmaschinen	
Beispiele	• www.absolventa.de • www.unicum.de • www.e-fellows.net Mehr Informationen hierzu finden Sie im Kapitel 3.4.

Übersicht über Online-Jobsuchmaschinen

Entscheidend für die Qualität einer Online-Jobsuchmaschine sind die **Aktualität** und die **Anzahl der Stellenangebote.** Diese Angaben können Sie normalerweise im Header der Suchmaschine finden. Beobachten Sie die Dynamik in der Datenbank der Suchmaschine. Sie werden innerhalb weniger Tage bzw. einer Woche besser verstehen und einordnen können, welche Unternehmen und Organisationen ihre Stellenanzeigen schalten und wie viele neue Angebote pro Tag oder Woche erscheinen. Auf diese Weise können Sie den Wert der Suchmaschine für Ihre persönliche Suche bestimmen.

Im Folgenden finden Sie einige »Best Practices«, wie Sie effizient mit Online-Jobsuchmaschinen arbeiten können:

Best Practice #1
Der Mix macht's: Arbeiten Sie mit einer Metasuchmaschine, einer branchenspezifischen Suchmaschine, einer regionalen Suchmaschine und einer zielgruppenorientierten Suchmaschine. Auf diese Weise decken Sie den offenen Stellenmarkt am besten ab. Testen und sondieren Sie die Suchportale ein paar Tage lang, bevor Sie sich entscheiden, mit welchen Sie regelmäßig suchen bzw. arbeiten werden. Auf diese Weise erreichen Sie die gewünschte Effizienz.

Best Practice #2
Nutzen Sie Suchagenten: Auf den meisten Jobsuchportalen können Sie solche Suchagenten einrichten. Hier definieren Sie selbst die Positionen bzw. Aufgaben, die Sie interessieren, und die Suchmaschine schickt Ihnen per Mail passende Stellenausschreibungen. Suchagenten erleichtern Ihnen die Jobsuche sehr. Sie finden in der jeweiligen Suchmaschine immer genaue Instruktionen, wie Sie einen Suchagenten in wenigen Schritten anlegen können.

Best Practice #3
Investieren Sie Zeit und experimentieren Sie, um die besten »Keywords« zu identifizieren, die Sie am schnellsten zu den passenden Stellenangeboten führen. Ihr Ziel sollte es sein, mit wenigen Suchagenten zu arbeiten, damit Ihre Mailbox nicht mit Tausenden Mails geflutet wird.

Best Practice #4
Überlegen Sie sich, in welchen Abständen Sie bezüglich neuer Stellenangebote informiert werden möchten. Gibt es ein ganz besonders vielversprechendes Stellenportal mit besonders attraktiven Angeboten der von Ihnen favorisierten Arbeitgeber, dann stellen Sie die Frequenz besser auf »täglich« ein.

Best Practice #5
Auch wenn Sie sich für bestimmte Online-Suchmaschinen entschieden haben, bleiben Sie flexibel: Variieren Sie immer wieder, falls Sie merken, dass der Fluss der Stellenangebote auf einem Jobportal weniger wird.

Best Practice #6
Nutzen Sie die Möglichkeiten, Ihren Lebenslauf hochzuladen bzw. ein Bewerberprofil anzulegen. Dies erhöht Ihre Visibilität gegenüber Recruitern und Headhuntern, die im Rahmen ihres Active Sourcings in CV-Datenbanken nach geeigneten Kandidaten suchen.

2.5.6 Schritt 2: Karriereportale der Unternehmen

Im zweiten Schritt sollten Sie sich die Karriereseiten der Unternehmen ansehen, die auf der Liste Ihrer Wunsch-Arbeitgeber stehen. Die meisten größeren Unternehmen haben auf Ihrer Website eine Sektion »Karriere« oder »Jobs«, auf der Sie die ausgeschriebenen Stellen finden. In den meisten Fällen können Sie mithilfe von Filtern suchen und damit Ihre Suche verfeinern:

- nach Niederlassungen und/oder Ländern
- nach Unternehmensbereichen oder Funktionen (wie z. B. Marketing, Accounting, Finanzen, Supply Chain, IT, Project Management Office/PMO)
- nach Einstiegslevel (Praktikum, Trainee, Junior, Berufserfahrene)

Der Aufbau von Bewerberportalen und Karriereseiten ist oft sehr unterschiedlich. Der Weg zu allen relevanten Informationen durch die Unterseiten kann komplex sein. Manchmal müssen Sie über den eigenen Schatten springen und bestimmte bittere Pillen schlucken, weil z. B. der Upload-Prozess über das Karriereportal sehr mühsam und zeitaufwendig ist. Es kann sein, dass Sie Ihren Lebenslauf Punkt für Punkt auf der Karriereseite eines Unternehmens eintragen müssen. Das kann manchmal nicht nur einige Minuten, sondern eine Stunde oder mehr in Anspruch nehmen. Doch wenn dabei der Traumjob herausspringt? Überwinden Sie sich im Ernstfall und versuchen Sie, die Anforderungen des Unternehmens auch hinsichtlich des Bewerbungsprozesses bestmöglich zu erfüllen. Der Personaler bzw. Recruiter wird es Ihnen danken.

Ein effizientes, fokussiertes Vorgehen auf dem Karriereportal eines Unternehmens ist:

1. Sie suchen zuerst die Seite mit den aktuellen Jobangeboten und legen sich ein Bookmark auf Ihrem Computer an (sodass Sie die Seite schnell und unkompliziert wiederfinden können).
2. Sie setzen in der Datenbank die für Sie relevanten Filter und beginnen Ihre konkrete Suche.
3. Legen Sie auch ein Bookmark auf die Stellen, auf die Sie sich bewerben möchten oder downloaden Sie das Stellenangebot als PDF. Auf diese Weise können Sie direkter damit arbeiten (Sie brauchen es ja für Ihre Keyword-Analyse).
4. Suchen Sie nach der Beschreibung der Formalien für die Bewerbung. Diese finden sich meist auf einer separaten Unterseite. Hier müssen Sie eventuell etwas auf den Seiten stöbern.

Tipp: Mehrfach- und Initiativbewerbungen

Es kann passieren, dass ein Unternehmen mehrere Stellen gleichzeitig ausgeschrieben hat, die Sie stark interessieren. Gehen Sie auch hier kundenorientiert vor: Suchen Sie auf der Karriereseite des Unternehmens nach einem Hinweis, wie Bewerbungen auf mehrere Stellen gehandhabt werden. Sie dürfen natürlich auch mehrere Bewerbungen gleichzeitig schicken, aber zu viele auf einmal (mehr als zwei bis drei) sollten es nicht sein – die Anzahl hängt natürlich auch von der Größe des Unternehmens ab.

Mehr Information gibt es normalerweise in Bezug auf die Möglichkeit einer Initiativbewerbung. Wenn Personaler und Recruiter klug sind, werden Sie Initiativbewerbungen willkommen heißen. Das ist ein Weg, mit dem man mit ein wenig Glück einen goldenen Fisch an die Angel bekommen und den eigenen Talent Pool auffüllen kann. Nur Mut!

If in doubt, ask!

Überlassen Sie nichts dem Zufall bzw. Ihrer Interpretation. Wenn es für Sie unklar ist, wie Sie sich bewerben sollen, dann fragen Sie. Auf der Karriereseite eines Unternehmens werden Sie sicher eine Ansprechperson, eine Mailadresse oder Telefonnummer finden und so eine Antwort auf Ihre Frage bekommen. Dieser Kontakt ist zudem eine sehr gute Möglichkeit, sich im kurzen Vorstellen zu üben. Wenn Sie dann noch ein wenig Glück haben, wird sich derjenige beim Durchsehen Ihrer Bewerbung an Sie erinnern und Sie mit dem sympathischen Erstgespräch oder Ihrer vorherigen, professionellen Mail in Verbindung bringen.

2.5.7 Schritt 3: Die Online-Netzwerke XING und LinkedIn

Die beiden Online-Netzwerke XING und LinkedIn stellen mit ihren Jobmärkten wichtige Informationsquellen für Ihre Jobsuche dar. LinkedIn hat mit seinen weltweit 640 Mio. Mitgliedern (Stand 2019) einen sehr starken internationalen Bezug, sodass sich dort sehr viele Jobangebote von international tätigen Unternehmen finden. Ihre Jobsuchstrategie sollte diese beiden Netzwerke auf alle Fälle einbeziehen: Die Quantität der Jobangebote und die Tatsache, dass Sie sich auf einen Job oft ganz einfach mit Ihrem XING- oder LinkedIn-Profil bewerben können, ist sehr attraktiv.

Lesen Sie ausführlich im Kapitel 6.2 »Businessnetzwerke«, wie Sie Ihr Online-Profil auf XING und LinkedIn attraktiv gestalten können.

2.5.8 Schritt 4: Social-Media-Kanäle

Unternehmen nutzen Social-Media-Kanäle immer mehr für die Suche nach geeigneten Kandidaten (Stichwort: Active Sourcing) und das Schalten von Stellenanzeigen. Und auch Bewerberinnen und Bewerber nutzen Social Media für die Suche nach einem geeigneten Job. Wir werden später noch genau auf jede einzelne Social-Media-Plattform eingehen. Besonders bei den Social Media sollten Sie genau abwägen, welche Plattform Sie in Ihren Bewerbungsprozess einbeziehen. Das gesamte Angebot zu nutzen wäre definitiv nicht effizient. Ein wichtiges Kriterium für die Auswahl muss, wie vorher schon erwähnt, sein:

- Wo bewegen sich die Arbeitgeber, die für Sie interessant sind?
- Wo bewegen sich die Recruiter und Headhunter, die die für Sie interessanten Stellen besetzen?

Die meisten Recruiter und Headhunter möchten ebenfalls effizient sein und recherchieren deshalb auf den Online-Plattformen, die Bewerberprofile mit detaillierten Informationen zu den beruflichen Werdegängen zur Verfügung stehen. Es ist kein großes Geheimnis, welche diese sind:

- Online-Suchmaschinen wie z. B. StepStone oder Monster mit Kandidaten-CVs
- XING und LinkedIn
- Expertennetzwerke, wie z. B. Experteer, Placement24 oder Jobleads

Unternehmen beziehen in ihre Recruiting- und Employer-Branding-Aktivitäten die Kanäle mit ein, auf denen die meisten potenziellen Kandidaten anzutreffen sind.

Um eine gute Entscheidung treffen zu können, auf welche Social-Media-Kanäle Sie sich konzentrieren möchten, sollten Sie sich auch fragen:

- Auf welchen Plattformen bewege ich mich bereits? Wo habe ich bereits ein Netzwerk, das ich im Bewerbungsprozess nutzen kann?
- Welche Social-Media-Kanäle nutze ich besonders gern?
- Welchen Kanal beherrsche ich richtig gut?

Sie wissen höchstwahrscheinlich aus eigener Erfahrung, dass Social Media potenzielle und tatsächliche Zeitfresser sind. Die Zeit vergeht wie im Flug, wenn Sie beginnen, Ihre Timeline auf Facebook zu lesen oder auf Instagram die neuesten Posts zu sichten. Deshalb ist hier weniger mehr, und Sie gewinnen Zeit, wenn Sie die Tools einsetzen, die Sie bereits sehr gut kennen. Das wird Ihnen ebenfalls ein oder zwei Pluspunkte beim Recruiter oder Personaler einbringen, wenn er sieht, welche professionellen Instagram-Stories Sie kreieren oder wie gut und geschickt Sie vielleicht Twitter-Nachrichten formulieren.

Voilà: Hiermit steht Ihre Online-Suchstrategie, für deren Umsetzung es jetzt nur mehr das richtige Zeitmanagement und die richtige Organisation braucht!

2.6 Ihre Jobsuche als Projekt

Wenn Sie Ihre Jobsuche als Projekt betrachten, legen Sie mit dieser Haltung das Fundament für ein effizientes Vorgehen. Jede Jobsuche braucht ein sehr gutes Zeitmanagement und eine sehr gute Organisation. Diese können Sie schaffen, indem Sie:

- **ein realistisches Zeitkontingent einplanen,** das beinhaltet, wie viele Stunden Sie jede Woche an welchen Tagen für die Jobsuche investieren werden. Blocken Sie in Ihrem Kalender Zeit bzw. setzen Sie sich eigene fixe Termine für die Stellensuche in Ihrem Kalender. Je mehr Stunden Sie einplanen, desto besser. Zwei bis drei Stunden werden bei der Jobsuche wie im Flug vergehen. Machen Sie es zu einer Routine, an bestimmten Tagen zu bestimmten Uhrzeiten nach neuen Stellen zu suchen.
- **eine Zielvorgabe definieren**, wie viele Bewerbungen Sie in einer Woche versenden möchten. Einen Richtwert hierfür zu nennen ist schwierig. Denn welche Anzahl hier realistisch ist, hängt von Ihrer Branche und dem regionalen Arbeitsmarkt ab, auf den Sie sich für Ihre Bewerbungen konzentrieren möchten. Sie können eine realistische Zielvorgabe definieren, wenn Sie ein bis zwei Wochen gesucht und verstanden haben, wie Ihr Arbeitsmarkt funktioniert. Fordern Sie sich selbst (ohne sich zu überfordern)!
- **eine Deadline für Ihren Jobstart festlegen und sich für diese committen**: Setzen Sie sich einen klaren zeitlichen Rahmen, innerhalb dessen Sie eine Anstellung finden möchten. Fokussieren Sie sich auf den Zeitrahmen, den Ihnen evtl. die Agentur für Arbeit vorgibt, und setzen Sie es sich als zeitliches Ziel, diesen zu unterbieten, d. h. schneller wieder in einem Job zu sein. Menschen, die sich Ziele setzen, sind in der Regel tatsächlich besser und schneller am Ziel als die, die sich keine Ziele setzen. Ihr Ziel sollte realistisch sein, d. h. geben Sie sich auf alle Fälle mehrere Monate bis zu einem Jahr, um einen neuen Job zu finden. Hier eine allgemeine Aussage zu treffen ist sehr schwierig und auch gefährlich. Denn es ist immer

abhängig vom individuellen Fall (dem USP eines Kandidaten), dem Engagement und dem Arbeitsmarkt, in dem ein Bewerber sich bewegt, wie schnell es mit einem neuen Job klappt.

- **eine Statusliste anlegen,** mit der Sie den Überblick über alle laufenden Bewerbungen behalten. Strukturieren Sie die Liste mit folgenden wesentlichen Informationen:
  - Unternehmen/Organisation
  - Ansprechperson
  - Position/Name der Stelle
  - Upload- oder Absendedatum
  - Status (neu, ongoing, geschlossen/Absage/Zusage)
  - Notizen

  In der Spalte »Notizen« können und sollten Sie wichtige Informationen zu Telefonaten und Kontakten mit Personalern und Recruitern dokumentieren, sodass Sie jederzeit den aktuellen Informationsstand abrufen können. Hier kann man leicht den Überblick verlieren. Sie sollten im Kontakt mit dem Unternehmen immer auf dem aktuellen Stand sein und alle bereits besprochenen Details parat haben.
- **eine Ordnerstruktur auf Ihrem Computer definieren,** mit der Sie Lesezeichen für Portale, Suchmaschinen (etc.) ordnen und damit sofort wiederfinden. Sie können diese z. B. nach Branchen, Regionen/Städten oder nach Stellenprofilen ordnen. Dies wird Ihnen sehr viel Zeit sparen. Überlegen Sie sich ebenfalls eine Ordnerstruktur für Ihren Computer, auf dem Sie Ihre Bewerbungsunterlagen abspeichern. Sie können hier zum Beispiel nach Kalenderwoche oder Firmennamen ordnen. Es ist wichtig, dass Sie Ihre Dokumente sehr schnell wiederfinden.
- **Ihren Partner und Freunde an Board holen:** Sprechen Sie feste Zeiten, die Sie für die Jobsuche einplanen möchten, mit Ihrer Familie, Freunden und eventuell auch Mitbewohnern ab, damit Sie sich ihrer Unterstützung gewiss sein können. Die Unterstützung aus dem sozialen Umfeld ist erwiesenermaßen ein sehr wichtiger Faktor in einer beruflichen Veränderung. Damit geht es leichter und schneller.

Wichtig

Halten Sie sich an die Anfangs- und Endzeiten, sodass für alle Beteiligten eine Routine entsteht und die Gewissheit, dass Sie zu bestimmten Zeiten wieder am gemeinschaftlichen Leben teilnehmen.

Mit dieser Art Zeitmanagement und Organisation werden Sie Ihr Projekt »Jobsuche« auf alle Fälle in den Griff bekommen und erfolgreich gestalten.

3 Tools für die Online-Jobsuche

3.1 Karriereseiten von Unternehmen

Die Karriereseiten eines Unternehmens bieten eine sehr gute Möglichkeit, sich über einen potenziellen Arbeitgeber, dessen Produkte, Dienstleistungen und neue Strategien zu informieren. Auf Sie als Nutzer warten wichtige und gebündelte Informationen, da Sie sich ein klares Bild von dem für Sie besonders attraktiven Unternehmen machen möchten. Auf diesen Seiten finden Sie in der Regel auch die aktuell zu besetzenden Positionen, meistens auch detaillierte Informationen zu den Themen Bewerbungsprozess und Initiativbewerbung oder Traineeprogramme, Praktika und Werkstudententätigkeiten.

Für Unternehmen sind diese Seiten die digitale Visitenkarte, also ein sehr wichtiges Aushängeschild, und somit das **zentrale Instrument des Personalmarketings bzw. Employer Brandings**. Durch einen ansprechenden und aussagekräftigen Arbeitgeberauftritt kann ein Unternehmen alle weiteren Maßnahmen eines zielgerichteten Recruiting-Prozesses umsetzen. Zudem kann es steuern, in welcher Form ein Kontakt mit Bewerberinnen und Bewerbern entstehen soll und wie die Bewerbungsunterlagen bzw. Informationen der Bewerber übermittelt werden sollen.

Gute Karriereseiten spielen zudem eine übergeordnete Rolle im sozialen Webumfeld. Laut mehrerer aktueller Studien und unserer Erfahrung erwarten auch die Bewerber ein eigenes Jobportal vom Unternehmen – sie verbinden es mit dessen Professionalität. Weit über die Hälfte bewirbt sich direkt über die Karriereseiten des Unternehmens. Damit ist dieses Instrument einer der wichtigsten Bausteine eines erfolgreichen Personalmarketings.

Auch bei der Entwicklung einer Arbeitgebermarke spielt die Internetseite eine entscheidende Rolle. Bewerberinnen und Bewerber informieren sich über den Arbeitgeber und möchten über zukünftige Tätigkeiten im Unternehmen bestmöglich aufgeklärt werden.

Diesen Kanal nutzen eigentlich alle Zielgruppen, egal ob Schüler oder (dual) Studierende, Absolventen, Berufserfahrene oder Manager. All diese Menschen greifen auf die Inhalte zurück und erwarten sowohl eine transparente und positive Darstellung des Unternehmens als auch Informationen zu aktuell zu besetzenden Stellen.

Leider sind oft wichtige Details wie der Ansprechpartner oder die Möglichkeit, den Lebenslauf online hochzuladen nicht vorhanden oder nur sehr mühsam auffindbar. Zudem werden häufig pauschale und nichtssagende Floskeln im Anforderungsprofil verwendet und viel Werbung für das Unternehmen gemacht, statt konkret zu informieren. Viele Unternehmen schaffen es so nicht, die Stellenbeschreibungen auf ihrer Karriereseite auf die konkreten Bedürfnisse junger Menschen zuzuschneiden, diese für das Unternehmen zu begeistern und die Informationen zur Verfügung zu stellen, mit denen der Besucher der Webseite eine schlüssige Einordnung treffen kann, ob er zu diesem Arbeitgeber passt oder nicht.[10]

Zum Glück gibt es immer mehr Unternehmen, die sich der Bedeutung eines professionellen, gut strukturierten Bewerberportals und des Employer Branding sehr bewusst sind und sich auf ihre Zielgruppe besser einstellen. Sie optimieren ihre Karriereportale und nehmen deren Besucher auf eine Reise durch das Unternehmen bzw. die unterschiedlichen Abteilungen mit, lassen Mitarbeiter in Form von kurzen Videos und O-Tönen zu Wort kommen und geben Einblicke in die Firmenphilosophie und die Unternehmenskultur. Zum Teil gibt es sogar sehr innovative Seiten, die beispielsweise Recruiting Games enthalten – so können die Bewerberinnen und Bewerber das Unternehmen, dessen Kultur und Werte spielerisch kennenlernen (siehe Kapitel 10.9 »Recruiting Games«).

Die wesentlichen Erfolgsfaktoren für die Unternehmen und für Besucher der Karriereseiten sind:

- Übersichtlichkeit, roter Faden
- Attraktivität
- Aktualität
- direkter Kontakt mit dem Unternehmen
- informative und emotionale Inhalte, die die Zielgruppe im Auge haben
- Zugänglichkeit und einfache Handhabung der Karriereseite
- gute und stabile (gut funktionierende) Eingabemasken
- Möglichkeit zum Hochladen von Dateien
- kurze Ladezeiten
- Smartphone-Tauglichkeit (am besten im Responsive Design)

Oft sind Online-Bewerbungsformulare nicht so einfach zu bedienen. Mit den folgenden Tipps und etwas Übung werden Sie die Online-Bewerbung trotzdem gut meistern können.

Tipps für das Ausfüllen von Bewerbungsformularen

- Füllen Sie alle Felder korrekt und vollständig aus. Unvollständige Angaben führen ganz oft schon zum vorzeitigen Aus.
- Achten Sie auf Zeichenbegrenzungen. Die Anzahl der Zeichen ist häufig limitiert. Kürzen Sie daher Ihre Texte und konzentrieren Sie sich auf Ihre wichtigsten Botschaften.

10 Vgl. News + Trends, Karriere-Webseiten: Schlecht informierte Bewerber, in: Wirtschaftspsychologie aktuell 1/2019

- Die Zeichenlimits der Freitextfelder sollten Sie optimal nutzen. Sind beispielsweise 600 Zeichen möglich, sollten Sie sich nicht mit 200 begnügen.
- Verwenden Sie die Schlüsselbegriffe (Keywords) der angebotenen Stelle, da häufig eine interne Suchsoftware zur Identifikation der interessanten Kandidatinnen und Kandidaten eingesetzt wird.
- Rechtschreibfehler sind tabu. Um Tippfehler zu vermeiden, sollten Sie die entsprechenden Textbausteine in Ruhe und offline vorformulieren. Nutzen Sie die technischen Möglichkeiten und entsprechende Rechtschreibprüfungsprogramme, bevor Sie Ihre Texte in die Eingabemasken einfügen.
- Achten Sie darauf, Ihre Bewerbung nicht zu überfrachten. Das wichtigste Dokument ist Ihr Lebenslauf.
- Maximal drei Empfehlungsschreiben und ebenso viele Zeugnisse der letzten drei beruflichen Stationen sind die absolute Obergrenze.
- Die Anhänge sollten nicht einzeln hochgeladen, sondern vorher in einem PDF-Dokument zusammengefasst werden.
- Das Bewerbungsfoto sollten Sie, falls nicht explizit anders gewünscht, in den Lebenslauf integrieren.
- Alle Dateien zusammen sollten nicht größer als drei bis fünf MB sein und eindeutig benannt werden. Beispiel: «CV_Max_Mustermann.pdf«
- Verwenden Sie eine neutrale und professionelle E-Mail-Adresse.
- Machen Sie sich zur Sicherheit nach dem Ausfüllen der Bewerbungsformulare einen Screenshot und nehmen Sie den Ausdruck zum Bewerbungsgespräch mit.

Online-Bewerbungssysteme bieten beiden Seiten, also den Unternehmen und den Bewerbern, auf den ersten Blick mehrere Vorteile. Als Bewerber müssen Sie sich nur wenig Gedanken über Layout und Optik machen. Die Unternehmen können die Bewerbung schnell und effizient »scannen«. Die Erstauswahl findet bei vielen Systemen jedoch leider komplett automatisiert statt. Diese Erstauswahl muss Ihre Bewerbung erst einmal überstehen, bevor ein Personaler sie im Detail betrachten wird. Lesen Sie hierzu insbesondere das Kapitel 2.4 »Die Bedeutung eines guten Keyword Matching«.

3.2 Personalvermittler und deren Karriereseiten

Der verdeckte Stellenmarkt wird heute in größerem Umfang durch **Personaldienstleister**, also klassische Personalvermittler und Headhunter, bearbeitet und betreut. Personalvermittler besetzen Stellen in Form von Arbeitnehmerüberlassung, häufig auch als »Zeitarbeit« oder »Personalleasing« bezeichnet. Sie suchen Kandidatinnen und Kandidaten aber auch immer mehr für eine Direktvermittlung, also die Vermittlung direkt in eine Festanstellung beim Kunden. Für die Suche und Vermittlung des passenden Personals bezahlt der Arbeitgeber üblicherweise eine Provision an den Vermittler. Der Bewerber hat im Normalfall keine Kosten zu tragen. Der Vermittler akquiriert offene Stellenangebote von Unternehmen, erstellt die zugehörigen Stellenprofile bzw. -ausschreibungen, führt dann ein »Profiling« durch und versucht, Kandidaten und Arbeitgeber zu einem Vertragsabschluss für ein Beschäftigungsverhältnis zu führen. Die Personalvermittlung stellt in rechtlicher Hinsicht eine Maklertätigkeit dar – vertragsrechtlich handelt es sich hier um einen Maklervertrag.

Personalvermittler arbeiten in der Regel rein auf Erfolgsbasis und erhalten nur dann eine Provision vom Kunden (Unternehmen), wenn sie die Position erfolgreich besetzen. Es hat sich etabliert, die Provision auf zwei Raten aufzuteilen. Die erste Rate ist in der Regel bei Vertragsabschluss fällig, die zweite nach bestandener Probezeit. Die Vereinbarungen werden jedoch individuell sehr unterschiedlich gehandhabt.

Personalberater, häufig auch »Headhunter« oder »Executive Searcher« genannt, haben sich auf den Bereich der Führungskräfte- und Fachkräftevermittlung sowie auf die Direktansprache wechselwilliger Arbeitnehmer spezialisiert. Hierbei geht es zum Teil auch um Zeitverträge für Interimsmanager oder freie Mitarbeiter.

Auch wenn Personalvermittler einen eher schlechten Ruf genießen (oft zu Unrecht), sollten Sie diesen Bewerbungskanal nicht komplett vernachlässigen. Das Netzwerk an Firmenkontakten von Vermittlern ist groß, zudem erfahren diese oft schon lange vor dem offiziellen Markt oder sogar als einzige davon, dass eine Stelle zu besetzen ist. Sie können sie also als eine Art »Eintrittskarte« nutzen, da ein Vermittler, wenn er Ihr Profil und Sie als Person als geeignet erachtet, mit großer Wahrscheinlichkeit seinem Kunden empfehlen wird. Er ist somit Ihr »Partner bei der Suche nach Jobs« und bei der Kontaktaufnahme, wird Sie wärmstens empfehlen und so definitiv ein gutes Wort für Sie einlegen. Auf diese Weise öffnet er zudem sein Kundennetzwerk für Sie, da er ja großes – auch finanzielles – Interesse hat, Sie bei sich oder direkt beim Kunden unter Vertrag zu bringen. Im Rahmen einer erfolgreichen Vermittlung wird der Personaldienstleister mit Ihnen Geld verdienen.

Personaldienstleister haben auf ihren Websites immer eigene und oft auch gut gepflegte Stellenmärkte, in denen Sie die Möglichkeit haben, die zu besetzenden Stellen einzusehen. Häufig schalten sie für die gleichen Positionen Stellenanzeigen in diversen Jobbörsen, um an eine größere Anzahl von Bewerbern zu kommen.

Die Karriere-Websites der Vermittler verfügen über Eingabemasken für die Bewerberinnen und Bewerber, die darin alle wichtigen Informationen zum bisherigen beruflichen Werdegang sowie ihren fachlichen und persönlichen Fähigkeiten eintragen müssen. Diese Pflichtinformationen müssen von Ihnen bereitgestellt werden. Ihre Bewerbungsunterlagen und Zeugnisse können Sie nahezu immer zusätzlich hochladen. Auch kurze Tests, Intelligenztests oder psychometrische Testverfahren sind keine Seltenheit (siehe Kapitel 10.8 »Leistungs- und Persönlichkeitstests«). Sie bieten die Möglichkeit, ungeeignete Kandidaten schon in der ersten Phase der Selektion herauszufiltern sowie Wissen und Skills der Bewerber leichter zu bewerten.

Aus unserer Sicht müssen Sie sich natürlich nicht für den Weg zum Job mittels Personalvermittlern entscheiden. Ein guter Marktwert-Check ist es allemal, da sie ein gutes Wissen und Gespür dafür haben, wie wertvoll Ihr Profil auf dem Arbeitsmarkt ist und welches Gehalt in Ihrem Bereich angemessen bzw. realistisch ist.

Eine gute Übersicht bezüglich der Personaldienstleister in einer größeren Stadt finden Sie in der Regel auf der Website dieser Stadt, natürlich auch in den gängigen Branchenbüchern (online und offline), u. a. in den Gelben Seiten oder bei goyellow. Auch die IHK bietet gute Übersichten von Firmen in der Region an, die Sie zielgerichtet nutzen können.

Gute Branchenverzeichnisse
Die folgenden Branchenverzeichnisse sind aus unserer Sicht und Erfahrung für Ihre Recherche der wichtigsten Personalvermittler und Headhunter wertvoll:
- 11880.com
- dasoertliche.de
- gelbeseiten.de
- goyellow.de
- yellowmap.de
- meinestadt.de
- deutsche-staedte.de
- branchenverzeichnis.org
- golocal.de

3.3 Karrieremessen und virtuelle Jobmessen

In den letzten zehn Jahren ist ein neuer Markt im Bereich Messen entstanden: Job- und Karrieremessen gibt es heute an fast jeder Schule und Hochschule sowie in nahezu jeder größeren Stadt. Für Recruiter bieten sie ideale Voraussetzungen, um ihr Unternehmen bekannt zu machen und mit vielversprechenden Kandidaten in Kontakt bzw. ins Gespräch zu kommen. Jobmessen haben sich als neuer Recruiting-Kanal fest etabliert. Es lohnt sich für Firmen, auf Messen nach neuen Mitarbeitern zu suchen, bringt aber auch einige Herausforderungen, Zeitaufwand und nicht zu vernachlässigende Kosten mit sich. Gerade für nicht so bekannte kleinere und mittelständische Unternehmen sind diese Messen jedoch eine hervorragende Chance.

Als Bewerber haben Sie den großen Vorteil, **an einem Tag an einem Ort gleich mehrere Unternehmen kennenzulernen**, einen guten ersten Eindruck zu bekommen,

Informationen auszutauschen und einen ersten, persönlichen Kontakt zu knüpfen. Sie können so feststellen, ob eine eventuelle Zusammenarbeit infrage kommt. Dieser direkte Austausch kann die Bewerbungsphase und Ihre sog. Candidate Journey bis zur Einstellung enorm verkürzen. Nutzen Sie diese Möglichkeiten des persönlichen Kennenlernens auf alle Fälle! Im Folgenden finden Sie eine Übersicht der größten und besten Jobmessen, die Sie einbeziehen sollten:

• Absolventenkongress	https://machwasduliebst.absolventenkongress.de/
• Akademika	www.akademika.de
• Azubi- und Studientage	www.azubitage.de/messe
• Bachelor and More	www.bachelor-and-more.de/bachelor-messen
• Barlag Jobmessen	www.jobmessen.de
• bonding Firmenkontaktmesse	www. bonding.de/veranstaltungen
• Connecticum	www.connecticum.de
• Einstieg	www.einstieg.com/messen
• IHKjobfit!	www.ihkjobfit.de
• Jobvector Career Day	www.jobvector.de/karrieremesse
• Master and More	www.master-and-more.de
• Stuzubi	www.stuzubi.de
• VDI Nachrichten Recruiting Tag	www.ingenieur.de/recruiting-tag/termine

Neue und moderne Wege des Personalmarketings und Recruitings sind **virtuelle Karrieretage und Online-Karrieremessen**. Künftige Mitarbeiter informieren sich heute nicht nur online, sie kommunizieren und interagieren auch fast ausschließlich online, was natürlich auch für die Stellensuche gilt. Virtuelle Karrieretage haben das Ziel, qualifizierte Bewerber mit Berufserfahrung mit zeitgemäßen Methoden zu finden und für ein Unternehmen zu begeistern.

Im Unterschied zu den physischen Karrieremessen können bei diesen Online-Events auch die offenen und generell an Angeboten Interessierten, also die »latent« Jobsuchenden erreicht werden. Hier handelt es sich um gut qualifizierte Arbeitskräfte, die im Job sind und über eine ungekündigte Stelle verfügen, sich einen Wechsel aber grundsätzlich vorstellen können. Diese Jobsuchenden besuchen keine physischen Karriere-Events, sondern informieren sich insbesondere über möglichst anonyme Wege. Sie kontaktieren Personalagenturen oder nutzen Online-Kanäle. Wenn Sie sich nun erkannt fühlen, dann wissen Sie jetzt: Online-Karrieretage und virtuelle Recruiting-Veranstaltungen bieten Ihnen sehr interessante Gelegenheiten der effizienten Jobsuche und Kontaktaufnahme mit möglichen Arbeitgebern. Virtuelle Events sind für Sie eine ressourcenschonende Alternative.

Beispiele für Online-Karrieremessen von Unternehmen
Das Unternehmen John Deere führt regelmäßig virtuelle Karrieretage durch. Die Interessenten haben die Möglichkeit, sich ein genaueres Bild über die Firma John Deere, den weltweit führenden Hersteller von Landmaschinen, als Arbeitgeber zu machen. Die Teilnehmer an der Online-Karrieremesse des Unternehmens können sich über Karrierechancen in unterschiedlichsten Funktionsbereichen, wie Engineering, Marketing und Vertrieb sowie Finanzwesen in ganz Europa informieren. Auch für Studierende, die nicht auf der Suche nach der ersten festen Stelle sind, gibt es Informationen zu Praktika oder Abschlussarbeiten.

Auch BASF nutzt diesen modernen und innovativen Weg des Personalmarketings. Das Unternehmen präsentiert sich Interessenten aus der ganzen Welt. Studierende, Absolventen und andere Interessierte haben die Möglichkeit, sich über die Karrierechancen beim weltweit führenden Chemieunternehmen zu informieren. Durch den virtuellen Karrieretag können sich junge Menschen vor dem Berufseinstieg über das Unternehmen und über die Unternehmenskultur informieren. Die persönliche Interaktion mit den Mitarbeiterinnen und Mitarbeitern ist dabei ebenfalls möglich.

Erfolgreiche virtuelle Karrieremessen mit mehreren »Ausstellern« im deutschsprachigen Raum sind beispielsweise:

- IT-Jobmesse — www.it-jobmesse.de (vom Karriereportal jobleads.de ausgerichtet)
- Jobunication — www.jobunication.online/de
- MINTmap — www.mintmap.de/de
- Online-Karrieremesse für Ingenieure vom VDI (Verband Deutscher Ingenieure) — www.ubivent.com
- Virtuelle Karrierebörse — www.virtuelle-karriereboerse.de

3.4 Jobsuchmaschinen und Jobbörsen

Fast jeder verbindet mit dem Internet und der Suche im Netz sofort die Suchmaschine Google, die der absolute Marktführer ist. Für Jobanbieter und Bewerber gibt es jedoch viele weitere, nach unserer Schätzung über 3.000 Jobsuchmaschinen und Jobbörsen allein im deutschsprachigen Raum, sowohl sogenannte **Meta- oder Jobsuchmaschinen** als auch **fach- bzw. zielgruppenspezifische Jobbörsen**.

Deutschland hat nicht nur einen großen Arbeitsmarkt, sondern allgemein eine überdurchschnittlich hohe Internetnutzung, was natürlich auch Jobsuchmaschinen und Jobbörsen im Web betrifft. Als Bewerber ist man oft erst einmal mit dieser großen

Anzahl überfordert. Aus unserer Erfahrung ist es die Mischung, die Ihren Erfolg ausmacht, individuelle Faktoren und auch Ihre Präferenzen, die Sie in Ihre Entscheidung einbeziehen sollten. Lesen Sie hierzu insbesondere Kapitel 2.5 »Entwickeln einer effizienten Online-Jobsuchstrategie«, falls Sie es übersprungen haben sollten!

Was macht eine Jobsuchmaschine?
Eine Jobsuchmaschine ist eine eigenständige Plattform im Netz, die Verlinkungen zu online gelisteten Stellenangeboten zeigt. Das Ziel einer Jobsuchmaschine ist es, dem Suchenden die richtigen Treffer für seine Jobsuche zu liefern. Durch die Eingabe eines Suchbegriffs, einer konkreten Position, einer Funktionsbezeichnung oder eines Jobtitels sollen Ergebnisse generiert werden, die dieser entsprechen.

Der Bewerber bekommt also die für ihn infrage kommenden Stellen in einer Übersicht zusammengefasst und kategorisiert. Ohne die Unterstützung dieser »Search Engines« würde die Suche möglicherweise Stunden, wenn nicht sogar Tage in Anspruch nehmen. Metasuchmaschinen suchen in diversen Einzeljobbörsen und Firmenwebsites und bieten eine deutlich höhere Anzahl an Treffern.

Jobsuchmaschinen ermöglichen so eine gezielte Suche nach Beruf, Tätigkeit, Branche, Arbeitgeber oder Arbeitsort. Stellenangebote werden komplexen semantischen Analysen unterzogen und die ermittelten relevanten Informationen anschließend dem Nutzer angezeigt.

Auch Karriere- und Unternehmensseiten werden von einigen Suchmaschinen systematisch nach Jobs abgesucht. Sie aggregieren also Stellenanzeigen aus den unterschiedlichsten Quellen. In sehr kurzer Zeit erhält der Bewerber auf diese Weise mit nur einer einzigen Suchanfrage einen guten Überblick, welche Stellen möglicherweise auf ihn passen könnten.

Die gefundenen Stellenausschreibungen werden auf der Plattform der Jobsuchmaschine meist nur als Link mit einer kurzen Beschreibung gelistet, so wie es der Nutzer auch von Google kennt. Mit dem Klick darauf kommt er zur Originalquelle.

Tipp
Jobsuchende haben heute auch bei der Auswahl der passenden Metajobsuchmaschine die Qual der Wahl, da auch dieser Markt immer mehr wächst. Mittlerweile soll es allein in Deutschland weit über 50 Metajobsuchmaschinen geben. Die Qualität ist jedoch sehr unterschiedlich.

Unterscheidung zur Jobbörse und zum Jobportal
Bei einer Jobbörse handelt es sich um einen Online-Stellenmarkt, in dem Stellenangebote und -gesuche angezeigt werden. Im Gegensatz zur Jobsuchmaschine geht es hier um originäre Einträge. Jobsuchmaschinen haben den deutlichen Vorteil, dass sie nicht

nur kostenpflichtige Stellenanzeigen wiedergeben. Dadurch wird eine möglichst umfassende Marktübersicht angestrebt. Wir möchten Ihnen im Folgenden eine Übersicht einiger guter Jobbörsen und Jobsuchmaschinen geben, die je nach Zielsetzung von Ihnen für die Jobsuche und den Bewerbungsprozess zielgerichtet genutzt werden können.

3.4.1 Jobbörsen und -suchmaschinen in Deutschland

3.4.1.1 Jobbörsen für Berufseinsteiger und Azubis

Die folgenden Jobbörsen eignen sich besonders gut für Berufseinsteiger und Azubis:

- AUBI-plus — www.aubi-plus.de
- Ausbildung.de — www.ausbildung.de
- AusbildungsOffensive-Bayern.de — www.ausbildungsoffensive-bayern.de
- AZUBI MOVIE — www.azubimovie.de
- Azubi.de — www.azubi.de/ausbildungsplatz
- AZUBIYO — www.azubiyo.de/stellenmarkt
- Berufsstart — www.berufsstart.de/jobs
- Bundesagentur für Arbeit — jobboerse.arbeitsagentur.de, www.planet-beruf.de/schuelerinnen
- Handwerkskammer Lehrstellenradar — www.lehrstellen-radar.de
- IHK-Lehrstellenbörse — www.ihk-lehrstellenboerse.de
- Indeed — de.indeed.com/Jobbörse-Ausbildung-Jobs
- Jobbörse von Karrierebibel — www.karrieresprung.de/jobs
- Jobbörse.de — www.jobbörse-stellenangebote.de/ausbildung, www.jobbörse.de
- Jobnet — www.jobnet.de
- Jobtopus — www.jobtopus.de
- Jobworld — www.jobworld.de/ausbildung-jobs
- Kompass der Jobbörsen — jobboersen-kompass.de/ergebnisse
- meinestadt.de Lehrstellen und Ausbildung — www.meinestadt.de/deutschland/lehrstellen
- Staufenbiel Institut — www.staufenbiel.de/jobs.html
- Stellenanzeigen.de — www.stellenanzeigen.de/stellenangebote/ausbildung

3.4.1.2 Jobbörsen – duales Studium

Falls Sie nach einem Unternehmen suchen, mit dem Sie dual studieren können, suchen Sie hiermit:

- www.azubi.de/duales-studium
- www.wegweiser-duales-studium.de
- www.ausbildung.de/duales-studium
- www.ingenieurwesen-studieren.de/freie-duale-studienplaetze

3.4.1.3 Jobsuchmaschinen

Folgende Jobsuchmaschinen helfen Ihnen bei der Jobsuche in Deutschland:

• careerjet.de	www.careerjet.de
• Indeed	de.indeed.com/Jobbörse-Ausbildung-Jobs
• Joblift	joblift.de
• Jobrapido	de.jobrapido.com
• jobscanner.de	www.jobscanner.de
• Jobworld	www.jobworld.de/ausbildung-jobs
• Kimeta	www.kimeta.de/stellenangebote-ausbildung
• neuvoo.de	neuvoo.de

3.4.1.4 Jobsuchmaschinen und Jobbörsen für Praktika, Werkstudententätigkeiten und Abschlussarbeiten

Suchen Sie nach Praktika, Werkstudententätigkeiten oder Kooperationsmöglichkeiten für Abschlussarbeiten, dann bieten sich folgende Jobsuchmaschinen an:

- www.praktikum.com
- www.praktikum.info
- www.meinpraktikum.de
- www.jobsuma.de

3.4.1.5 Jobsuchmaschinen und Jobbörsen für Studierende und Absolventen – Festanstellung

Integrieren Sie als Studierender und Absolvent in Ihre Jobsuche auf alle Fälle folgende Jobsuchmaschinen, die speziell auf Ihre Bedürfnisse und Wünsche ausgerichtet sind:

- www.jobsuma.de
- www.absolventa.de
- www.studentjob.de
- www.academics.de
- www.connecticum.de/jobboerse
- www.jobmensa.de
- www.jobcafe.de
- www.monster.de
- www.StepStone.de

3.4.2 Jobbörsen und -suchmaschinen in Österreich

3.4.2.1 Jobsuchsuchmaschinen

Für Ihre Jobsuche in Österreich eignen sich u. a. folgende Jobsuchmaschinen:

• meinjob.at	meinjob.at
• Careerjet	www.careerjet.at
• JobIsJob	www.jobisjob.at
• Jobkralle	www.alleskralle.com/jobs/at
• Jobomas	at.jobomas.com
• Jooble	at.jooble.org
• Jobrapido	at.jobrapido.com
• Jobs	www.jobs.at
• Kimeta.at	www.kimeta.at
• Indeed Österreich	at.indeed.com
• MetaJob	www.metajob.at
• Renego	at.renego.net
• SimplyHired	www.simplyhired.at
• Trovit	at.trovit.com/job
• JobRobot	www.jobrobot.de
• www.Jobmonitor.at	www.jobmonitor.at

3.4.2.2 Jobbörsen

Für Ihre Jobsuche in Österreich können Sie auch mit folgenden Jobbörsen arbeiten:

- www.ams.at
- beste-stellen.at
- derstandard.at/Karriere

- gigajob.at
- JobABC.at
- Jobmonitor.at
- Jobpilot.at
- jobspot.at
- Karriere.at
- Locanto Jobs
- Monster.at
- StepStone.at
- studentjob.at
- unijobs.at
- willhaben.at
- Workpool-Jobs

3.4.3 Jobbörsen und -suchmaschinen in der Schweiz

3.4.3.1 Suchmaschinen

Für Ihre Jobsuche in der Schweiz bieten sich folgende Suchmaschinen an:

- jobs.ch
- alpha.ch
- JobScout24.ch
- JobUp.ch
- ostjob.ch
- Topjobs.ch

3.5 Portale und Karrierenetzwerke für Studierende und Absolventen

Auf folgenden Karrierenetzwerken und Portalen finden Sie sehr nützliche und wertvolle Informationen zu Karriereevents, Mentorenprogrammen, Stipendien und weiteren Netzwerkmöglichkeiten:

- www.e-fellows.net
- www.akademiker-online.de
- www.karrierefuehrer.de
- www.unicum.de
- www.karriere.de

3.6 Job-Apps

Die folgenden Job-Apps bieten Ihnen die Möglichkeit, Ihre Jobsuche mobil und damit völlig unabhängig von Ihrem Aufenthaltsort anzugehen:

Truffls

- Das Berliner Start-up ging mit seiner Job-App im November 2014 auf den Markt.
- Es fokussiert sich auf Young Professionals.
- Mit einem Swipe nach rechts beginnt die Bewerbung, die anonym erfolgt: Das Unternehmen erhält das Kurzprofil des Bewerbers. Falls es an dem Kandidaten interessiert ist, bekommt der Bewerber eine Nachricht und kann sich gezielt bewerben.
- Die Grundlage für das Kandidatenprofil ist das XING- oder LinkedIn-Profil oder es werden Daten aus dem hochgeladenen Lebenslauf in das Profil gezogen.
- Als Bewerber kann man über den Messenger in der App direkt mit den Recruitern aus den Unternehmen Nachrichten und Dokumente austauschen.
- Bis 2019 wurde die App schon mehr als 300.000-mal installiert.

Hokify

- Überträgt das Tinder-Prinzip auf die Jobsuche und ist fokussiert auf das Recruiting von Blue-Collar-Fachkräften.
- Wurde in Österreich entwickelt und ist seit ein paar Jahren in Deutschland verfügbar mit dem Ziel, auch dort Marktführer zu werden.
- Wirbt damit, dass man in drei Minuten eine Stellenanzeige schalten kann und sich in drei Minuten bewerben kann.
- Beinhaltet derzeit ca. 30.000 Stellen in den Bereichen Handwerk, Gastronomie, Handel, Verkauf und Büro in Deutschland.
- Sie können auch nach »Samstagsjobs« suchen.

TalentHero

- Eine Job-App von meinestadt.de für junge Menschen, die gerade einen Ausbildungsplatz suchen.
- Wirbt mit dem Slogan »Ausbildungssuche, die Spaß macht! Für die Helden von morgen«.
- Wirbt aktuell mit ca. 60.000 Ausbildungsangeboten in Deutschland.
- Eine Bewerbung mit TalentHero dauert im Idealfall insgesamt ca. zehn Minuten
- Der Bewerbungsprozess ist relativ schnell und einfach:
  - Als Bewerber legt man ein Profil an und füllt einen Lebenslauf aus, für den man aus fünf verschiedenen Layouts wählen kann.
  - Zeugnisse kann man mit einem Kamera-Scan fotografieren und hochladen.

  - Zur eigenen Motivation muss man mit jeweils 120 Zeichen zwei Fragen beantworten: »Warum ist die Firma für dich interessant?« und »Warum bewirbst du dich auf diese Stelle?«.
- Enthält einen Orientierungs-Check für den Beruf, der am besten zu den eigenen Interessen passt. Man wählt bis zu drei Berufskategorien aus, die man mit den eigenen Interessen matcht. Für diese sieht man die verfügbaren Ausbildungsplätze.
- TalentHero Connect, ein spezielles Matching-Verfahren, schafft die Verbindung zwischen der in der App erstellten Bewerbungsmappe und dem jeweiligen Bewerbungsmanagementsystem der Unternehmen. Die Bewerberdaten sind stark verschlüsselt und werden direkt nach der Übertragung von den Servern der App gelöscht (Stand 2019). Dies erleichtert den Bewerbungsprozess auf beiden Seiten.

MeetFrank

- Der Deutschlandstart der estländischen Job-App war im Juli 2018. Mehr als 2.000 Unternehmen, darunter Global Player wie Daimler oder Eon, aber auch junge Start-ups wie DeliveryHero oder Mytaxi publizieren Stellen über diese App.
- Die Besonderheit und das Alleinstellungsmerkmal dieser App sind anonyme Bewerbungen, die jede Diskriminierung über Geschlecht, Alter und Herkunft ausschließen. Die Erfahrungen, das Wissen und die Wünsche des Bewerbers sollen im Vordergrund stehen. Damit soll der Einstellungsprozess zu mehr Vielfalt in den Unternehmen führen.
- Als Bewerber geben Sie lediglich Ihre Fähigkeiten und beruflichen Ziele an. Sie können einen privaten Chat mit Unternehmen initiieren, die nicht anonym sind.
- Für Sie als Bewerber ist die Nutzung von MeetFrank kostenlos.

Recruiting-Apps der großen, globalen Online-Suchmaschinen stehen Ihnen für die mobile Jobsuche ebenfalls zur Verfügung.

Monster

»Swipe zum neuen Job« wirbt die Bewerbungsplattform von Monster. Die Funktionalität dieser App basiert auf der Swipe-Technologie. Jobs, die zu Ihrem Profil passen, werden Ihnen als eine Art »Kartendeck« angezeigt. Durch Swipen gelangen Sie zum nächsten Job. Mit einem Swipe nach links entscheiden Sie sich gegen einen Job, mit einem Swipe nach rechts bewerben Sie sich direkt entweder mit Ihrem persönlichen Profil oder mit Ihrem vollständigen Lebenslauf.

Es besteht zudem die Möglichkeit, Ihren Lebenslauf mithilfe von bekannten Diensten wie Facebook, Dropbox und Google Drive hochzuladen. Oder Sie nutzen Ihre bestehenden Monster-Account-Daten bei der Anmeldung, dann ist keine neue Registrierung erforderlich. Danach erhalten Sie die relevantesten Jobs, die zu Ihrem persönlichen Profil passen, ganz automatisch als Deck mobil optimierter »Job-Karten« angezeigt, durch die Sie sich ganz einfach »swipen« können. Einzige Einschränkung: Es können keine Videos hochgeladen werden.

Talentcube

- Talentcube generiert einen sog. Jobcode, den das Unternehmen entsprechend in die Stellenanzeige integriert. Mit diesem Jobcode können Sie als Bewerber auf der App eine Bewerbung lancieren: Sie beantworten die drei Fragen mit einem jeweils 30 Sekunden langen Video, das Sie über Ihre Kamera aufnehmen können. Zusammen mit Ihrem Profil auf der App ist Ihre Bewerbung fertig.
- Die Bewerbungsmappe enthält Videos, die das traditionelle Anschreiben ersetzen. Unternehmen sollen sich dadurch gleich zu Beginn des Bewerbungsprozesses einen persönlichen, authentischen Eindruck verschaffen können.
- Mit zwei Klicks wird die Kameraaufnahme gestartet und Sie können die Videos Ihrer Bewerbung hinzufügen. Anschließend hängen Sie noch Ihren Lebenslauf, Ihre Zeugnisse und Ihr Anschreiben an und fertig ist die »visuelle Bewerbungsmappe«. Die Bewerbung können Sie sich per E-Mail zuschicken lassen. Diesen Link leitet man anschließend einfach direkt an die Unternehmen weiter.
- Für jedes Unternehmen kann eine eigene Homepage mit individuellem Anschreiben und eigenen Videos gestaltet werden. Die Nutzung ist für die Bewerber mit keinen Kosten verbunden.

Tipp

Ein Video von sich aufzunehmen ist für die einen sehr leicht, für andere sehr schwer. Man braucht Selbstbewusstsein, eine gute Portion Extravertiertheit und eine sehr gute Präsentationsfähigkeit, um ein gutes und überzeugendes Video zu produzieren. Mit einem einfachen Selfie-Video ist es hier nicht getan, denn es handelt sich um eine Bewerbung und einen professionellen ersten Eindruck, den Sie einem potenziellen Arbeitgeber vermitteln möchten. Sie können sich sehr gut vorbereiten, indem Sie Videoaufnahmen üben: Nehmen Sie sich selbst auf und schauen Sie sich die Videos am besten mit einem Sparringspartner an. Dies kann ein guter Freund sein, der die gleiche Herausforderung im Bewerbungsprozess zu bewältigen hat, oder ein Karriereberater, dessen tägliches Brot darin besteht, Kunden auf genau diese Challenge gezielt vorzubereiten, und der Ihnen konstruktives Feedback zur Optimierung Ihrer Selbstdarstellung geben kann.

Lesen Sie hierzu auch das Kapitel 8.1 »Special #1: Bewerbervideos«.

Jobclipr

Auf der Plattform Jobclipr können sich sowohl Bewerber als auch Unternehmen präsentieren. Beide können eine digitale Visitenkarte erstellen – mit Videos, Fotos und eingebetteten Social-Media-Einträgen. Das Profil dient als eine Art »Schaufenster« – vor allem für Unternehmen. Dafür nimmt der Arbeitgeber die Kamera in die Hand, drückt auf Aufnahme und gibt einen Einblick in seine Firma. Er filmt und fotografiert die Arbeitsplätze, die Mitarbeiterinnen und Mitarbeiter, die Produkte und die Dienstleistungen, die in den Geschäftsräumen verkauft werden. Er bettet zudem Social-Media-Einträge ein, zeigt sich den Bewerbern und beantwortet damit Fragen, die eine Stellenanzeige allein nicht beantworten kann. Sie erhalten so wichtige Informationen, die Ihnen einen guten ersten Eindruck vermitteln.

Der Arbeitgeber kann auf Jobclipr mehr tun, als nur gefunden zu werden. Er kann selbst aktiv suchen. Dazu scrollt er durch Bewerberprofile, klickt auf »interessant«, wenn ihn ein Kandidat oder eine Kandidatin überzeugt und tritt mit diesen in Kontakt. Auch das hat seinen Preis: Nur das Anlegen eines eher dürftigen und wenig aussagekräftigen Firmenprofils ist gratis. Profile, die mehr leisten sollen, mit unbegrenzt vielen Bildern, Videos, Social-Media-Einträgen und der Möglichkeit, Kandidaten Nachrichten zu schreiben, gibt es ab einem vierstelligen Betrag im Jahr. Für Bewerber und Bewerberinnen ist die Nutzung kostenlos.

BIAMU

BIAMU ist eine anonyme Jobbörse, in der Sie sich direkt auf Stellenanzeigen bewerben können. Diese Plattform wirbt damit, dass man sofort einen Einstellungstest absolvieren kann, in dem man sein »Können« unmittelbar unter Beweis stellt. Es handelt sich also um ein freiwilliges Online-Assessment-Center. Die Arbeitgeber sehen die Ergebnisse Ihrer bearbeiteten Fallstudie. Alter, Geschlecht, Name und Herkunft können jedoch nicht eingesehen werden. So wird ein faires Bewerbungsverfahren für alle Jobs und alle Kandidaten zugesichert. Im Profil, das völlig anonym gehalten werden kann, können Sie auf eigenen Wunsch alle Dokumente und Videos sofort zugänglich machen. Auch von anderen Plattformen kann auf Ihr Profil verlinkt werden.

3.7 Matching-Portale

Matching-Portale zeichnen sich dadurch aus, dass sie Bewerber mithilfe von persönlichen Daten zu bestimmten »Traits« mit offenen Stellen und Arbeitgebern matchen. Hier eine Auswahl von Matching-Portalen:

Jobify

- Richtet sich an Bewerber mit akademischem Hintergrund, also Studierende und Young Professionals mit bis zu fünf Jahren Berufserfahrung.
- Der Fokus auf Arbeitgeberseite liegt auf mittelständischen Unternehmen; jedoch sind große Global Player ebenfalls Kunden von Jobify.
- Der intelligente Matching-Algorithmus von Jobify bezieht die Bereiche Qualifikationen, Persönlichkeit/Kultur, Präferenzen/Wünsche ein und generiert einen Mat-

ching Score. Ab einem Matching von 60 Prozent eignet sich ein Kandidat für eine Stelle.

- Der Bewerber erhält zudem Input zu seinen Entwicklungsmöglichkeiten, d. h. ein Feedback, wo er mit seinen Zielen am besten aufgehoben ist und sein Potenzial entwickeln kann.
- Die Bewerbung funktioniert beidseitig: Als Bewerber erhalten Sie Jobvorschläge (die »perfect matches«) und Sie können sich mit Ihrem Profil bewerben. Ein Anschreiben kann man optional hinzufügen. Das jeweilige Unternehmen wird mit einer Mail bezüglich Ihrer Bewerbung benachrichtigt. Unternehmen können ihrerseits interessante Kandidatinnen und Kandidaten mit einem Klick über ihr Interesse informieren. Erst wenn eine der beteiligten Seiten Interesse bekundet hat, werden die persönlichen Daten der Bewerber transparent.

Jobunicorn

- Wirbt damit, Persönlichkeitsmatching und Online-Jobsuche zusammenzubringen.
- Jobunicorn verweist auf die zweijährige Entwicklungszeit des eigenen Matching-Algorithmus, mit dem »Fähigkeitserwartungen« errechnet werden und der signifikante Erfolgsfaktoren aus der berufsbezogenen Persönlichkeitsbestimmung, der Unternehmenskulturanalyse sowie der Erfahrung von Personalverantwortlichen einbezieht.
- Auf der Basis von zwölf personalpsychologischen Dimensionen wird ein Profil von Ihnen erstellt, das vier Fit-Kategorien einbezieht: Cultural Fit, Professional Fit, Team Fit und Personal Fit. Das Matching wird in Prozentzahlen ausgedrückt. Die Beantwortung der Fragen dauert nur wenige Minuten.

Skillster

- Das Matching basiert auf den drei Bereichen »fachliche Kriterien«, »charakterliche Merkmale« und »kulturelles Umfeld«. Skillster stellt Persönlichkeitsmerkmale und den »Cultural Fit« in den Vordergrund.
- Als Bewerber oder Bewerberin legen Sie in wenigen Minuten kostenlos ein Profil an, das drei Videos beinhaltet, mit denen Sie auf drei zentrale Fragen im Bewerbungsprozess antworten: »Wer bin ich?« »Was mich interessiert«, »Was ich will«, das Schluss mit dem »Einheitsbrei« machen soll.
- Mit dem Persönlichkeitstest ViQ wird Ihr Persönlichkeitstyp in ein Raster von 16 Möglichkeiten eingeordnet. Die Philosophie ist: Nicht der Bewerber soll sich an die Stelle und den Arbeitgeber anpassen, sondern umgekehrt. Der zu Ihrer Persönlichkeit passende Job wird mit Ihnen gematcht.
- Als Bewerber definieren Sie aus elf Kriterien Ihre Wunsch-Unternehmenskultur, die in das Matching mit einbezogen wird.
- Sie finden auf der Website Tutorials und Beispiele von Bewerbungsvideos. Sie können sich damit sehr gut vorbereiten und üben. Die drei oben genannten Fragen

sind für den Bewerbungsprozess allgemein von sehr großer Bedeutung und interessieren alle Personaler. Beschäftigen Sie sich also mit diesen Fragen und finden Sie Ihre persönlichen Antworten darauf.
- Reflektieren Sie in Ruhe und nutzen Sie gerade für die erste Frage »Wer bin ich?« den Persönlichkeitstest ViQ, der auf 16 Persönlichkeitsvarianten basiert.

Tipps für die Nutzung von Matching-Portalen

- **Vollständigkeit Ihres Profils:** Denken Sie immer an Ihr Gegenüber, den Personaler bzw. Recruiter als Ihren Kunden. Sie ersparen ihm und Ihnen selbst Arbeit und ein unnötiges Hin und Her, wenn Sie Ihr Profil vollständig ausfüllen. Dies bezieht sich insbesondere auf die für Personaler wichtigen Dokumente wie z. B. Zeugnisse.
- **Profilfoto**: Laden Sie auf alle Fälle ein Profilfoto hoch – es sollte professionell und positiv sein. Ein Profilfoto sagt viel mehr als 1.000 Worte und hat eine sehr große Bedeutung im Bewerbungsprozess.
- **Bewerbervideo**: Trainieren und üben Sie, bis Sie sich sicher vor der Kamera fühlen. Bereiten Sie vor, was Sie sagen möchten, und holen Sie sich vorab Feedback von jemanden ein, der in Bezug auf Videos und idealerweise Bewerbervideos erfahren ist. Lesen Sie hierzu Kapitel 8.1 »Special #1: Bewerbervideos«.
- **Verwendung Ihrer Daten**: Prüfen Sie genau, wie Ihre Daten verwendet werden, wo Sie gespeichert werden und was mit diesen geschieht bzw. wohin sie geleitet werden. Lesen Sie hierzu Kapitel 5 »DSGVO in der Bewerbung«.

Auch wenn Jobmatching-Portale erst am Anfang ihrer Entwicklung stehen: Sie sind die Zukunft. Wie bei jeder anderen technologischen Neuerung braucht es ein paar »Runden«, um das Tool zu verfeinern und weiter zu optimieren. Sehen Sie sich die Portale an, experimentieren Sie und melden Sie sich im Zweifelsfall wieder ab, falls ein Portal überhaupt keinen Mehrwert für Sie darstellt (was wir uns nicht vorstellen können).

3.8 Google for Jobs

Erst seit Mai 2019 gibt es ein neues Tool für die Jobsuche: Google for Jobs kann nun auch in Deutschland genutzt werden. In den USA kam Google for Jobs schon vor zwei Jahren auf den Markt, viele andere Länder folgten. Mittlerweile soll es angeblich schon in 100 Ländern weltweit nutzbar sein.

Mit Google soll man ja alles suchen können. Das Ziel bei Google for Jobs ist es, die Suche speziell nach Jobs zu vereinfachen. Es handelt sich jedoch nicht um eine Jobsuchmaschine im klassischen Sinn: Die allgemeine Googlesuche kann jetzt für das Aufspüren von offenen Stellen genutzt werden. Zwischen den klassischen Google-Ads in der Ergebnisliste und den nach Relevanz sortierten Suchergebnissen taucht ein Kasten mit einem blauen Überschriftbalken als Link-Tipp-Container auf.

Durch die Eingabe von konkreten Suchbegriffen, der Position und des Orts können relevante Stellen in diesen Tätigkeitsbereichen und Regionen gefunden werden. Da Google generell relevante Ergebnisse in der Umgebung anzeigt, werden voraussichtlich relevante Suchergebnisse angezeigt. Das Prinzip von Google for Jobs basiert auf der Grundlage des Machine Learning und wird sich erst noch in die richtige Richtung entwickeln.

Diverse Jobbörsen und Jobsuchmaschinen haben bereits Kooperationen mit Google for Jobs geschlossen und sind so direkte »Lieferanten« für Stellenangebote. Diese Stellen tauchen dann auch sofort bei der Googlesuche als Treffer auf. Die großen Jobbörsen StepStone und Indeed planen derzeit noch keine Zusammenarbeit mit Google. Die Jobsuchenden profitieren trotzdem davon, weil Google die angezeigten Stellenausschreibungen nicht auf Partner einschränkt, die Google for Jobs technisch unterstützen. Es werden also sowohl mittelbare als auch unmittelbare Treffer angezeigt.

Inwieweit Google for Jobs den Markt erobern wird, ist noch ungewiss, aber man kann davon ausgehen, dass Google daran arbeiten wird, zeitnah eine professionelle Suchmöglichkeit zu entwickeln.[11]

11 Vgl. https://persoblogger.de/2019/05/22/Google-for-jobs-in-deutschland-fuer-alle-gestartet-ein-erster-praxistest/

4 Die Online-Bewerbung

4.1 Bewerbungsunterlagen für die Online-Bewerbung

Wie gestalte ich meine Online-Bewerbung am besten?
In unserer digitalen Welt wird immer mehr auf den Einsatz der neuen Medien gesetzt. Die klassische Bewerbungsmappe sowie das Verschicken der Bewerbungsunterlagen per Post werden immer seltener, haben aber sicher nicht komplett ausgedient. Trotzdem sollten Sie sich immer an dem orientieren, was sich die andere Seite, also der potenzielle Arbeitgeber, wünscht bzw. welche Form der Bewerbung vom Unternehmen präferiert oder in der Stellenanzeige explizit genannt wird. Sobald eine Mailadresse des Ansprechpartners angegeben wird, ist die Bewerbung per E-Mail der Weg, den Sie im Normalfall gehen sollten.

Eine erfolgreiche Online-Bewerbung muss sehr gut aufbereitet werden und für die andere Seite schnell und effizient verarbeitbar sein. Sie beinhaltet insbesondere die richtigen Bewerbungsunterlagen. Diese müssen

- überzeugend und aussagekräftig,
- vollständig,
- im richtigen Format und der passenden Dateigröße

  zur Verfügung gestellt werden.

Wichtig

Bevor Sie mit der Erstellung Ihres Lebenslaufs, des Anschreibens und der Zusammenstellung der Zeugnisse beginnen, sollten Sie sich daher unbedingt darüber informieren, ob das Unternehmen eine E-Mail-Bewerbung wünscht oder ob auf der Homepage ein firmeneigenes Bewerbungsformular angeboten wird (Online-Bewerbung direkt auf der Karriereseite des Unternehmens). Diese Hinweise finden Sie fast immer in der Stellenanzeige.

In einem Online-Bewerbungsformular ist meist alles vorgegeben und es gibt wenig Gestaltungsspielraum für Sie. Sie werden durch die einzelnen Bewerbungsschritte geführt und müssen im Rahmen von Textfeldern oder eines Fragebogens die notwendigen Informationen eingeben bzw. hochladen.

Tipp

Arbeiten Sie sich als eine Art »Testlauf« vorher schon einmal durch das Online-Formular, um herauszufinden, was Sie später erwarten wird. Schauen Sie sich die Fragen genau an und überlegen Sie sich Antwortmöglichkeiten. Die Formulare bestehen in der Regel aus mehreren Seiten. Um auf die nächste Seite zu gelangen, müssen Sie oftmals Pflichtfelder ausfüllen. Machen Sie diesen Testlauf, ohne Ihre Angaben am Ende abzuschicken, also rein zu Ihrer Information.

Auch sollten Sie darauf achten, ob am Schluss des Bewerbungsformulars eine Upload-Funktion gegeben ist, um eventuell eigene Dateien (insbesondere Lebenslauf, Anschreiben, Projektübersicht oder Arbeits-, Aus- und Weiterbildungszeugnisse) hochzuladen.

Eine Ausnahme bildet die Initiativbewerbung. Hier eignet sich das Online-Bewerbungsformular häufig nicht so gut, da die vorgegebenen Felder in den meisten Fällen auf eine konkrete Stellenausschreibung zugeschnitten sind. Erkundigen Sie sich deshalb vorher beim Unternehmen, wie Sie sich in diesem Fall am besten bewerben oder wer Ihre Unterlagen und Informationen bekommen soll.

Für die E-Mail-Bewerbung gelten generell sehr ähnliche Regeln wie für die schriftliche Bewerbung. Der größte Unterschied liegt in der digitalen Übermittlungsform.

Die Online- oder E-Mail-Bewerbung wird derzeit bereits von fast allen Unternehmen genutzt, da sich nicht nur Vorteile für die Personalabteilung, sondern auch für die Bewerberinnen und Bewerber ergeben. Für Unternehmen ergeben sich Vorteile aus

- einer geringeren Papierverwaltung,
- einer leichteren und schnelleren Einbindung der Informationen in die firmeneigenen Datenbanken bzw. Datenverwaltungssysteme sowie
- weniger Aufwand mit Rücksendungen.

Auch Sie als Bewerber oder Bewerberin haben geringere Erstellungs- und keine Portokosten und können so Zeit und Geld sparen. Zudem wird Ihre Bewerbung schneller zugestellt und Sie können Ihre Unterlagen bei Bedarf zu einem späteren Zeitpunkt aktualisieren.

Auch gibt es bereits zahlreiche Portale (zum Beispiel Monster, StepStone oder die Arbeitsagentur), welche die Funktion des Online-Lebenslaufs anbieten. Auf diesen Plattformen haben Sie die Möglichkeit, den eigenen Lebenslauf hochzuladen und so »passiv« auf Jobsuche zu gehen. Die Registrierung erfolgt einfach und schnell, Sie können sich so optimal in diesen Portalen präsentieren und zudem Ihren individuellen Lebenslauf als Datei (Standardformat, meist als PDF) anhängen. Diese Möglichkeit wird auch auf XING und LinkedIn angeboten. Mehr dazu in Kapitel 6.2 »Businessnetzwerke«.

Jedoch sollten sich Bewerberinnen und Bewerber nicht davon verleiten lassen, die Bewerbung so schnell wie möglich abzuschicken. Auch bei einer Online-Bewerbung können sich Fehler einschleichen. Die Unterlagen sollten daher sehr sorgfältig und strukturiert vorbereitet werden.

Anschreiben, CV, Portfolio, Arbeitsproben, Zeugnisse

Das Verfahren der Online-Bewerbung hat den Prozess des Bewerbens deutlich vereinfacht. Bewerber müssen die benötigten Unterlagen nicht mehr in Farbe ausdrucken und mühevoll zu einer Bewerbungsmappe zusammenstellen und diese dann auf dem postalischen Weg versenden. Sie können dies (relativ) einfach über das Internet erledigen.

Diese Zeit- und Kostenersparnis kann jedoch zu einem zu schnellen Abschicken verleiten. Es schleichen sich leicht kleine Fehler ein, wie beispielsweise ein zu großes Datenvolumen der Datei oder eine schlechte Formatierung. Personaler sind oft sensibel in Bezug auf diese kleinen Mängel, weshalb es sehr wichtig ist, auch die Online-Bewerbungsunterlagen mit großer Sorgfalt zu erstellen und sie noch einmal im Detail zu überprüfen, bevor Sie sie versenden.

Wichtig

Sammel- oder Massenbewerbungen sollten Sie auf keinen Fall verfassen. Die Personalbearbeiter eines größeren Unternehmens bekommen tagtäglich mehrere Hundert Bewerbungen und erkennen sofort, welcher Bewerber sich Mühe gegeben hat oder bei welcher Bewerbung es sich eben um eine dieser Sammelbewerbungen handelt.
Auch eine Online-Bewerbung sollte daher immer individuell, zielgerichtet und professionell sein. Als Bewerber und Bewerberin sollten Sie zeigen, dass Sie sich bewusst auf diese Stelle bzw. bei diesem Unternehmen bewerben und nicht nur irgendeinen neuen Job suchen. Wer sich Mühe gibt, zeigt dem potenziellen Arbeitgeber, dass er motiviert und »heiß auf diese Stelle« ist.

Im Internet wird häufig die »Du-Form« verwendet und der Schreibstil wirkt eher informell. Davon sollten Sie sich jedoch auf keinen Fall zur Schlampigkeit verleiten lassen, denn eine Online-Bewerbung hat den gleichen Stellenwert wie eine Bewerbung auf dem traditionellen Weg. Da keine »schicke« Bewerbungsmappe verwendet werden kann, um einen guten ersten Eindruck zu hinterlassen, sind der Inhalt und die Qualität der Bewerbung besonders wichtig. Betrachten Sie Ihre Bewerbung als Ihre erste Arbeitsprobe!

Generell gelten bei einer Online-Bewerbung häufig ähnliche Regeln bezüglich der Formalitäten wie bei einer Bewerbung in Papierform:

- Im **Anschreiben** sollten Sie unbedingt darauf achten, dass Sie den richtigen Ansprechpartner ausgewählt und dessen Namen auch richtig geschrieben haben. Falls dieser einen Doktortitel besitzt, gehört der Titel zum Namen und muss unbedingt genannt werden. Gehen Sie immer auch konkret auf das Unternehmen ein und nennen Sie mindestens einmal den Firmennamen, damit der andere sieht, dass dies keine Massen- oder Standardbewerbung ist.
- **Motivation und Matching:** Beschreiben Sie außerdem, wie Sie auf die Stellenanzeige oder das Unternehmen aufmerksam geworden sind und fassen Sie Ihre

bisherige berufliche Karriere kurz und prägnant zusammen. Sie sollten somit unbedingt insbesondere die bisherigen Erfahrungen hervorheben, die konkret für diese Stelle relevant sind. Ein Anschreiben ist kein zweiter Lebenslauf und es müssen nicht alle Stellen noch einmal chronologisch genannt werden.
- **Praktische Erfahrungen:** Von entscheidender Bedeutung sind immer der aktuelle oder der letzte Job sowie die Erfahrungen (natürlich auch Praktika, Werkstudententätigkeiten und Nebenjobs) oder die beruflichen Stationen, die Schnittpunkte mit dem neuen Job haben. Stellen Sie eine Verbindung von ehemaligen Tätigkeiten mit der neuen Aufgabe her. Besonders punkten können Sie mit ähnlichen Themen, Produkten, Dienstleistungen oder Projekten. Auch bereits vorhandene Branchenerfahrung oder gute Marktkenntnisse sind von großer Bedeutung.
- **Soft Skills und Persönlichkeit:** Zum Schluss stellen Sie auch kurz Ihre persönlichen Stärken und Schlüsselqualifikationen vor. Hier geht es vor allem um Ihre Arbeits- oder Denkweise, Ihre persönlichen (direkt mit Ihrer Person verbundenen) Skills, methodischen sowie sozialen Kompetenzen.
- **Selbstbewusster Schluss:** Verweisen Sie im Anschreiben selbstbewusst auf ein persönliches Kennenlernen bzw. die Einladung zu einem persönlichen Gespräch.

Der Lebenslauf wird am besten einheitlich und übersichtlich in tabellarischer Form und gegenchronologisch (von der Gegenwart zurück in die Vergangenheit, also die aktuellsten Stationen zuerst) erstellt.
- **Inhalte:** Wichtige Bestandteile sind Ihre beruflichen Erfahrungen, das Studium, Aus- und Weiterbildungen, aber auch Ihre Qualifikationen, also Ihre Sprach- oder PC-Kenntnisse. Ihre persönlichen Interessen und Ihr ehrenamtliches Engagement, z.B. eine Vereins- oder eine soziale Tätigkeit, dürfen Sie ebenfalls kurz nennen. Dies gibt der Bewerbung einen individuellen Touch und wird oft als Aufhänger beim persönlichen Gespräch genutzt.
- **Matching und Keywords:** Insbesondere die Qualifikationen und Fähigkeiten, die in der Stellenausschreibung gefordert sind, sollten im Lebenslauf hervorgehoben und bewusst betont werden.
- **Deckblatt:** Ein aussagekräftiges Deckblatt ist zwar keine Pflicht, aber aus unserer Sicht eine hervorragende Chance, die wichtigsten Infos zu »posten« und Ihre USPs (Unique Selling Points – Alleinstellungsmerkmale) offensiv zu nennen. Ein Deckblatt dient auch dazu, dem Personaler einen Kurzüberblick zu geben. Der erste Eindruck zählt und das Ziel ist es, sofort die richtige »Duftmarke« zu setzen.

Da sich ein Personaler meist sehr wenig Zeit bei der ersten Durchsicht der Unterlagen nimmt, sollten Sie ihm den sogenannten »Scan-Blick« ermöglichen. Innerhalb von ca. zehn Sekunden soll dieser die Möglichkeit erhalten zu sehen, welchen Bildungsbackground und wie viel Erfahrung Sie mitbringen, was Sie fachlich und persönlich zu bieten haben und welchen Nutzen Sie dem Unternehmen bringen können. Ihre Hauptaufgabe ist es, schnell Interesse zu generieren, damit der Personaler Ihre Bewerbung ernst nimmt und in den PC-Ordner der »interessanten Kandidaten« ablegt.

Informationen, die den Rahmen des Lebenslaufs sprengen würden, können in einem zusätzlichen **Portfolio,** auch **Projektübersicht** oder **Kompetenzprofil** genannt, dargestellt werden. Diese Zusatzdokumente bieten sich vor allem bei vielen spannenden Projekten an, die im Laufe der Karriere verwirklicht wurden bzw. wenn bestimmte Fähigkeiten und Kenntnisse besonders hervorgehoben werden sollen. Das Kompetenzprofil kann auch dazu genutzt werden zu zeigen, was Sie als Person auszeichnet. Das können Ihre bisherigen Erfahrungen und Erfolge, aber auch besondere Stärken und soziale Kompetenzen, sein. So gibt dieses Resümee noch einmal einen detaillierteren Überblick über Ihren beruflichen Werdegang und Ihre Soft Skills.

Wichtig

Auch Arbeitsproben können Bestandteil einer Online-Bewerbung sein und die Attraktivität Ihres Profils erhöhen. Achten Sie immer darauf, dass Sie nicht eine Übersicht aller bisherigen Projekte mitschicken, sondern nur diejenigen auswählen bzw. exemplarisch beschreiben, die wirklich relevant für die zu besetzende Stelle sind. Bei der Projektbeschreibung geht es insbesondere um folgende Punkte:

- Thema bzw. Zielsetzung des Projekts
- Ihre Rolle bzw. Funktion
- Ihr konkreter persönlicher Beitrag
- Ergebnisse, Erfolge, Wissenswertes, Highlights
- evtl. sogar positives Feedback von Vorgesetzten oder Kunden

Untermauern Sie die Projekte immer mit konkreten Zahlen, Daten und Fakten. Die Anzahl der Mitarbeiter, die Sie als Projektmanager geführt haben, kann ebenso genannt werden wie Budgets, konkrete Umsatzzuwächse oder Kosteneinsparungen. Beziehen Sie diese Erfolge auf sich und nicht nur auf das Team bzw. die Abteilung. Sie können definitiv bewusst darauf hinweisen, was Sie erreicht und wie Sie zum Projekterfolg beigetragen haben, indem Sie mit Ich-Botschaften arbeiten.

Verwenden Sie eine einheitliche Struktur für die Beschreibung Ihrer Projekte. Auf diese Weise wird es definitiv leichter für den Leser – und Ihr Projektportfolio gewinnt an Klarheit und Übersichtlichkeit. Auf weitere Arbeiten bzw. ausführliche Projektbeschreibungen können Sie z. B. verweisen, wenn Sie den Link zur eigenen Bewerber-Website angeben, die noch weitere Infos hierzu enthält (mehr dazu in Kapitel 8.2 »Special #2: Bewerbungswebsite«).

Auch **Zeugnisse** sind ein wichtiger Bestandteil einer erfolgreichen und aussagekräftigen Bewerbung. Hier ist es besonders wichtig, die Zeugnisse im PDF-Format und gut lesbar einzuscannen und richtig zu benennen. Achten Sie darauf, dass die Dokumente eine gute Qualität haben. Zeugnisse müssen jedoch nicht hoch aufgelöst und in Farbe geschickt oder hochgeladen werden. Auf keinen Fall sollten Sie jedes Zeugnis in ein einzelnes Dokument speichern. Wenn möglich, sollte das Zeugnisdokument alle Zeugnisse zusammen in gegenchronologischer Form enthalten. Sie können auch Arbeits- und Ausbildungszeugnisse trennen. Bei Bewerberportalen wird meist genau angegeben, in welcher Form das Unternehmen die Zeugnisse benötigt. Halten Sie sich hier immer an die Vorgabe.

Die Dateigröße sollte, wenn möglich, zwei bis drei MB nicht übersteigen. Fünf MB sind das absolute Maximum. JPGs sind nicht so gut geeignet und nicht erwünscht. Es ist auch nicht notwendig, alle Zeugnisse in ein Word-Dokument einzufügen, eine Gliederung zu erstellen und Seitenzahlen einzufügen. Dieser Aufwand inkl. Umformatierungen ist nicht nötig.

Bekannte Fehler sind beispielsweise:

- schief eingescannte Zeugnisse
- fehlende Seiten
- eine falsche Reihenfolge
- »auf den Kopf gestellte« oder kaum lesbare Zeugnisse

Dies zeigt, dass das Einscannen nicht mit viel Sorgfalt erledigt wurde, und hinterlässt sofort einen schlechten Eindruck. Sie sollten mit Ihrer Bewerbung auch unter Beweis stellen, dass Sie IT-affin sind, die richtigen Tools nutzen und Ihre Dokumente lesergerecht aufbereiten können.

Es müssen nicht immer alle Bescheinigungen und Zertifikate mitgeschickt werden. Dies würde den Rahmen der Bewerbung unnötig sprengen. Mehr als 15 Seiten Zeugnisse sollten es nicht sein. Zeigen Sie, dass Sie die richtige Auswahl treffen können, die der Zielperson genau die Informationen bietet, die diese benötigt. Ein Zeugnisdokument mit 50 Seiten, welches alle Zertifikate und Weiterbildungsbescheinigungen, die Sie in Ihrem Leben gesammelt haben, sowie uralte Praktikumszeugnisse beinhaltet, ist definitiv zu viel des Guten und überfordert den Leser. Am wichtigsten sind das letzte Arbeitszeugnis und der höchste Ausbildungsabschluss (Berufsausbildungszeugnis IHK oder das akademische Abschlusszeugnis).

Tipp

Wer auf weitere Zeugnisse konkret verweisen möchte, kann natürlich ein »**Zeugnistitelblatt**« verwenden. Dies ist ein Deckblatt mit der Auflistung aller Zeugnisse und Zertifikate und kann als erste Seite der PDF-Zeugnisdatei an die Bewerbung angehängt werden. Ein Muss ist dies allerdings nicht.

Sobald Ihre Bewerbungsunterlagen fertiggestellt sind, können alle Dokumente auch zu einer großen PDF-Datei zusammengefügt werden. Unser Favorit für digitale Bewerbungen ist allerdings die Verwendung von **zwei PDF-Dokumenten**. Das erste Dokument ist nur das Anschreiben, da dieses dann aufgewertet wird und Ihre Motivation für die Bewerbung zeigt. Das zweite Dokument enthält alle weiteren Unterlagen: Deckblatt, Lebenslauf, optional Projektübersicht oder Kompetenzprofil und direkt danach alle relevanten Zeugnisse in gegenchronologischer Reihenfolge.

Diese Vorgehensweise reduziert den Arbeitsaufwand des Personalers deutlich, denn er muss nur wenige Dateien öffnen. Fügen Sie die Dokumente am besten mit einem PDF-Editor zusammen.

Tipp

Sehr gut eignet sich hier beispielsweise die kostenlose PDF-Freeware »pdf24«, bei der Sie unterschiedliche Dokumente zusammenfügen, die Reihenfolge ändern, Dokumente löschen und die Dateigröße selbst bestimmen können.

Benennen Sie das fertige Dokument außerdem mit Ihrem Vor- und Nachnamen sowie der Position, also z. B. »Bewerbung Max Mustermann – Marketing Assistent (Referenznummer)«. So kann der Personaler die Bewerbung sofort richtig zuordnen.

Wichtig

Schicken Sie Ihre Bewerbungsunterlagen nie als Word-Dokument, sondern möglichst als PDF. Bei Worddokumenten entstehen oftmals Probleme beim Öffnen der Datei, die Formatierungen können sich komplett verschieben und es besteht außerdem die Gefahr der Übertragung von Viren oder Trojanern.

Noch ein wichtiger Hinweis

Die digitale Bewerbung muss nicht mehr unterschrieben werden. Dies gilt sowohl für das Anschreiben als auch für den Lebenslauf. Natürlich können Sie Ihre eingescannte Unterschrift verwenden, doch davon wird meist sogar abgeraten, da Unterschriften schon öfter »gestohlen« und anderweitig in krimineller Weise verwendet wurden.

4.1.1 Storytelling

»Storytelling« – was ist das überhaupt? Dieser Begriff wird immer öfter im Zusammenhang mit Online-Bewerbungen genutzt. Storytelling, also »Geschichten erzählen«, wird seit vielen Jahren in der Öffentlichkeitsarbeit und im Marketing erfolgreich angewendet.

Beim Storytelling werden Fakten nicht nur aneinandergereiht, sondern als Geschichte präsentiert. Dies bietet sich vor allem im Bewerbungsschreiben an, insbesondere dann, wenn der Lebenslauf »erklärungsbedürftig« ist und Lücken aufweist. Geschichten verbinden Menschen und machen das Erlebte und die eigenen Kompetenzen deutlich greifbarer. Aus diesem Grund kann dieses Konzept sehr gut genutzt werden, um sich selbst »zu verkaufen«, gerade wenn die Chancen geringer sind oder Sie sich initiativ bewerben möchten.

Generell ist es jedoch stark von der Branche abhängig, in der Sie sich bewerben möchten, ob Storytelling sinnvoll ist. In einem eher formellen Rahmen, beispielsweise bei einer Anwaltskanzlei oder Bank, sollten Sie sich lieber an die traditionelle Bewerbungsform halten. Auch sollte die Geschichte nicht zu aufgesetzt wirken, sondern kurz, interessant und glaubwürdig formuliert sein.

Ihre Persönlichkeit und Ihre wichtigsten Stärken sollten in Ihrer Geschichte klar zum Ausdruck kommen. Überlegen Sie sich, welcher Satz den Kern Ihres bisherigen (Berufs-)Lebens besonders gut trifft. Dieser wird dann zum »Aufhänger« für Ihre Geschichte. Oder Sie nutzen ein Bild, ein Zitat, eine Anekdote oder eine Frage, um mit Ihrer Geschichte zu beginnen. Bei der Erzählung können Sie sich beispielsweise an den Aufbau von Heldengeschichten orientieren oder die STAR-Methode verwenden.

STAR-Methode

- **S**ituation: Was war die Ausgangssituation?
- **T**ask: Welche Aufgabe hatten Sie?
- **A**ction: Was haben Sie getan?
- **R**esult: Zu welchem Ergebnis sind Sie gekommen?[12]

Mit der STAR-Methode können Sie sehr gut Ihren Beitrag und Ihre Stärken bei der Lösung von beruflichen Problemen beschreiben. Denken Sie an konkrete Probleme und Herausforderungen und überlegen Sie sich, mit welcher Ihrer Kompetenzen diese zielgerichtet gelöst werden können. Das Ganze wird dann in eine spannende Story verpackt, die Sie für Ihr Anschreiben und vor allem auch in Ihren Jobinterviews einsetzen können. Im Anschreiben sollten Sie für Ihre Geschichte möglichst kurze Sätze verwenden, die Geschichte einfach halten, überflüssige Füllwörter weglassen und Abstraktes durch Anschauliches ersetzen. Auch im Vorstellungsgespräch ist es besonders wichtig, dass Sie authentisch bleiben und nicht zu sehr übertreiben. Antworten Sie außerdem auf eine Frage nicht einfach mit zwei oder drei Sätzen, sondern mit einer Geschichte. Am Ende haben Sie eine überzeugende Story, die Sie mit wenigen Worten

12 Vgl. https://www.hr-onsite.net/fuer-kandidaten/bewerbungstipps/bewerbungsgespraech/das-verhaltensbasierte-interview-auch-star-methode-genannt/

beschreibt und durch die Sie definitiv positiv auffallen. Erinnern Sie sich dabei immer daran, Ihre Skills mit Erfahrungen in Verbindung zu bringen. Erst mit einer guten Story werden Sie und Ihre Persönlichkeit wirklich lebendig!

4.1.2 Das Bewerbungsfoto

Das Bewerbungsfoto ist im deutschsprachigen Raum ein sehr wichtiger Teil einer guten Online-Bewerbung. Es sollte wie bei einer Bewerbung in Papierform professionell, positiv und ansprechend sein. Am besten lassen Sie sich von einem professionellen Business-Fotografen beraten, der Ihnen auch wichtige Tipps in Bezug auf den Hintergrund oder Ihr Outfit geben kann. Oft werden verschiedene Posen mit wechselnder Kleidung ausprobiert, damit Sie am Ende Ihre persönlichen Favoriten auswählen können.

Ob Sie ein Schwarz-weiß- oder ein Farbfoto verwenden, ist Ihnen überlassen. Wir empfehlen eher Farbfotos, da diese etwas freundlicher und lebendiger wirken und auch »Farbe ins Spiel« bringen. Sie dürfen ruhig lächeln und eine positive Ausstrahlung zeigen. Biometrische Fotos, Passbilder und Selfies sind für den Bewerbungsprozess natürlich nicht geeignet.

Wichtig

Sie sollten die Rechte an den Bildern vorab unbedingt abklären, denn oft dürfen Sie nur die gekauften Abzüge verwenden. Besser ist es, sich die Fotos auf einen USB-Stick ziehen zu lassen (was häufig zusätzliche Kosten verursacht, aber trotzdem sinnvoll ist), damit Sie diese in elektronischer Form haben und direkt in Ihre Unterlagen einfügen können. So verliert das Foto nicht an Qualität und Sie können professionell überzeugen. Zudem haben Sie die Möglichkeit, die Bilder selbst zu bearbeiten, z. B. die Größe und die Helligkeit anzupassen.

Bei der Bildgröße bieten sich verschiedene Maße an, je nachdem was Ihnen gefällt. So können Sie beispielsweise Ihr Foto im Format 4,5 mal 6 cm, 5,5 mal 7 cm oder auch 6 mal 9 cm in Ihren Lebenslauf einfügen. Generell gilt, dass ein größeres Foto überzeugender wirkt als ein zu klein geratenes Bild. Auch Fotos im Querformat machen sich gut. Lassen Sie sich auf jeden Fall von einem Profi beraten, auf welchem Bild Sie am besten wirken, damit Sie auch durch den Sympathieeffekt punkten können.

Falls Sie Ihr Foto nicht in digitaler Version haben, können Sie es alternativ einscannen und anschließend hochladen. Leider leidet hier oft die Qualität – daher ist die digitale Variante auf jeden Fall ratsam.

Achten Sie unbedingt auf die (Datei-)Größe des Fotos. Es sollte nicht zu groß sein, damit Ihre Unterlagen am Ende nicht die Drei- bis Fünf-MB-Grenze überschreiten.

4.1.3 Überzeugende Mailtexte

Betreff, Text und Adressat

Sie haben es geschafft und alle Unterlagen mit Mühe und Sorgfalt zusammengestellt. Jetzt müssen Sie Ihre Bewerbung nur noch per E-Mail verschicken.

Doch auch beim Verfassen des entsprechenden Mailtextes ist Sorgfalt geboten. Der erste Fauxpas kann schon bei der **Wahl der richtigen E-Mail-Adresse** begangen werden. Auch wenn Sie in Ihrer Vergangenheit »Kosenamen« oder Abkürzungen verwendet haben, sollten Sie spätestens jetzt Ihre E-Mail-Adresse ändern oder eine neue anlegen. Mailadressen wie »Mausebaer@xxx.de« oder »Schoene.Lola@xxx.de« können Sie gern für private Zwecke verwenden, aber nicht im Bewerbungsprozess. Auch die aktuelle Arbeitsmailadresse ist natürlich ein No-go, da Bewerbungen nie über den Firmen-Account verschickt werden sollten. Am besten nutzen Sie Ihren Vor- und Nachnamen, beispielsweise »Max.Mustermann@xxx.de«.

Der nächste wichtige Aspekt ist **der Betreff Ihrer Bewerbung**. Dieser sollte genau und präzise sein, damit Ihre Mail nicht im Spam-Ordner des Personalers landet. »Bewerbung – Max Mustermann – Stellenbezeichnung/Position mit Nummer/Kennziffer« ist der Betreff für Ihre Bewerbung, den Sie verwenden sollten.

Auch der **Empfänger der E-Mail** bzw. der Ansprechpartner sollten sorgfältig recherchiert werden. Diesen können Sie entweder den Kontaktdaten aus der Stellenanzeige oder der Firmenwebsite entnehmen. Falls Sie diese nicht kennen, rufen Sie an und fragen Sie nach.

Versuchen Sie, allgemeine Mailadressen wie »info@xxx.de« oder »kontakt@xxx.de« zu vermeiden, denn oft gehen Bewerbungen hier verloren oder landen nicht beim richtigen Adressaten. Eindeutiger sind beispielsweise Mailadressen wie »bewerbung@unternehmen.de« oder Sie werden dazu aufgefordert, Ihre Bewerbung an »susi.mustermann@unternehmen.de« zu schicken. Wenn Sie keine konkreten Hinweise vorfinden, sollten Sie sich auf jeden Fall vorher nach der erwünschten Übermittlungsart der Bewerbung erkundigen. Eine telefonische Nachfrage zeigt zudem, dass Sie engagiert sind und sich gezielt bei diesem Unternehmen bewerben möchten.

Im E-Mail-Text selbst sollten Sie nichts schreiben, was schon im Anhang der E-Mail genannt wird (Wiederholungsgefahr). Der Kern Ihrer Bewerbung sind das Anschreiben, Ihr Lebenslauf und Ihre Zeugnisse.

Ein kurzer Text (Kurzform des Anschreibens) mit Ihrem Anliegen unter Einhaltung der üblichen Formalitäten eines offiziellen Schreibens reicht aus. Achten Sie dabei auf eine korrekte Anrede und beenden Sie den Text mit der Grußformel »Mit freundlichen Grüßen«.

Eine Unterschrift ist bei der digitalen Bewerbung – wie bereits angesprochen – nicht mehr nötig. Sie sollten jedoch unter dem kurzem Mailtext immer Ihre Kontaktdaten (Adresse, Telefonnummer und E-Mail) in einer Signatur am Ende der E-Mail per Text oder HTML-Code (in kleinerer Schriftgröße) einfügen. So hat der Personalbearbeiter Ihre Kontaktdaten schnell griffbereit.

Auf die Anforderung einer Lesebestätigung sollten Sie verzichten. Es ist nicht an Ihnen, dem Leser der E-Mail Anweisungen zu geben. Dies hinterlässt nicht selten einen schlechten Eindruck, da sich der Personaler hierdurch unter Druck gesetzt fühlen kann.

Lesen bzw. prüfen Sie den Mailtext vor dem Abschicken zwei- bis dreimal, denn kleine Fehler wie fehlende Anhänge oder eine falsche Anrede schleichen sich schnell ein.

ARBEITSHILFE ONLINE

Beispieltext

Betreff: Bewerbung Max Mustermann – Key Account Manager xxx (m/w/d)

Sehr geehrte Damen und Herren,

gerne möchte ich mich auf die von Ihnen ausgeschriebene Stelle als »Key Account Manager xxx (m/w/d)« bewerben. Im Anhang finden Sie meine vollständigen Bewerbungsunterlagen.

Für Rückfragen stehe ich Ihnen gerne zur Verfügung.

Auf Ihre Nachricht und eine Einladung zu einem persönlichen Gespräch freue ich mich schon.

Mit freundlichen Grüßen
Max Mustermann

Max Mustermann ⊠ Musterstr. 11, 43212 Musterstadt ⊠ E-Mail: M.Mustermann@muster.de ⊠
Telefon: 0172 / 123 456 78

4.1.4 Versand der Unterlagen

Beim Verschicken Ihrer Bewerbungsunterlagen sollten Sie unbedingt auf die Größe Ihrer Datei achten. Wenn diese zu umfangreich ist, kann sie nicht gesendet werden oder ist zu groß für das Postfach des Empfängers oder geht sogar komplett verloren. Als Faustregel gelten höchstens drei MB (Gesamtumfang aller Anhänge). Oft wird die Maximalgröße auch vom Unternehmen vorgegeben und kann bis zu fünf MB betragen.

Falls die PDF-Datei zu groß sein sollte, können sie diese mit einer kostenlosen Freeware (beispielsweise pdf24) verkleinern. Es ist nicht zu empfehlen, die Dateien mit einem Packprogramm zu einer **zip-Datei** zu komprimieren. Gepackte Dateien werden oft als »Trojaner« missbraucht, der Empfänger müsste sie also zuerst auf Viren überprüfen und sie anschließend entpacken. Dies stellt einen zu großen Arbeitsaufwand für den Personaler dar – Sie sollten es dem Empfänger immer so einfach wie möglich machen, Ihre Daten zu verarbeiten.

Falls Ihre Arbeitsproben oder Zeugnisse den Rahmen sprengen sollten, können Sie einen **Dropbox-Link** einfügen. Hier können Sie alle weiteren Unterlagen, die für Ihre Bewerbung relevant oder interessant sein können, speichern und zum Download bereitstellen.

Zudem können Sie die **Dropbox** oder eine andere Ablagemöglichkeit in der **Cloud** auch nutzen, um Ihre wichtigen Unterlagen wie Lebenslauf, Zertifikate oder bereits angefertigte Anschreiben zu speichern. So können Sie selbst geräteunabhängig darauf zugreifen und eine Bewerbung auch von unterwegs verschicken.

Wichtig

Halten Sie Ihren in der Cloud hinterlegten Lebenslauf immer auf dem neuesten Stand.

Nach dem Abschicken Ihrer Unterlagen sollten Sie regelmäßig Ihren **Spam-Ordner** überprüfen. Falls Sie nach ein paar Wochen noch keine Rückmeldung erhalten haben sollten, können Sie sich höflich beim Unternehmen erkundigen, ob Ihre Bewerbungsunterlagen angekommen sind. Bewährt hat sich auch, die alte Mail inkl. Anhang noch einmal weiterzuleiten und nachzufragen, wie der aktuelle Stand ist.

4.1.5 Kreativität – was ist gut und was ist zu viel?

Eine gelungene Bewerbung überzeugt immer durch ihren Inhalt und lockt durch ihre Optik. Diese Erfahrung haben wir im Rahmen der über 1.000 Bewerbungsunterlagen, die wir für Kundinnen und Kunden in den letzten Jahren erstellt haben, machen dürfen.

Wenn Sie unter Hunderten Bewerbern ausgewählt werden möchten, muss Ihre Bewerbung sofort positiv auffallen und aus der Masse herausstechen. Eine Bewerbung sollte immer zur Branche und damit zum jeweiligen Unternehmen passen. In den Bereichen Architektur, Online-Marketing, PR, Werbung und Medien bietet es sich an, etwas kreativer oder frecher zu sein. Die visuelle Gestaltung und das Layout spielen hier definitiv eine noch wichtigere Rolle als in anderen Branchen. Bleiben Sie stets professionell, arbeiten Sie jedoch beispielsweise mit einem individuellen Design, weiteren visuellen Elementen, Farben und Schriftarten, um Ihre Kreativität, die für Ihre Berufsgruppe eine Kernkompetenz darstellt, unter Beweis zu stellen.

Ein **kreatives Anschreiben** sollten Sie nicht mit einer »Standardfloskel« beginnen, sondern zum Beispiel mit einer Frage oder konkreten Zahlen oder Fakten. Danach gehen Sie darauf genauer ein und weisen auf Fähigkeiten hin, die Sie für die Stelle konkret mitbringen. Auch können Sie einen Link zu einem Bewerbungsvideo anfügen, in dem Sie sich kurz persönlich vorstellen (siehe Kapitel 8.1 »Special #1: Bewerbervideos«).

Übersichtlichkeit und ein **schnelles Erfassen** der Inhalte spielen immer eine wichtige Rolle. Halten Sie sich an das Motto »Lieber zu wenig als zu viel« oder »Weniger ist mehr«, das heißt, verwenden Sie beispielsweise nur eine Farbe oder maximal zwei Schriftarten.

Es kommt also nie nur auf das Design, sondern immer auch auf den Inhalt an. Lassen Sie deshalb Ihre Unterlagen von mindestens einer weiteren Person Korrektur lesen.

Weitere Beispiele, wie Sie Ihre Bewerbung kreativ aufwerten können, sind:

- **Corporate Design**: Dies bedeutet, dass Sie Ihre Unterlagen an das Design des Unternehmens anpassen, beispielsweise die gleichen Farben oder eine ähnliche Schrift verwenden. So zeigen Sie, dass Sie sich bereits intensiv mit dem Unternehmen, dessen Auftritt und Arbeit auseinandergesetzt haben.
- **»Bewerben ist für sich werben«**: Sie können sich einen eigenen Werbeslogan ausdenken und diesen für die Bewerbung nutzen. Ein eigener Werbespruch sollte jedoch immer innovativ und wortgewandt sein. Falls dieser »zu abgedroschen« oder schon allseits bekannt ist, kann der Schuss auch nach hinten losgehen und die andere Seite wird eher genervt sein.
- **»Do the job before you get the job«**: Gerade in der Medienbranche ist es üblich, den Bewerbungsunterlagen eigene Projekte und Arbeitsproben beizulegen. Auch wenn Sie nicht direkt dazu aufgefordert werden, können Sie eine passende Arbeitsprobe mitschicken, die Ihre Fähigkeiten und Qualifikationen unterstreicht. So können Sie sich von Mitbewerbern abheben. Halten Sie hier unbedingt Maß. Es sollte sich immer um eine Auswahl handeln. Drei bis vier Beispiele reichen sicher aus, 15 Projekte oder eine chronologische Auflistung all Ihrer Projekte sind sicher zu viel des Guten.
- **Lebenslauf als »Timeline«**: Sie können Ihren Lebenslauf auch als Timeline gestalten. Hierbei werden die einzelnen Karrierestufen und beruflichen Stationen als Zeitstrahl und in Form von Balken (gerne farbig) aufgelistet. Jedoch sollten Sie dieses Konzept nur bei Initiativbewerbungen nutzen und auch darauf hinweisen, dass Sie Ihre Unterlagen (in klassischer Form) nachreichen können. Für einen ersten Eindruck kann dies jedoch ein guter Weg sein.

Tipp

Mit ResumUP (resumup.com) können Sie leicht und relativ schnell grafische Lebensläufe erstellen.

- **»Schwäche« zeigen**: Auch wenn dies keine klassische Methode ist, um auf sich aufmerksam zu machen, haben Studien herausgefunden, dass es helfen kann, nicht nur die Stärken und positiven Eigenschaften im Lebenslauf bzw. der Bewerbung hervorzuheben. Schwäche zu zeigen bedeutet nicht, dass Sie nicht qualifiziert oder geeignet für den Job sind, sondern einfach, dass Sie ehrlich und bereit dazu sind, an diesen Punkten zu arbeiten.

Vor allem im Vorstellungsgespräch sollten Sie Ihre Schwächen gut beschreiben und in einer guten Geschichte erzählen können, warum Sie trotzdem für die Stelle geeignet sind oder dass Sie schon sehr erfolgreich dabei sind, an dieser Schwäche zu arbeiten.

Behalten Sie bei allen kreativen Möglichkeiten, die es gibt, das gesunde Maß und insbesondere ein übersichtliches Layout bei. Nicht nur das Aussehen, sondern besonders der Inhalt Ihrer Bewerbung zählt und muss die Leser überzeugen. Unterschätzen Sie nicht die Übersichtlichkeit und das schnelle Verarbeiten der Daten, die Ihr Leser und Ihre Leserin sehr schätzen werden. Auch das Bewerbungsfoto sollte professionell bleiben und die Grundstrukturen und der klassische Aufbau »Anschreiben – Lebenslauf inkl. Deckblatt – Zeugnisse« sollte nicht zu sehr verändert werden. Ihre Kreativität und Ihre unkonventionellen Ideen können Sie immer noch in einem Kennenlerngespräch unter Beweis stellen.

Im Folgenden finden Sie Muster für Bewerbungsunterlagen, die Sie in ähnlicher Form sicher sehr gut im weiteren Bewerbungsprozess nutzen können:

4.1.6 Muster-Lebenslauf

ARBEITSHILFE ONLINE

MARTHA MAIER

Lebenslauf

Bewerbung als „Senior Projektmanagerin“ bei der Mevent GmbH (Nummer: 12345)

(©Racle Fotodesign über Fotolia by Adobe)

Martha Maier

M.A. Kulturwirtschaft (Univ.)

Geprüfte Veranstaltungsfachwirtin (IHK)

Geboren am 25.05.1987 in München
Ledig

Kurz zu mir:

- Mehr als fünf Jahre Erfahrung als Projektmanagerin im Event- und im Messebereich
- Expertise in der Organisation von internationalen Veranstaltungen (Schwerpunkt: Kundenevents und Fachmessen)
- Fundiertes Know-how im Bereich Event-Marketing, insbesondere im Einsatz der Social-Media-Kanäle XING und LinkedIn
- Unternehmerisches Denken und ausgeprägtes Verhandlungsgeschick
- Kooperativer und gleichzeitig durchsetzungsstarker Führungsstil
- Großes Organisationstalent und hohe Dienstleistungsorientierung
- Verhandlungssichere Englisch- und gute Französischkenntnisse

Angerstr. 12
80807 München
1/3
Tel. mobil: +49 (0)179 1234567
E-Mail: martha.maier@gmx.de

Muster-Lebenslauf für eine Projektmanagerin für Kundenevents (S.1)

MARTHA MAIER

Lebenslauf

Berufserfahrung

Seit 01/2017	**Eventradar GmbH, München** Senior Project Manager Event und Messe - Planung, Umsetzung und Abwicklung anspruchsvoller Events - Betreuung und Beratung internationaler Kunden (EMEA-Region) - Disziplinarische und fachliche Führung eines 8-köpfigen Teams - Souveräne Projektsteuerung und Zusammenarbeit mit Kooperationspartnern, Institutionen und Behörden - Auswahl, Briefing und Koordination interner und externer Dienstleister - Verantwortung für die Budgetplanung und das gesamte Projektmanagement - Nationale und internationale Vertragsverhandlungen - Projekt-Controlling und Budgetplanung - Direktes Reporting an die Geschäftsführung
06/2015 - 12/2016	**Thousand Events Veranstaltungsorganisations GmbH, München** Eventmanagerin (Teamleader) - Entwicklung zielgruppengerechter Kreativkonzepte und Präsentationen - Eigenverantwortliche und selbstständige Realisierung und Steuerung von nationalen und internationalen Marketing- und Eventprojekten - Professionelles Führen eines Projektteams - Eigenverantwortliche Kalkulation und Budgetplanung - Projektcontrolling und -dokumentation - Marktrecherche, Kundenanalyse und Akquisition von Partnern
06/2014 - 05/2015	**Agentur Karsten Neumann, Höhenkirchen** Projektmanagerin Messe München - Terminkoordination und Verwaltung der Veranstaltungsräume im Konferenzzentrum - Korrespondenz und Kommunikation mit Kunden vom Angebot bis zur Rechnungsstellung - Organisation, Planung und Begleitung der Veranstaltungen (Räume, Catering und Technik) - Überwachung Rechnungseingang sowie sachliche und rechnerische Prüfung - Nachbereitung der Veranstaltungen und Auswertung des Kundenfeedbacks
08/2013 - 05/2014	**Business Day GmbH, Grafing** Junior Project Manager Event - Eigenverantwortliche Angebotserstellung und Kostenkalkulation - Organisation und Durchführung von Veranstaltungen - Vertragsverhandlungen und Rechnungsstellung - Kommunikation mit Kunden und externen Dienstleistern - Projekt-Controlling

Angerstr. 12
80807 München
2/3
Tel. mobil: +49 (0)179 1234567
E-Mail: martha.maier@gmx.de

Muster-Lebenslauf für eine Projektmanagerin für Kundenevents (S.2)

MARTHA MAIER

Lebenslauf

03/2012 - 02/2013	**BusinessTWO Hotel Group, München** Werkstudentin im Bereich Guest Relations Management - Erste Ansprechpartnerin bei Kundenveranstaltungen - Aufnahme und Auswertung von Kundenfeedback

Studium und Ausbildung

01/2016 - 12/2017	**IHK München und Oberbayern** Geprüfte Veranstaltungsfachwirtin (IHK)
09/2011 - 07/2013	**Universität Passau** Studium der Kulturwirtschaft/International Cultural and Business Studies Abschluss: Master of Arts (M.A.), Note: 1,8
09/2008 - 08/2011	**Universität Passau** Studium der Kulturwirtschaft/International Cultural and Business Studies Abschluss: Bachelor of Arts (B.A.), Note: 2,0
09/1998 - 06/2007	**Pestalozzi-Gymnasium, München** Abschluss: Abitur, Note: 2,1

Weiterbildung (Auswahl)

01/2018 - 02/2018	**Marketing Institut München** Seminar „Online-Marketing im Veranstaltungswesen" (3-wöchig)
06/2017	**IBT AG, München** Workshop „Social-Media-Kanäle optimal nutzen" (5 Tage)
01/2017 - 12/2018	**IHK München und Oberbayern** Geprüfte Veranstaltungsfachwirtin (IHK)

Auslandserfahrung

07/2007 - 06/2008	Auslandsaufenthalt USA, West Virginia Tätigkeit als Au-pair (3 Kinder)

Sprachen

Englisch	Verhandlungssicher
Französisch	Gute Kenntnisse
Spanisch	Grundkenntnisse

PC-Kenntnisse

MS Office	Sehr gute Kenntnisse
CRM Salesforce	Gute Kenntnisse
MS Project	Gute Kenntnisse

Engagement und persönliche Interessen

2. Vorsitzende im Kreisverband des Bayerischen Roten Kreuzes
Jazzmusik, Radfahren, Judo

München, 19.10.2019

Angerstr. 12
80807 München
3/3
Tel. mobil: +49 (0)179 1234567
E-Mail: martha.maier@gmx.de

Muster-Lebenslauf für eine Projektmanagerin für Kundenevents (S.3)

4.1.7 Muster-Kompetenzprofil

ARBEITSHILFE ONLINE

MARTHA MAIER

Kompetenzprofil

Kompetenzprofil

Angestrebte Position:	Senior Project Manager - Bereich Event und Messe

Daten zur Person:

Geburtsdatum:	25.05.1987 in München
Fremdsprachen:	Englisch: verhandlungssichere Kenntnisse Französisch: gute Kenntnisse
Projektmanagementerfahrung:	Seit 2013
Ausbildung:	Abschluss: Master of Arts (M. A.) Kulturwirtschaft/ International Cultural and Business Studies Abschluss: Geprüfte Veranstaltungsfachwirtin (IHK)

Meine Stärken:

- Führungskompetenz und Begeisterungsfähigkeit
- Ausgeprägtes Organisationstalent
- Sehr effektives Zeitmanagement
- Schnelle Analyse komplexer Probleme
- Begeisterung für Neues und Kreativität
- Multi-Tasking-Talent und Verhandlungsgeschick
- Starke Stressresistenz und hohe Belastbarkeit

Meine Erfahrungen:

- Mehrjährige Projektmanagement-Erfahrung in den Bereichen Kundenveranstaltungen und Messeorganisation
- Engagierte Betreuung und Beratung internationaler Kunden (EMEA-Region)
- Projektbezogene Verantwortung für ein Team von 8 Mitarbeitern
- Budgetverantwortung bis zu EUR 250.000,- pro Projekt

Meine Erfolge:

- Organisation von Großerveranstaltungen (z.B. Messe „GOSITEC INTERNATIONAL")
- Signifikante Qualitätsverbesserung der internen und externen Prozesse
- Kosteneinsparungen von EUR 400.000 in zwei Jahren
- Akquisition mehrerer Großkunden (z.B. TINLAND, GUTALE und FLOARITEC)

München, 19.10.2019

Angerstr. 12
80807 München

Tel. mobil: +49 (0)179 1234567
E-Mail: martha.maier@gmx.de

Muster-Kompetenzprofil für eine Projektmanagerin für Kundenevents

4.1.8 Muster-Projektübersicht

ARBEITSHILFE ONLINE

MARTHA MAIER

Projekte & Skills

Projekte & Skills

Angestrebte Position	Senior Projektmanagerin

DATEN ZUR PERSON

Geburtsdatum	25.05.1987
Fremdsprachen	Englisch: verhandlungssicher Französisch: gute Kenntnisse
Projektmanagementerfahrung	Seit 2013
Studium / Ausbildung	Kulturwirtschaft / International Cultural and Business Studies M.A. Geprüfte Veranstaltungsfachwirtin (IHK)

PFOJEKTMANAGEMENT KUNDENVERANSTALTUNGEN

Senior Project Manager Event und Messe Eventradar GmbH	- Projektmanagement: Konzeption und Umsetzung diverser anspruchsvoller Events (z.B. „2nd Business Day" oder „Customers' Happening 2018") - Leitung des Projektteams (8 Projektmitarbeiter) - Direkte Ansprechpartnerin für Schlüsselkunden: Aufnahme und Analyse der Kundenanforderungen - Leiten von Podiumsdiskussionen auf Großveranstaltungen - Budgetverantwortung: 250.000 EUR - Auswahl, Briefing und Koordination interner und externer Dienstleister - Projekt-Controlling und -Reporting
Eventmanagerin (Teamleader) Thousand Events Veranstaltungsorganisations GmbH	- Projektverantwortung: Entwicklung zielgruppengerechter Kreativkonzepte und Präsentationen - Eigenverantwortliche und selbstständige Realisierung und Steuerung von Marketing- und Eventprojekten (national und international) - Moderation von Kundenveranstaltungen (z.B. „TOP Event", „Eventkonzept" und „Success!") - Budgetverantwortung: 100.000 EUR - Professionelles Führen des Projektteams „Kundenevents" (3 Mitarbeiter)
Projektmanagerin Messe München Agentur Karsten Neumann, Höhenkirchen	- Verantwortung für die Organisation von Events auf der Messe München - Terminkoordination, Verwaltung der Veranstaltungsräume im Konferenzzentrum - Korrespondenz und Kommunikation mit den Kunden - Organisation, Planung und Begleitung von Veranstaltungen (Räume und Technik)

Angerstr. 12
80807 München

Tel. mobil: +49 (0)179 1234567
E-Mail: martha.maier@gmx.de

Muster-Projektübersicht für eine Projektmanagerin für Kundenevents (S.1)

MARTHA MAIER

Projekte & Skills

FÜHRUNGS-/PROJEKTERFAHRUNG

- Mehr als 6 Jahre Projektmanagement-Erfahrung im Eventbereich
- 4 Jahre Führungserfahrung

SOZIALE KOMPETENZEN – PERSÖNLICHE STÄRKEN

- Kooperativer und gleichzeitig durchsetzungsstarker Führungsstil
- Ausgeprägtes Organisationstalent und hohe Dienstleistungsorientierung
- Unternehmerisches Denken und Ergebnisorientierung
- Hervorragende Analyse- und Kommunikationsfähigkeiten
- Zielorientierung, Eigeninitiative und Verantwortungsbewusstsein
- Hohe Stressresistenz und Belastbarkeit

BRANCHENFOKUS

- Events / Kundenveranstaltungen
- Tagungen und Kongresse
- Messen (national und international)

München, 19.10.2019

Angerstr. 12
80807 München

Tel. mobil: +49 (0)179 1234567
E-Mail: martha.maier@gmx.de

Muster-Projektübersicht für eine Projektmanagerin für Kundenevents (S.2)

4.1.9 Muster-Anschreiben

ARBEITSHILFE ONLINE

MARTHA MAIER

Bewerbung

Mevent GmbH
Frau Eva Singer
Landshuter Allee 125
80303 München

München, 19.10.2019

Ihre Stellenanzeige bei stepstone.de:
Bewerbung als „Senior Projektmanagerin" (Nummer 12345)

Sehr geehrte Frau Singer,

Ihre Stellenanzeige hat sofort mein Interesse geweckt. Die ausgeschriebene Position als „Senior Projektmanagerin" spiegelt exakt meine weiteren beruflichen Wünsche wider: eine verantwortungsvolle Aufgabe mit großer Vielseitigkeit und hohem Qualitätsanspruch. Nach knapp drei Jahren Tätigkeit für meinen aktuellen Arbeitgeber möchte ich mich beruflich verändern und noch mehr Verantwortung übernehmen.

Bereits während meines Studiums der Kulturwirtschaft an der Universität Passau habe ich festgestellt, dass mir der Bereich Projektmanagement im Event- und Messebereich sehr liegt. Über die Jahre habe ich mir ein solides Fundament aus Praxiserfahrung, Fachkompetenz und Organisationsstärke angeeignet und möchte dies nun gerne in einem neuen beruflichen Umfeld einsetzen.

Seit über sechs Jahren bin ich als Projektmanagerin tätig, vier Jahre davon in leitender Position. Aktuell verantworte ich bei der Eventradar GmbH in München die Konzeption und Durchführung von internationalen Kundenevents in der EMEA-Region. Bei der der Umsetzung der PR- und Eventstrategien meiner Kunden unterstützt mich mein 8-köpfiges Team, das ich disziplinarisch und fachlich führe. Ich verstehe mich als Führungskraft, die gleichzeitig Teamplayer und Motivator ist sowie kostenorientiert und unternehmerisch denkt.

Durch die sehr unterschiedlichen Anforderungen meiner bisherigen Aufgaben bin ich es gewohnt, mich schnell und effizient auf neue Aufgaben einzustellen. Pflichtbewusstsein und Eigenständigkeit sind für mich dabei selbstverständlich. Auch unter Termindruck arbeite ich immer konzentriert und zielorientiert.

Um mein berufliches Profil weiter zu optimieren, habe ich im Jahr 2017 erfolgreich die Weiterbildung zur geprüften Veranstaltungsfachwirtin (IHK) abgeschlossen. Ich wünsche mir nun eine Aufgabe, in die ich meine fundierte Ausbildung sowie meine bisherigen Erfahrungen als Projektleiterin einbringen kann.

Ich stehe Ihnen ab dem 01.01.2020 zur Verfügung. Meine Gehaltsvorstellungen belaufen sich auf ein Jahresgehalt von EUR 69.000.

Über die Einladung zu einem persönlichen Gespräch freue ich mich sehr.

Mit freundlichen Grüßen

Martha Maier

Anlagen: Lebenslauf, Projektübersicht und Zeugnisse

Angerstr. 12
80807 München

Tel. mobil: +49 (0)179 1234567
E-Mail: martha.maier@gmx.de

Muster-Anschreiben für eine Projektmanagerin für Kundenevents

4.2 Initiativ- vs. Reaktivbewerbung

4.2.1 Reaktiv bewerben – die klassische Methode

Viele Bewerberinnen und Bewerber sind der Meinung, dass sich eine Bewerbung erst dann lohnt, wenn ein Unternehmen auch zeigt bzw. annonciert, dass es auf der Suche nach neuen Mitarbeitern für eine bestimmte Position ist. Da ist natürlich schon auch etwas dran, aber viele andere Wege sind aus unserer Sicht mindestens genauso zielführend, da Sie ja als Bewerber oder Bewerberin positiv auffallen und nicht in der großen Anzahl an Interessenten untergehen möchten. Wir haben die Erfahrung gemacht, dass Initiativbewerbungen ähnlich gute Erfolgschancen bieten wie klassische Reaktivbewerbungen.

Wer sich auf eine ausgeschriebene Stelle, egal ob über die Firmenwebsite, eine Jobsuchmaschine oder eine Printanzeige, bewirbt, der reagiert auf ein Mitarbeitergesuch. Man spricht hier von einer »Reaktivbewerbung«. Mit hoher Wahrscheinlichkeit gibt es diese Vakanz und die Stelle soll auch zeitnah besetzt werden.

Da aber nicht nur Sie durch ein Jobinserat angesprochen werden, müssen Sie möglicherweise mit einer sehr großen Anzahl an ähnlich geeigneten Mitbewerbern rechnen. Nicht selten melden sich auf Stellenanzeigen von namhaften und großen Unternehmen weit mehr als 100 Kandidaten und es gehört definitiv auch viel Glück dazu, in die nächste Runde zu kommen und zu einem persönlichen Gespräch eingeladen zu werden. Ihre Chancen sind also nicht besonders hoch, unabhängig von Ihrer Eignung. Ihre Unterlagen kommen häufig gar nicht bis zu den Entscheidern oder Personalverantwortlichen durch – sie werden möglicherweise bereits im ersten Selektionsschritt mittels spezieller Computerprogramme und Algorithmen geprüft und ausgemustert. Wenn die Hauptkriterien nicht erfüllt und nicht die richtigen Keywords gefunden werden, ist hier leider schon Endstation für Sie.

Da von Personalern oft bereits in den ersten fünf bis zehn Sekunden eine Entscheidung getroffen wird, ob ein Kandidat generell geeignet ist und wie hoch sein »Matching« mit dem Anforderungsprofil ist, muss Ihr Profil sehr attraktiv und aussagekräftig sein. Es liegt an Ihnen zu zeigen, dass Sie die richtigen Skills und Erfahrungen mitbringen, die Aufgaben meistern können und dem neuen Arbeitgeber einen Mehrwert bieten. Die Devise heißt: unbedingt auffallen und Interesse generieren, damit sich der andere zu einem späteren Zeitpunkt Ihre Unterlagen noch einmal in Ruhe und im Detail ansieht.

Viele interessante Positionen werden heute nur durch Beziehungen bzw. »Vitamin B« oder durch eine erfolgreiche Initiativbewerbung vermittelt. Sie landen also gar nicht auf dem öffentlichen Stellenmarkt und sind nirgends zu finden.

Damit Sie Ihren Traumjob auch wirklich bekommen, haben wir hier einige wichtige Tipps und Erfolgsfaktoren zusammengefasst, wie Sie es schaffen werden, Ihre Chancen signifikant zu verbessern.

4.2.2 Selbst die Initiative ergreifen

Unternehmen setzen immer öfter auf Initiativbewerbungen
Auf vielen Karrierewebseiten ermuntern Unternehmen Interessenten sogar explizit, sich trotz fehlender oder nicht konkret passender Stellenanzeigen auf ihre persönliche Wunschposition zu bewerben. Diese Politik trifft sicher nicht auf alle Firmen zu, trotzdem kann genau das der Weg zum neuen Job sein. Googeln Sie Ihre Wunschunternehmen in Verbindung mit dem Wort »Initiativbewerbung«, um so potenzielle Erfolgschancen von Anfang an bewerten zu können. Sie erhalten manchmal auch bereits Informationen, welche Unterlagen gefordert werden und an welchen Ansprechpartner Sie die Bewerbung adressieren sollen.

Wenn Sie sich in einer bestimmten Branche oder in einem ganz speziellen Fachbereich bewerben möchten, kann es sein, dass Sie nicht ausreichend passende Positionen finden. Um Ihre Schlagzahl zu erhöhen, müssen Sie selbst aktiv werden. Das Gleiche gilt, wenn Sie örtlich gebunden sind und den regionalen Arbeitsmarkt so gut wie möglich ausschöpfen möchten.

Natürlich werden Sie bei Initiativbewerbungen auch viele Absagen oder Niederlagen einstecken müssen, aber eine höhere Quantität an Bewerbungen ist genauso wichtig wie die Qualität Ihrer Bewerbungsunterlagen. Mut und Durchhaltevermögen sind wichtige Erfolgsfaktoren für Ihren Prozess der beruflichen (Neu-)Orientierung.

Sie sollten auch wissen, dass das Feedback bei dieser Form der Kontaktaufnahme etwas länger auf sich warten lassen kann. Geduld ist daher ebenso gefragt. Falls Sie nach etwa drei Wochen noch nichts von der anderen Seite gehört haben sollten, schicken Sie ruhig eine Reminder-E-Mail oder rufen Sie an und fragen Sie Ihren Ansprechpartner, ob Ihre Bewerbung auch wirklich angekommen ist. Wer selbst aktiv ist und dranbleibt, hinterlässt einen motivierten Eindruck.

Wettbewerbsvorteil gegenüber Mitbewerbern
Bei ausgeschriebenen Stellen landen nicht selten über 100 Bewerbungen auf dem Tisch eines Personalverantwortlichen. Recruiter beschäftigen sich jedoch nur mit gut einem Drittel der Bewerbungen intensiver. Zwei Drittel gehen also unter und werden praktisch gar nicht richtig gelesen. Mit Ihrer Initiativbewerbung erreichen Sie, dass Ihre Bewerbung die Aufmerksamkeit erhält, die sie auch verdient. Sie haben somit im Vergleich zu einer stellenbezogenen Bewerbung deutlich weniger Konkurrenz.

Der verdeckte Stellenmarkt

Viele Bewerber ärgern sich, da sie kaum interessante Positionen im Stellenmarkt finden, die ihren »idealen« Jobkriterien oder dem persönlichen Wunscharbeitsplatz entsprechen. Man geht davon aus, dass weit über 50 Prozent aller Stellen intern vergeben oder durch Beziehungen bzw. Kontakte besetzt werden. Aus diesem Grund landen viele interessante Jobs gar nicht auf dem öffentlichen Bewerbungsmarkt. Sie sollten Ihren Fokus daher ruhig von bereits ausgeschriebenen Stellen auf den verdeckten Stellenmarkt lenken. Einstiegsmöglichkeiten sind auf diesem Weg oft viel einfacher zu realisieren. Beginnen Sie deshalb lieber heute als morgen mit dem Aufbau von persönlichen Kontakten und Ihres Netzwerks, das die wichtigste Ressource in Ihrem gesamten Berufsleben sein wird! Wir werden in Kapitel 6.3 »Netzwerk und Kontakte aufbauen« detailliert auf dieses Thema eingehen.

Ihre Motivation

Wenn Sie selbst die Initiative ergreifen, bedeutet das, dass Ihnen etwas wichtig ist. Sie haben sich genau überlegt, warum Sie sich bei diesem Unternehmen bewerben. Das Unternehmen ist für Sie ein attraktiver Arbeitgeber und Sie können sich sehr gut vorstellen, für dieses zukünftig zu arbeiten. Das können Sie sicher auch gut begründen. Sie können so den Personalern offensiv zeigen, dass Sie sich im Vorfeld sehr gut informiert und selbst genau geprüft haben, warum dieser Arbeitgeber der richtige für Sie ist. Zeigen Sie auch Ihre Alleinstellungsmerkmale und Ihren konkreten Mehrwert für das Unternehmen, für das Sie langfristig arbeiten möchten. Ihr eigener Antrieb und Ihr Engagement sind hervorragende Argumente, die die andere Seite sicher erkennen und schätzen wird.

Eine Initiativbewerbung ist keine Bewerbung »auf gut Glück«. Sie erfordert im Vorfeld eine gründliche Vorbereitung und **Unternehmensanalyse**. Ziel dabei ist, mögliche personelle Lücken aufzudecken und zu überprüfen, inwieweit Sie diese mit Ihrem Profil füllen können. Durch die Unternehmensanalyse bekommen Sie zudem einen guten Überblick über die derzeitige Situation des Unternehmens und einen Eindruck der voraussichtlich gewünschten Erfahrungen und Fähigkeiten, die Sie mitbringen sollten. Wichtig hierbei ist, die richtigen Anknüpfungspunkte zu finden. Sie müssen wissen, mit welchen Qualifikationen Sie punkten können.

Ihre Chancen werden weiter steigen, wenn Sie Ihre Bewerbung **an eine bestimmte Person** richten. Allgemeine Anschreiben, die mit »Sehr geehrte Damen und Herren ...« beginnen, wirken sehr unpersönlich und können den Anschein einer Massenbewerbung erwecken. Es ist Ihre Aufgabe, im Vorfeld den richtigen Ansprechpartner herauszufinden. Wenn auf der Karriereseite kein Ansprechpartner genannt ist, greifen Sie zum Hörer und rufen Sie in der Personalabteilung an. Sicher hilft man Ihnen weiter und nennt Ihnen neben dem Namen auch die richtige Anschrift.

Beim Umfang einer Initiativbewerbung gehen die Meinungen stark auseinander. Ob Sie eine Kurzbewerbung oder eine vollständige Bewerbung verschicken, liegt an Ihnen. Aus unserer Sicht und Erfahrung ist es sinnvoll, gleich eine vollständige Bewerbung an den Wunsch-Arbeitgeber zu schicken. Diese besteht aus dem Anschreiben, dem Lebenslauf, den Zeugnissen, eventuell auch einer Projektübersicht und Arbeitsproben, falls diese Ihre Kompetenz und Erfahrungen unterstreichen. Die komplette Bewerbungsmappe ermöglicht dem Leser ein besseres und umfangreicheres Bild von Ihnen und Ihren Qualifikationen.

Die Bedeutung des Anschreibens

Auch wenn viele Unternehmen bei ausgeschriebenen Stellen gar keine Anschreiben mehr wünschen, haben diese bei der Initiativbewerbung eine sehr große Bedeutung. Das Anschreiben bietet Ihnen eine hervorragende Chance, Ihren Wunsch-Arbeitgeber von Ihren Skills zu überzeugen und offensiv zu zeigen, warum Sie für das Unternehmen einen unverzichtbaren Mehrwert darstellen. Das Anschreiben einer Initiativbewerbung unterscheidet sich kaum von einem normalen Anschreiben, sollte aber trotzdem möglichst konkret gefasst werden.

Diese Punkte gehören aus unserer Sicht unbedingt in ein gutes und überzeugendes Initiativanschreiben:

- Gab es vorher ein Telefonat, auf das Sie sich beziehen können?
- Können Sie eine konkrete Person nennen, mit der Sie gesprochen haben?
- Was ist Ihr Bezug zum Unternehmen? Gibt es bereits Schnittstellen, die Sie als »Eintrittskarte« nutzen können?
- Warum ist dieses Unternehmen der richtige Arbeitgeber für Sie?
- Warum möchten Sie sich beruflich verändern?
- Welchen Nutzen bieten Sie dem Unternehmen?
- Welche besonderen Fähigkeiten und Erfahrungen bringen Sie mit, die für das Unternehmen wichtig sein könnten?
- Verfügen Sie über gute Referenzen?
- Gibt es spezielle Markt-, Branchen- oder Produktkenntnisse, die Ihnen hilfreich sind?
- Wann können Sie starten?

4.2.3 Die Qualität von Stellenanzeigen

Unternehmen, die Stellenanzeigen schalten, müssen nicht immer konkret auf der Suche nach Personal sein. Stellenanzeigen werden nicht selten sogar dazu genutzt, um eine gut sichtbare Präsenz des Unternehmens im Netz zu erreichen und sich bekannt zu machen. Die Unternehmen nutzen sie also als Werbeanzeigen, machen auf sich aufmerksam und erhöhen dadurch möglicherweise ihr Ranking bei Google.

Es gibt auch Unternehmen, die sich gerade in wirtschaftlichen Schieflagen befinden, Mitarbeiter entlassen müssen oder kurz vor der Insolvenz stehen. Durch das Schalten von Stellenanzeigen versuchen sie, ein positives Bild bzw. Image zu erzeugen und von ihren Problemen abzulenken. Kurzum: Nicht alles, was Sie im Netz finden, entspricht der Wahrheit.

Da das Netz zudem keine Informationen verliert und viele Unternehmen ihren eigenen Stellenmarkt oder die Jobportale, die sie nutzen, nicht regelmäßig pflegen, findet man viele nicht mehr aktuelle Vakanzen im Netz. Sie können davon ausgehen, dass fast 50 Prozent der Stellenanzeigen, die Sie identifizieren, veraltet sind, die Stellen schon besetzt wurden oder sowieso kein Bedarf mehr besteht. Prüfen Sie daher immer genau, wie lange die Stellen schon online sind.

Falls Sie Ausschreibungen in einem Jobportal gefunden haben, sollten Sie immer auch im Karriereportal auf der Website des Unternehmens prüfen, ob sie dort ebenfalls aufgeführt sind. Aber auch hier kann es sein, dass die Firmenwebsite nicht regelmäßig gepflegt wird.

Beim Bewerben ist es aus unserer Sicht immer sinnvoll, sich direkt auf die gefundene Stelle auf der Firmenwebsite zu beziehen und nicht auf die aus der Jobsuchmaschine, da Sie damit zeigen, dass Sie bewusst direkt auf der Karriereseite des Unternehmens gesucht haben. Ihre Motivation wird dadurch noch mehr betont und Ihre ernst gemeinte Bewerbung zeigt, dass Sie sehr gründlich und zielgerichtet im Bewerbungsprozess, aber auch im Job arbeiten. Sie setzen dadurch die erste gute »Duftmarke«.

5 Die DSGVO in der Bewerbung

5.1 »DSGVO« – was ist das?

Als Bewerber sollen Sie und Ihre Daten geschützt werden und Sie haben natürlich auch Rechte, die mit dem Absenden Ihrer Bewerbung verbunden sind. Seit dem 25.05.2018 gelten in Deutschland, genau wie in der gesamten EU, die Bestimmungen der neuen Datenschutz-Grundverordnung (DSGVO). Diese Verordnung hat auch Auswirkungen auf die Handhabung personenbezogener Daten in Unternehmen und damit auch hohe Relevanz für sämtliche Recruiting-Prozesse.

Der Begriff »personenbezogene Daten« wird in der Datenschutz-Grundverordnung in Art. 4 Abs. 1 Nr. 1 definiert. Danach handelt es sich hier um alle Informationen, die sich auf eine identifizierte oder identifizierbare natürliche Person beziehen. Was bedeutet das im Detail? Personenbezogene Daten sind all diejenigen Informationen, die einer betroffenen, in der EU ansässigen Person zugeordnet werden können. Diesen Daten sind im Prinzip keine Grenzen gesetzt, einige Beispiele sind Name und Adresse der Person, Personalausweisnummer, die Kreditkarten- oder Personalnummer, Autokennzeichen, Kontodaten, Online-Daten wie z. B. IP-Adresse, Standortdaten oder auch Gesundheitsdaten.

Durch diese Definition wird häufig schon die simple Speicherung einer E-Mail zu »personenbezogenen Daten«, da anhand der E-Mail-Adresse nachvollziehbar ist, dass die Person zum betreffenden Zeitpunkt Mitarbeiter der absendenden Firma war.

Eine Bewerbung ist gespickt mit all diesen Daten und deshalb besonders schutzwürdig. Da es vor allem durch große Monopolisten wie Google und Facebook in der Vergangenheit immer wieder zu Datenlecks (Leaks) oder Datenklau kam, wurde die neue DSGVO eingeführt, die das bisherige Bundesdatenschutzgesetz (BDSG) ablöst.

Neu an der DSGVO ist die erhöhte Dokumentations- und Rechenschaftspflicht. Rekrutierende Unternehmen müssen jetzt sehr viel mehr schriftlich dokumentieren, um im Zweifelsfall nachweisen zu können, dass sich das Unternehmen als einstellender Arbeitgeber tatsächlich an die Bestimmungen des Datenschutzes hält. Die Dokumentationspflichten sind zwar an sich nicht neu, aber was neu ist, ist die Erfordernis eines Datenschutzmanagementsystems.

Bewerber sollten sich daher den Gefallen tun und prüfen, ob mit ihren Unterlagen rechtskonform umgegangen wird, indem sie den potenziellen Arbeitgebern Fragen dazu stellen: z. B. danach, ob das Unternehmen ein Vertragsmuster zur Datenvereinbarung bereitgestellt hat, wo die Datenverarbeitung stattfindet, ob ein Datenschutzbeauftragter benannt wurde und vieles mehr. Zudem gibt es bei mehreren Firmen eine interne Website, auf der die DSGVO-Konformität genau dokumentiert ist.

Doch auch bei den Jobbörsen ist Vorsicht geboten. Vor der Entscheidung für eine Online-Stellenbörse sollten Sie deren Datenschutzerklärung einer genauen Prüfung unterziehen. Dabei sollten Sie insbesondere hinterfragen, wie Ihre Bewerberdaten geschützt werden, ob also zum Beispiel eine Verschlüsselung beim Transfer Ihrer Unterlagen an den potenziellen Arbeitgeber erfolgt. Auch der Zugangsschutz, beispielsweise mittels eines starken bzw. sicheren Passworts, sollte bei der Entscheidung für eine Online-Jobbörse eine Rolle spielen.

5.2 Die Rolle der Zweckbindung

Eines der wichtigsten Grundprinzipien im Datenschutz ist die Zweckbindung. Hiernach dürfen personenbezogene Daten nur dann erhoben, genutzt und verarbeitet werden, wenn dies einem vorab eindeutig festgeschriebenen Zweck dient. Die Zustimmung hierzu geben Sie als Bewerber durch die Zusendung oder das Hochladen Ihrer Bewerbung im Internet.

Der Datenschutz bestimmt darüber hinaus, dass die Daten nach der Zweckerfüllung nicht mehr zugänglich sein dürfen. In der Regel müssen sie vollständig gelöscht werden. Das heißt für Sie, dass Ihre Bewerbung nur so lange aufbewahrt werden darf, wie die ausgeschriebene Stelle noch nicht besetzt ist. Das Speichern Ihrer Daten nach der erfolgreichen Stellenbesetzung ist in aller Regel unzulässig und das Unternehmen ist in der Pflicht, sämtliche hierfür zur Verfügung gestellten Bewerberdaten zu löschen. Hierzu zählen auch alle in einem Bewerbungsgespräch gemachten Notizen.

Handhabung in der Praxis: Im Falle einer Klage von Ihrer Seite als Bewerber dürfen Unternehmen auf der Grundlage des Allgemeinen Gleichbehandlungsgesetzes (AGG) die Daten aufbewahren, solange sie mit Einspruch von oder Auseinandersetzungen mit nicht berücksichtigten Kandidaten rechnen müssen. Über die zulässige Aufbewahrungsdauer besteht noch keine einheitliche rechtliche Regelung. Empfohlen wird den Unternehmen eine maximale Aufbewahrungsdauer von zwei bis sechs Monaten.

5.3 Ihre Rechte als Bewerber

Als Bewerber oder Bewerberin haben Sie in Bezug auf Ihre Bewerbung und die DSGVO vor allem Rechte, derer Sie sich bewusst sein sollten:

- **Informationsrecht** – Art. 13 und 14 DSGVO: Bereits bei erstmaliger Speicherung eines Personendatensatzes muss die Person grundsätzlich über die Speicherung ihrer Daten informiert werden.

- **Auskunfts- und Widerspruchsrecht** – Art. 15 und 21 DSGVO: Jede natürliche Person hat das Recht, auf Anfrage vollumfänglich zu erfahren, ob über diese Person Daten gespeichert wurden und, wenn ja, zu welchem Zweck und mit welchem Ablaufdatum.
- **Recht auf Berichtigung, Löschung und Einschränkung** – Art. 16, 17 und 18 DSGVO: Sofern personenbezogene Daten gespeichert wurden, hat die betroffene Person das Recht, dass diese ggf. berichtigt, vervollständigt oder teilweise bzw. vollständig gelöscht werden.
- **Recht auf Datenübertragbarkeit** – Art. 20 DSGVO: Die betroffene Person hat das Recht zu erwirken, dass die personenbezogenen Daten direkt von einem Verantwortlichen an einen anderen Verantwortlichen übermittelt werden, soweit dies technisch machbar ist.

Was bedeutet das konkret für die Unternehmen, bei denen Sie sich bewerben? Diese sind nun in der Pflicht, sorgsam und gesetzeskonform mit Ihren Bewerbungsunterlagen und den darin enthaltenen Daten umzugehen. Ein Vergehen kann mit sehr hohen Strafen belegt werden.

Das Unternehmen muss insbesondere folgende Punkte beachten:

- Jedem Kandidaten sollte die Möglichkeit gegeben werden, seine Unterlagen verschlüsselt zu versenden, da diese sonst möglicherweise von Dritten mitgelesen werden können. Der Karrierebereich Ihres Wunsch-Arbeitgebers sollte deshalb nach dem aktuellen Stand der Technik verschlüsselt sein.

Tipp

Als Bewerber können Sie jederzeit Ihre Anlagen selbst verschlüsseln, indem Sie ein Programm wie z. B. 7Zip, Gzip oder Bzip2 benutzen. Das Passwort zum »Entzippen« kann dann an den zukünftigen Arbeitgeber telefonisch übermittelt werden. Generell liegt es natürlich an Ihnen, ob Sie zip-Dateien verschicken, da dies oftmals nicht der gewünschte Weg ist.

- Gemäß Art. 13 Abs. 1 und Abs. 2 DSGVO gilt künftig: Unternehmen müssen Bewerber bei Eingang der Unterlagen über die Art der Datenerhebung informieren. Das beinhaltet unter anderem die Angaben zum Verarbeitungszweck sowie zum Aufbewahrungszeitraum.
- Ist die Stelle einmal besetzt, besteht kein Grund mehr, die Informationen der abgelehnten Kandidaten aufzubewahren. Die Daten sind sofort zu löschen (siehe Ausnahme oben). Sollen die Daten länger aufbewahrt werden, um später darauf zurückgreifen zu können, wenn eine andere Stelle vakant wird, müssen die Unternehmen eine schriftliche Einverständniserklärung von Ihnen einholen.
- Gemäß Art. 15 DSGVO können Sie als Bewerber von den Unternehmen umfangreiche Auskunft über die gespeicherten Daten verlangen. Die Zweckgebundenheit bei der Speicherung der Daten sollte daher unbedingt dokumentiert werden.

- Sollten Sie einen Verstoß gegen den Bewerberdatenschutz feststellen, können Sie die zuständigen Aufsichtsbehörden einschalten.
- Bewerbungsunterlagen dürfen im Unternehmen nur den Personen zugänglich gemacht werden, die mit der Besetzung der Vakanz direkt befasst sind. Der Betriebsrat gehört hier auch dazu. Sollen die Unterlagen weitergereicht werden, zum Beispiel an andere Abteilungen im Konzern oder an externe Dienstleister, muss Ihre Einwilligung eingeholt werden.
- In einem Online-Formular sind bestimmte Fragen, die sehr persönlich sind, nicht erlaubt. Im Bewerbungsverfahren dürfen nur solche Daten abgefragt werden, die zur »Begründung des Beschäftigungsverhältnisses« erforderlich sind.

Dürfen Arbeitgeber über Bewerber im Internet recherchieren?
Auch wenn es in Unternehmen mittlerweile verbreitet ist, Bewerber zu googeln oder sich in Online-Netzwerken ein genaueres Bild von ihnen zu machen, so ist das datenschutzrechtlich nicht unbedenklich. Auch hier sind die Arbeitgeber angehalten, den Datenschutz bei ihrer Internetrecherche nicht zu vergessen, denn es handelt sich um eine Datenerhebung im Sinne des Bundesdatenschutzgesetzes (BDSG). Allerdings dürfen »allgemein zugängliche« Daten erhoben werden, wenn dem keine Interessen der Betroffenen entgegenstehen. Das gilt für die Inhalte, die frei verfügbar über Suchmaschinen wie Google zu finden sind, sowie für Informationen, die über Online-Netzwerke ohne vorherige Anmeldung frei abrufbar sind.

Wichtig

Daten in Online-Netzwerken, die erst nach erfolgter Anmeldung verfügbar sind, dürfen Arbeitgeber nicht vorbehaltslos verwenden.

In den AGB mancher Online-Netzwerke findet sich ein Verbot, die gespeicherten Informationen für die Personaldatenerhebung durch Arbeitgeber zu verwerten. Dann ist auch aus diesem Grund eine gezielte Recherche über Bewerber oder auch Mitarbeiter unzulässig.

5.4 Sichtbarkeit vs. Datenschutz bei XING und LinkedIn

Bei Karrierenetzwerken wie XING und LinkedIn geht es darum, selbst zu sehen, aber auch gesehen bzw. gefunden zu werden. Wenn Sie Ihr Profil komplett auf privat schalten, sind Sie für potenzielle Arbeitgeber unsichtbar. Als Nutzer müssen Sie zwischen Datenschutz und Sichtbarkeit stets eine angemessene Balance finden. Denn wenn Sie keine Informationen über sich preisgeben und schon gar nicht öffentlich sichtbar machen möchten, sind Sie bei einem Berufsnetzwerk, in dem es vornehmlich um das Knüpfen von Kontakten und das Bereitstellen von Informationen geht, vermutlich fehl am Platz.

6 Die digitale Visitenkarte

Effizientes Nutzen von Online-Kanälen und Netzwerken
Als Bewerber und Bewerberin steht Ihnen eine Vielzahl von Online-Kanälen zur Verfügung, um für Unternehmen oder für von diesen beauftragte Headhunter sichtbar – und vielleicht auch angesprochen – zu werden. Mehr als die Hälfte der Kandidaten sieht die »Empfehlung über eigene Kontakte bzw. Bekannte« als den vielversprechendsten Weg, gefolgt von einem Profil in einem Karrierenetzwerk oder in der Lebenslaufdatenbank einer Internet-Stellenbörse.

Etwa vier von zehn Kandidatinnen und Kandidaten sehen ebenfalls großes Potenzial bei der Personalvermittlung und bei Profilen in Lebenslaufdatenbanken der Unternehmen selbst. Doch auch hier gibt es große Unterschiede. Durch die voranschreitende Digitalisierung in den letzten Jahren ist das Nutzerverhalten sehr stark davon abhängig, wann jemand geboren wurde und wie vertraut diese Person mit den neuen digitalen Möglichkeiten ist.

In der Studie »Quo Vadis Recruitment, Erhebungen 2012–2017« vom ICR (Institute for Competitive Recruiting) wird ersichtlich, dass das Anlegen eines Profils in Karrierenetzwerken für die meisten Befragten an Platz 1 steht. Nur die Jüngsten aus der Generation Z (ab Geburtsjahr 1994) besinnen sich am liebsten auf ihre eigenen Kontakte (76,7 % – danach kommen die Profile in einer Lebenslaufdatenbank der Internet-Stellenbörsen). Doch allen Jahrgängen gemeinsam ist die starke Nutzung der Internet-Stellenbörsen gleich nach dem Anlegen eines Profils in einem Karrierenetzwerk wie XING oder LinkedIn, die wir im Folgenden noch genauer betrachten werden.

Als Bewerber oder Bewerberin sollten Sie genau überlegen, wo Sie welche Daten hinterlegen. Sind Sie in einer ungekündigten Stellung, ist natürlich Vorsicht angebracht, damit Sie bei der Stellensuche nicht ertappt werden. Doch hier gibt es Tricks, um trotzdem auf sich aufmerksam zu machen, ohne dabei sofort beim aktuellen Arbeitgeber aufzufallen. Wir werden später bei den Businessnetzwerken (Kapitel 6.2 »Businessnetzwerke«) noch darauf eingehen.

Aus der oben genannten Studie wird auch ersichtlich, wie sich Unternehmen verhalten und welche Kanäle sie favorisieren. Diese Information ist aus Bewerbersicht sehr wichtig. Denn Sie können erkennen, auf welchen Online-Kanälen und Plattformen die Unternehmen am aktivsten sind und Ihre Jobsuche danach effizient ausrichten.

Für die aktive Suche nach Informationen über Bewerber werden von Unternehmen hauptsächlich XING und LinkedIn eingesetzt. Berufseinsteiger und Jobwechsler können hier auf immer raffiniertere Weise in Text, Bild und Ton ihre Profile hinterlegen, um so die größtmögliche Aufmerksamkeit zu erhalten. Beim Aufspüren geeigneter Kandidatinnen und Kandidaten nutzen Recruiter auch Spezialistenforen und Blogs. Bis jetzt spielen Facebook, Twitter und Instagram hier noch keine so große Rolle.

Bei der Nutzung von Social-Media-Kanälen für Stellenanzeigen und Image-Werbung priorisieren die Unternehmen die Kanäle etwas anders: XING, LinkedIn und Facebook sind die drei präferierten Social-Media-Plattformen. Auf Facebook gibt es eigene Funktionen für Unternehmen, in die sie Stellenanzeigen einstellen können. Der Erfolg ist noch relativ gering aus Sicht der Unternehmen, da recht wenig qualifizierte Bewerbungen darüber eintreffen. Außerdem werden Arbeitgeberbewertungsplattformen für das Recruiting über Social Media genutzt. Die Zukunft wird zeigen, wie sich die Gewichtung der Kanäle in den nächsten Jahren entwickeln wird – sie wird immer auch von der Beliebtheit bei der und Nutzung durch die jungen Generationen abhängig sein.

In Bezug auf tatsächlich erfolgte Neueinstellungen funktionieren für die Unternehmen Internet-Stellenbörsen am besten, aber auch die eigene Unternehmenswebsite (siehe auch Kapitel 3.1 »Karriereseiten von Unternehmen«) und Mitarbeiterempfehlungen. Aus Bewerbersicht findet der entscheidende Erstkontakt, der zu einem Jobangebot geführt hat, an erster Stelle in Online-Stellenbörsen, an zweiter Stelle über Mitarbeiterempfehlungen und an dritter Stelle durch Direktansprachen von Recruitern statt. Dennoch sind die Profile bei XING und LinkedIn sehr wichtig, da die Personaler und Headhunter hier zusätzliche Informationen einholen können.[13]

6.1 Online-Profil in einer Jobbörse

Bewerber-Profil in einer Online-Jobbörse

Viele Online-Jobbörsen bieten die Möglichkeit, Bewerberprofile, Stellengesuche bzw. Lebensläufe anzulegen und zu veröffentlichen. Ein solches Profil bietet Ihnen – je nach Funktionsumfang und Anbieter der Stellenbörse – folgende Vorteile:

- Ihr Stellengesuch kann bei einigen Portalen direkt mit dem Anbieter einer vakanten Stelle abgeglichen und »gematcht« werden, da sich beide Seiten dort registrieren können.
- Sie erhalten per E-Mail eine Benachrichtigung über neu hochgeladene passende Stellenanzeigen.
- Sie haben die Möglichkeit, sich direkt auf dem Portal zu bewerben und müssen nicht den Umweg über die Website des Anbieters gehen.
- In den meisten Online-Jobbörsen können Sie komplett anonym auftreten.

13 Quellen für dieses Kapitel: Social Recruiting und Active Sourcing 2019; FAU, CHRISS, Monster Deutschland GmbH – siehe oben; ICR Quo Vadis Recruitment, Erhebungen 2012–2017

Anders als bei den Social Media und den Business-Netzwerken wie Facebook oder XING müssen Sie in Jobbörsen-Profilen Ihre Identität nicht öffentlich preisgeben. Den »Vitamin-B-Faktor« können Sie daher hier nicht nutzen. Der verdeckte Stellenmarkt, der sich mit Kontakten zu (ehemaligen) Kollegen, Vorgesetzten oder Kommilitonen öffnet, bleibt Ihnen mit dem anonymisierten Bewerberprofil einer Jobbörse daher verschlossen. Gleichzeitig vermindern Sie damit das Risiko, dass Ihr aktueller Arbeitgeber von Ihren Bewerbungsaktivitäten erfährt.

Je nach Jobbörse ist der Umfang eines Bewerberprofils sehr unterschiedlich. Bei einigen geht es um Stellengesuche im klassischen Sinn, die in Form von einfachen **Freitextfeldern** angelegt werden. Zum Teil können Sie **Anlagen** im PDF- oder Doc-Format hochladen und es werden Kompetenzen und Erfahrungen über diverse vorstrukturierte Formulareingaben abgefragt.

Wichtig

Formulareingaben können ziemlich zeitintensiv sein. Sie nutzen Ihnen jedoch auch bei der Analyse der eigenen Kompetenzen. Sie finden so auch gute Argumente und Botschaften für sich und Ihre Skills. Die Formulare sollten Sie daher auf jeden Fall ausfüllen, auch dann, wenn Sie die Möglichkeit haben, Ihre Dokumente hochzuladen. So stellen Sie sicher, in der internen Datenbank überhaupt gefunden zu werden.

Ein guter »Teaser-Text«

In vielen Profilen werden Sie aufgefordert, einen kurzen Text über sich zu schreiben und sich zu beschreiben. Dieser »Teaser« oder »Eye-Catcher« ist die erste Information in der Profilanzeige – hier können Sie bereits Ihren Mehrwert darstellen. In diesem Kurztext sollten Sie daher möglichst kurz und knackig beschreiben, nach welcher Aufgabe Sie suchen und was Sie zu bieten haben.

Der Teaser-Text stellt in kompakter Form die Eignung und die Motivation eines Bewerbers für die angestrebte Position dar, ähnlich wie es bei Stellengesuchen in Zeitungen üblich ist. Da die Zeichenzahl häufig sehr begrenzt ist, sollten Sie nicht zu weit ausholen, sondern sich auf das Wesentliche konzentrieren, also das, was die andere Seite wirklich wissen möchte oder sollte:

- Positionen, bisherige Stationen und Ausbildung bzw. Bildungsbackground
- aktueller Status – z. B. Absolvent, in ungekündigter Stellung
- wichtige berufliche Erfahrungen und Verantwortung
- relevante Fach- und Spezialkenntnisse

Tipp

Bauen Sie in Ihre Beschreibung die Keywords ein, die ein Arbeitgeber voraussichtlich bei einer Stichwortsuche nutzen würde.

Definieren Sie Ihre Suchkriterien:

- mögliches oder gewünschtes berufliches Einsatzgebiet
- Branche, Bereich, Themen
- gewünschter Arbeitsort
- Art der Beschäftigung: Praktikum, geringfügige Beschäftigung, Anstellung, freiberufliche Tätigkeit, Berufseinstieg, Traineestelle
- Voll- oder Teilzeitstelle
- optional: Führungsverantwortung gewünscht
- Ihre Gehaltsvorstellungen
- gewünschter oder möglicher Starttermin

Ein kurzer Teaser für Ihr Online-Profil enthält häufig keine Kontaktangaben. Durch die Verwendung eines telegrammartigen Schreibstils verzichten Sie auf überflüssigen Ballast und erleichtern dem Betrachter die Informationsaufnahme.

Beispiel Telegrammstil

Industriekaufmann, ungekündigt, mit drei Jahren Berufserfahrung, sucht Anstellung in Vollzeit, max. 30 km Umkreis von Musterstadt. Bisheriger Arbeitsschwerpunkt: Bestellwesen, Angebote und Reklamationen. Sehr gute Kenntnisse in SAP und MS Office. Eigeninitiative und kundenorientierte Arbeitsweise. Eintritt ab dem 01.01. möglich.

Beispiel Anschreibenstil

Ich bin in ungekündigter Stellung als Industriekaufmann tätig und bringe drei Jahre Erfahrung im Bereich Einkauf und Sachbearbeitung mit. In meinen Verantwortungsbereich fällt das Bestellwesen mit SAP, die Bearbeitung von Reklamationen und die Durchführung von Inventuren. Ich verfüge zudem über sehr gute Kenntnisse in MS Office und bin es gewohnt, eigeninitiativ und kundenorientiert zu arbeiten. Mein Ziel ist eine Vollzeitstelle im Umkreis von 30 km von Musterstadt. Ich kann die neue Stelle frühestens zum 01.01. antreten.

6.2 Businessnetzwerke

6.2.1 XING und/oder LinkedIn?

LinkedIn hat derzeit ca. 640 Millionen Nutzer weltweit, XING 16 Millionen Mitglieder im deutschsprachigen Raum. Dieses große Potenzial nutzen Unternehmen für die Veröffentlichung von Stellenanzeigen, die aktive Suche nach Kandidaten und für ihre Imagewerbung. Recruiter und Headhunter haben auf diesen Businessnetzwerken die Möglichkeit, Bewerber mit detaillierten Profilen in einem sehr großen, internationalen

Rahmen zu recherchieren. Deshalb stehen XING und LinkedIn ganz oben auf der Liste der meistgenutzten Kanäle für das Active Sourcing und Social-Media-Recruiting.[14]

In Ihrem Bewerbungsprozess führt kein Weg an XING und LinkedIn vorbei. Beide Plattformen bieten Ihnen eine sehr große Visibilität und haben mit verschiedenen Funktionalitäten ein sehr großes Potenzial für die mittel- sowie langfristige Entwicklung Ihrer Karriere.

XING oder LinkedIn oder beides?

Das Anlegen eines Profils geht relativ schnell. Im Aktualisieren und Pflegen besteht der Löwenanteil Ihres Engagements – das erfordert viel Zeit, wenn Sie einen nachhaltigen Effekt für Ihre Visibilität erzeugen und ein stabiles berufliches Netzwerk aufbauen möchten. Deshalb konzentrieren Sie sich besser auf eine Plattform und engagieren sich dort richtig.

Um Ihnen die Qual der Wahl leichter zu machen, beantworten Sie am besten die folgenden Fragen:

- Arbeitsort: In welchem Land oder in welcher Stadt möchte ich in den nächsten Jahren arbeiten?
- Lieblingsarbeitgeber: Für welche Unternehmen möchte ich am liebsten arbeiten? Sind das internationale Unternehmen oder nationale Unternehmen innerhalb der DACH-Region?

XING hat seinen größten Verbreitungsgrad in den sog. DACH-Ländern, also in Deutschland, Österreich und der Schweiz. Liegt in diesen Ländern Ihr angestrebter Arbeitsort und möchten Sie hier auch in den nächsten Jahren wohnen, dann konzentrieren Sie sich besser auf XING. Und umgekehrt: Möchten Sie in den nächsten Jahren ins Ausland und/oder für ein internationales Unternehmen arbeiten, dann konzentrieren Sie sich besser auf LinkedIn. Trauen Sie es sich zu, beide Plattformen zu »bedienen«, dann machen Sie es!

6.2.2 Bewerberprofil auf XING

Wir empfehlen, auf jeden Fall ein professionelles Profil bei XING anzulegen, wenn Sie in der DACH-Region auf Jobsuche sind und bei dort ansässigen Arbeitgebern sichtbar werden möchten. XING bietet Jobsuchenden und Beschäftigten, die für einen Jobwechsel offen sind, hervorragende Möglichkeiten zur Selbstdarstellung.

14 Vgl. Social Recruiting und Active Sourcing, Monster 2019

Tipp

Das Minimum Ihres Engagements sollte darin bestehen, ein Profil anzulegen und dieses regelmäßig zu pflegen, damit Sie und Ihre berufliche Qualifikation nach außen wirken können.

6.2.2.1 Premium Account oder Free Account?

Möchten Sie alle Möglichkeiten optimal nutzen, empfehlen wir Ihnen in jedem Fall den Premium Account. Im Free Account sind Sie sehr eingeschränkt. XING ProJobs ist eher für diejenigen sinnvoll, die sehr offensiv Signale nach außen setzen möchten.

Wichtige Funktionen im Premium Account für Ihren Jobwechsel:
- personalisierte Visitenkarte mit Titelbild und bis zu fünf Einträgen
- eigene Topfähigkeiten hervorheben
- ausführliches Füllen des Portfolios – nahezu unbeschränkte Möglichkeiten, das Einbinden von Bewerbungsvideos ist möglich
- der Profilbesucher (Headhunter und potenzielle Arbeitgeber) kann sehen, dass Sie auf Jobsuche sind
- Angabe der Suchbegriffe, wie Besucher Sie gefunden haben
- Angaben zur Häufigkeit der Besuche von Recruitern
- Angabe der häufigsten Arbeitgeber Ihrer Besucher
- besondere Hervorhebung des eigenen Profils in Suchergebnissen
- unlimitiert Nachrichten an Nicht-Kontakte schreiben – wichtig für die eigene Kommunikation, wenn Sie mit Führungskräften Ihrer favorisierten Firma Kontakt aufnehmen möchten
- Jobangebote nach Einkommenswünschen filtern
- Gehaltsprognosen für viele Stellenanzeigen
- werbefreie Profilansicht für Ihre Besucher
- professionellere Präsentation Ihres Portfolios
- Zugang zu einer riesigen Datenbank mit Mitgliedern per »Erweiterte Suche«, aus der Sie mit geschickten Suchbegriffen interessante und wichtige Kontakte identifizieren können

6.2.2.2 Zusätzliche Mitgliedschaft bei XING ProJobs

Wenn Sie es mit der beruflichen Veränderung sehr ernst meinen, sollten Sie auch die Zusatz-Mitgliedschaft ProJobs buchen. Hier haben Sie die Möglichkeit, bei Tausenden von Recruitern unmittelbar sichtbar zu werden und von diesen Anfragen bzw. konkrete Angebote zu erhalten.

Folgende Zusatzfunktionen werden Ihnen hier geboten: Mit XING ProJobs wird Ihr erweitertes Profil, zum Beispiel ein erweiterter Lebenslauf, in der Personalsuche der Top-Recruiter bevorzugt angezeigt und es wird Ihnen versprochen, dass Sie den Zugang zu exklusiven Jobs von Headhuntern erhalten. Diese Jobangebote werden nur Mitgliedern von ProJobs angezeigt. Es gibt die Möglichkeit, Ihre Bewerbungsunterlagen hochzuladen und noch mehr relevante Informationen zu hinterlegen. Außerdem entscheiden Sie, wer von Ihrer Jobsuche erfahren darf und wer nicht. Sie können also ganz gezielt bestimmte Personen, z. B. (Ex-)Vorgesetzte, ausschließen.

6.2.2.3 Einrichten Ihres (Premium-)Accounts

6.2.2.3.1 Einstellungen

Bevor Sie Ihr Profil auf Vordermann bringen, sollten Sie Ihre Einstellungen kontrollieren. Wer darf was an welcher Stelle sehen? Hierzu sind detaillierte Angaben möglich. Zu Ihren Einstellungen kommen Sie oben rechts über das Zahnrädchen.

»Zahnrädchen« bei XING

Sie sehen das folgende Fenster (Stand 07/2019):

Einstellungen

Die Angaben im »**Nutzerkonto**« sind Ihre Zugangsdaten. Von Zeit zu Zeit sollten Sie das Passwort ändern, damit Sie hier auf der sicheren Seite sind.

Noch relevanter sind die Angaben in der »**Privatsphäre**«, denen Sie als Jobsuchender besondere Aufmerksamkeit widmen sollten. Hier ist es wichtig, die Einstellung bei der »**Auffindbarkeit**« auf »aktiv« zu setzen (grauer Modus ist »deaktiviert«!)

Aktivieren Sie »**Mein XING Profil soll im Internet sichtbar sein**«. Das ist hilfreich, wenn Personaler oder Headhunter über Suchmaschinen auf Kandidatensuche sind. Mit den entsprechenden Keywords können Sie so auch außerhalb von XING gefunden werden. Setzen Sie bei der entsprechenden Abfrage zu den Suchmaschinen das zusätzliche Häkchen.

Unter dem Punkt »**Standard-Ansicht**« innerhalb der Privatsphäre stellen Sie ein, welche Ansicht der Besucher zuerst sehen soll: das »**Portfolio**« oder die »**Profildetails**«. Dies ist ein sehr wichtiger Punkt, da Sie im Portfolio die Möglichkeit haben, sich ausführlich darzustellen. Sollten Sie über Materialien wie Kompetenzprofile, Projektübersichten, Projektvideos oder weitere Dokumente verfügen, bietet es sich an, sich im Portfolio auszutoben. Hier erwarten Sie zahlreiche Gestaltungsmöglichkeiten, mit denen Sie in Bild, Ton und Text auf sich aufmerksam machen können. Wir kommen später noch darauf zurück. Solange Sie den Bereich »Portfolio« nicht gefüllt haben, sehen Besucher standardmäßig zunächst Ihre »Profildetails«.

Ebenfalls bei der Privatsphäre finden Sie die »**Kontaktliste**«. Wählen Sie selbst, womit Sie sich am besten fühlen. Diese Einstellung hat keine unmittelbare Auswirkung auf Ihre Sichtbarkeit als Jobsuchender.

Kontaktliste

Interessanter wird es bei den »**Gruppen**«, ebenfalls in der Rubrik »Privatsphäre«. Hier können Sie einstellen, welche Gruppen, in denen Sie Mitglied sind, in Ihrem Profil angezeigt werden. Überlegen Sie, welche Mitgliedschaft für Ihre digitale Visitenkarte wirklich nützlich sein könnte. Über welche Gruppen könnten die Personaler stolpern, welche könnten sie attraktiv finden bzw. wo gibt es Schnittstellen zu Ihrem Werdegang oder Interesse an diesem? Mit welchen Themen beschäftigen Sie sich und warum könnte das gut für die angestrebte Stelle sein? Gruppen, die Sie persönlich interessant finden, die aber nichts mit der neuen Position zu tun haben, sollten Sie besser ausblenden.

Der letzte Punkt »**Aktivitäten**« lässt nicht viele Gestaltungsmöglichkeiten zu. Hier ist es eventuell sinnvoll, je nach Aktivität zu entscheiden, wer diese sehen darf.

Die nächste große Rubrik bei den Einstellungen ist der Punkt »**Benachrichtigungen**«. Hier geht es nur darum, worüber Sie informiert werden möchten. Nehmen Sie sich auch hier Zeit, um eine zu große Informationsflut zu verhindern.

Einzig beim Punkt »**Stellenmarkt**« sollten Sie alle Optionen auf »aktiv« stellen. Bei den weiteren Optionen bei »Benachrichtigungen« entscheiden Sie selbst, was Sie als E-Mail erhalten wollen. Eventuell ist auch der Punkt »Jobsuche und modernes Arbeiten« interessant für Sie.

Einrichten Ihres Profils auf XING

Der erste Schritt für Ihre Online-Visibilität ist das Anlegen eines Profils, das vollständig und korrekt ausgefüllt ist. Gehen Sie Schritt für Schritt durch den beschriebenen Prozess und das Ergebnis wird Sie und alle zukünftigen Besucher Ihres Profils nicht nur wegen seiner Korrektheit überzeugen.

Authentisches und professionelles Foto

Auf das Profilbild fällt der erste Blick. Wie Sie wissen, zählt der erste Eindruck. Die meisten Menschen sind visuell veranlagt und verschaffen sich über Ihr Bild einen ersten Eindruck. Profile mit Foto haben deutlich höhere Chancen, angesehen zu werden, als Profile ohne Foto. Im Hinblick auf die Wahl eines geeigneten Fotografen sollten Sie nicht sparen: Je ansprechender und professioneller Ihr Foto, desto mehr können Sie punkten.

Worauf sollten Sie bei der Erstellung des Fotos achten?

Erstellen des Profilbildes	
Ein Bild sagt mehr als tausend Worte. Deshalb ist Ihr Profilbild ein immens wichtiges Element Ihres Selbstmarketings. Es sollte folgende Kriterien erfüllen:	
Aktualität	Das Foto sollte nicht älter als ein Jahr sein und authentisch und professionell wirken.
Sympathie	Sie sollten eine positive Wirkung auf den Betrachter haben, deshalb zeigen Sie sich bitte definitiv mit einem echten, authentischen Lächeln!
Körperhaltung	Mit einer aufrechten, geraden Körperhaltung drücken Sie Selbstbewusstsein aus.

Erstellen des Profilbildes	
Blickwinkel und Beleuchtung	Sie sollten den Betrachter ansehen und in die Richtung Ihres Namens auf dem Profiltemplate blicken, d. h. nach rechts aus der Perspektive des Betrachters. Das Gesicht sollte gut ausgeleuchtet sein und keine Schatten werfen.
Kleidungsstil	Auf alle Fälle »Business casual«; Wählen Sie Kleidungsstücke, die Ihrem persönlichen Stil entsprechen, gerne Ihre Lieblingsstücke, die Sie auch im wirklichen Berufsleben tragen. Damit sind und wirken Sie authentisch und echt. Als Mann können Sie mit einer Krawatte und einem klassischen oder stylischen Hemd einen »Hingucker« erzielen. Als Frau können Sie den Blick des Betrachters mit einem Schmuckstück (Ohrringe, Halskette) »fangen«, ohne dass diese das Bild dominieren sollten. Tragen Sie das, was Sie auch am ersten Arbeitstag tragen würden.
Farben	Ob schwarz-weiß oder Farbe: Beides ist gut. Schwarz-weiß-Porträts wirken oft klarer. Ihre Gesichtszüge werden deutlicher zum Vorschein kommen. Entscheiden Sie sich für ein Farbbild, dann lieber in dezenteren Tönen, ohne dass Sie auf Farbe (durch Ihre Kleidung, Accessoires oder Make-up) verzichten müssen.
Hintergrund	Der aktuelle Trend für Bewerbungsfotos zeigt den Kandidaten oder die Kandidatin in einem Business-ähnlichen Umfeld, z. B. auf einer Treppe vor typischen Bürofenstern oder modernen Stahlkonstruktionen, wie man sie aus Bürogebäuden kennt. Finden Sie diesbezüglich Ihren eigenen Ausdruck bzw. Stil und denken Sie immer an die Branche, in der Sie sich bewerben möchten: Wie sieht dort die typische Geschäftsumgebung aus oder wie könnte sie aussehen?

Sparen Sie beim Bewerbungs- bzw. Profilbild nicht. Im Gegenteil: Investieren Sie lieber ein wenig mehr Geld, um zu einem richtig guten, professionellen Fotografen zu gehen. Er wird eine Vielzahl von Aufnahmen mit Ihnen machen, aus denen Sie dann eine oder zwei auswählen können.

Wichtig

Einen Wiedererkennungseffekt werden Sie nur erzeugen können, wenn Sie dasselbe Profilfoto bzw. ähnliche Profilfotos auf den verschiedenen Online-Plattformen verwenden.

Machen Sie sich interessant!

Wählen Sie in Ihrem Profil ein passendes **Hintergrund- bzw. Titelbild** (nur im Premium Account möglich), das hinter Ihrem Profilbild angezeigt wird. Hier können Sie kreativ werden und visuell einen Bezug zur gewünschten Stelle abbilden. Machen Sie sich auch hier gründlich Gedanken. Klicken Sie auf »Visitenkarte bearbeiten« und dann im meist grünen einfarbigen Hintergrundbild auf das Bleistift-Icon, das sich in der unteren rechten Ecke befindet.

Der Header-Bereich von XING mit dem Hintergrundbild ähnelt dem auf Facebook sehr. Der Standard-Hintergrund, den XING hier anbietet, ist im XING-typischen Blau-Grün gehalten. Damit werden Sie keine Aufmerksamkeit generieren, deshalb ist nun Ihre Kreativität gefragt! Sie können eigene Grafiken gestalten, indem Sie einen farbigen Hintergrund wählen und Schlagworte bzw. Keywords einfügen, die sich auf Ihren Beruf bzw. auf Ihre beruflichen Kompetenzen beziehen und die neugierig machen. Übertreiben Sie es bitte nur nicht mit diesen beiden visuellen Gestaltungselementen, damit die Aufmerksamkeit des Betrachters weiter hauptsächlich auf Ihrem Profilbild ruht.

Tipp

Holen Sie sich Ratschläge bezüglich des Headers bei jemandem, der sich mit Grafiken und der Gestaltung von visuellen Elementen auskennt, z. B. bei einem befreundeter Grafikdesigner oder einem Karriereberater, zu dessen täglichem Brot es gehört, Online-Bewerberprofile zu gestalten.

Erstellen Sie Ihre »XING-Visitenkarte«

In der Visitenkarte legen Sie fest, welche Informationen unterhalb Ihres Bildes angezeigt werden sollen. Die Informationen dafür legen Sie teilweise auch unten bei den Berufserfahrungen fest. Halten Sie auf jeden Fall in der Visitenkarte Ihre Kontaktdaten aktuell, damit Sie jederzeit von Personalern oder Headhuntern kontaktiert werden können. Basis-Mitglieder können hier maximal zwei Einträge anzeigen lassen, mit einer Premium-Mitgliedschaft können Sie bis zu fünf Einträge sichtbar machen.

6.2.2.3.2 Richten Sie den Reiter »Profildetails« ein

Profildetails

Hier finden Sie die beiden Bereiche »Ich biete« und »Ich suche«. Diesen Kategorien widmen Sie Ihre ganze Aufmerksamkeit. Hier findet die Verschlagwortung statt. Alles, was hier steht, ist »Futter« für die hauseigene Suchmaschine von XING und sorgt dafür, dass Headhunter, Recruiter und andere Sie auf XING finden werden. Hier stehen Ihre Qualifikationen und Topfähigkeiten. Als Premium-Mitglied werden drei der Topfähigkeiten in »**Ich biete**« auch separat hervorgehoben.

Sparen Sie hier nicht. Auch zusammengesetzte Begriffe sind möglich, zum Beispiel »Key Account Management«, »Assistenz der Geschäftsführung«, »IT-Projektmanagement«

etc. Besuchen Sie auch die Profile anderer und holen Sie sich Ideen. Hier sind Ihnen keine Grenzen gesetzt.

Die Begriffe, die Sie in dieses Feld Ihres Profils eintragen, sollen hauptsächlich die relevanten Fachkompetenzen Ihrer gewünschten Jobprofile beinhalten, die Sie (hoffentlich) tatsächlich auch bieten können.

Wichtig

Ordnen Sie Ihre Fachkompetenzen. Fangen Sie mit Ihrer wichtigsten Fachkompetenz an und verwenden Sie so konkrete Begriffe wie möglich. Vermeiden Sie Allgemeinplätze wie z. B. Betriebswirtschaftslehre. Besser sind z. B. Finanzwirtschaft oder Controlling, Supply Chain Management oder Personalmanagement.

Top-Fähigkeiten

Wenn Sie sich für eine Premium-Mitgliedschaft entschieden haben, können und sollten Sie die Funktionalität »Top-Fähigkeiten« nutzen. Sie ermöglicht es Ihnen, drei Fähigkeiten aus dem Bereich »Ich biete« hervorzuheben. Wählen Sie Ihre wichtigsten Fachkompetenzen aus, die sich auf die Positionen beziehen, die Sie anstreben. Damit lenken Sie die Wahrnehmung der Recruiter und Headhunter in die richtige Richtung!

Lassen Sie sich inspirieren: Sehen Sie sich auch Profile anderer XING-Mitglieder aus Ihrer Branche an, um herauszufinden, welche fachlichen Kompetenzen angegeben werden.

»Ich suche« sinnvoll nutzen

Im Bereich »Ich suche« sollten Sie klar formulieren, was Sie mit XING erreichen möchten. Seien Sie auch hier so konkret wie möglich. Denn dieses Feld enthält für die Leserinnen und Lesern Ihres Profils Gründe, warum sie Kontakt mit Ihnen aufnehmen sollten. Setzen Sie hier idealerweise aktuelle Themen ein, über die Sie tatsächlich gerne reden bzw. »fachsimpeln« und über die Sie auch reden können! Nur so ist diese Information sinnvoll und führt zu produktiven Netzwerken zwischen Ihnen und neuen Kontakten.

Beispiele

- Austausch über das Thema Crowdfunding für Start-ups
- Netzwerken zum Thema »Digitale Transformation in Versicherungsunternehmen«
- Neue Kontakte und Austausch im Bereich E-Recruiting und Active Sourcing für Fach- und Führungskräfte

Wenn Sie offen mit Ihrer Jobsuche umgehen möchten und können (weil Sie dem Arbeitsmarkt zur Verfügung stehen), dann schreiben Sie zum Beispiel: »Neue Herausforderung im Projektmanagement eines Start-ups – Verfügbarkeit: ab Januar 2020«.

Berufserfahrung – Ihr beruflicher Werdegang

Die Rubrik »Berufserfahrung« wird in jedem Fall Ihrem Lebenslauf entnommen. Achten Sie auch hier auf eine lückenlose chronologische Abfolge. Sollten Sie schon eine Weile im Berufsleben stehen, können Sie auf die ganz alten Stationen in Ihrem Werdegang verzichten. Gehen Sie ins Detail und füllen Sie alle Felder präzise und vollständig aus.

Tipp

Nehmen Sie das Wort »Berufserfahrung« nicht zu wörtlich und verstehen Sie es, falls Sie Berufseinsteiger sind, als den Bereich, in dem Sie Ihre praktischen Erfahrungen dokumentieren. Fügen Sie hier Ihre Praktika, Werkstudententätigkeiten, Projekte im Rahmen des Studiums, ein freiwilliges soziales Jahr, Ihre Erfahrungen aus einem Work-and-Travel-Programm oder einem Au-pair-Aufenthalt, einer Hospitanz oder einem Traineeprogramm ein.

Wichtig

Haben Sie Zweifel, ob ein langjähriger Nebenjob in der Gastronomie oder in der Produktion oder im Lager eines Unternehmens wertvoll genug sind, hier dokumentiert zu werden? Vielleicht war es der Nebenjob, mit dem Sie eigenständig das Studium finanziert haben? Dann ist dieser Nebenjob ein sehr guter Beweis für wichtige Soft Skills, wie z. B. Selbstverantwortung und Unabhängigkeit als ein junger Mensch, der aktiv sein eigenes Leben gestaltet.

Unternehmen suchen Kandidatinnen und Kandidaten, die bereits gearbeitet haben. Nehmen Sie Nebentätigkeiten auf alle Fälle auf, insbesondere dann, wenn Sie keine andere relevante praktische Erfahrung z. B. aus Praktika oder Werkstudententätigkeiten haben.

Tipp

Überlegen und reflektieren Sie bei jeder Erfahrung Ihres (Berufs-)Lebens, Ihrer Ausbildung oder Ihres Studiums, welche Skills Sie damit belegen können. Diese Übung ist gleichzeitig eine hervorragende Vorbereitung auf alle Arten von Interviews. Mit ihr trainieren Sie genau das Mindset, mit dem auch Personaler und Recruiter Ihren Lebenslauf lesen und analysieren. Die zentrale Frage lautet: Welche Kompetenzen/Skills zeige ich mit dieser Erfahrung?

Beispiele

- **Ihr freiwilliges soziales Jahr in einer Behindertenwerkstätte**: Sie haben damit wichtige soziale Kompetenzen gezeigt und weiterentwickelt, wie z. B. Verantwortung für andere zu tragen, Empathie im Miteinander, Sensibilität für die Bedürfnisse von Menschen, die diese möglicherweise nicht so klar äußern können, und wahrscheinlich noch viele weitere wichtige soziale Kompetenzen im Umgang mit Mitmenschen.
- **Ihr einjähriger Au-pair-Aufenthalt in Frankreich**: Sie haben Ihre Französisch-Kenntnisse perfektioniert und sprechen Französisch nun bestimmt auf einem sehr hohen

Niveau. Sie haben ein sehr gutes Zeitmanagement in der Organisation des Alltags der Familie und Kinder entwickelt, da Sie mehrere Kinder jeden Tag zur Schule und zu Freizeitaktivitäten gefahren und wichtige Aufgaben im Haushalt übernommen haben. Sie haben gelernt zu priorisieren, auf Unerwartetes ruhig zu reagieren und das Wichtigste und Dringlichste immer im Blick zu haben.

Tipp

Sie fragen sich wahrscheinlich gerade, wie Sie Ihre Auslandsaufenthalte in Ihrem XING-Profil dokumentieren können? In den meisten Fällen passen sie gut in den Bereich »Berufserfahrung«, wie der Au-pair-Aufenthalt oder das Work-and-Travel-Jahr in Australien oder Neuseeland. Bei einer Weltreise wird es schon etwas schwieriger. Ganz frech geben Sie sie in der Sektion »Berufserfahrung« ein, auch um eine Lücke im Lebenslauf zu vermeiden. In den meisten Fällen wird man längere Reisen ins Ausland positiv bewerten: Sie haben interkulturelle Erfahrungen gesammelt, Ihre Komfortzone komplett verlassen und sehr intensiv an Ihrem Selbstmanagement gearbeitet!

Bereich unterhalb der Berufserfahrung – weitere Sektionen

Weitere Sektionen im XING-Profil, die für Sie wichtig sind, sind: **Ausbildung, Sprachen, Auszeichnungen, Interessen, Organisationen** und **Persönliches**. Hier gelten dieselben Empfehlungen wie bei den Angaben zur Berufserfahrung. Packen Sie alles aus, was Sie an Qualifikationen, Abschlüssen, Zertifikaten und Auszeichnungen aufzuweisen haben. So kann sich der interessierte Headhunter oder Personaler schon ein ganz gutes Bild von Ihnen machen und eine erste Vorauswahl treffen.

»Ausbildung«: Dokumentieren Sie hier Ihre Berufsausbildung und Ihr Studium. Nutzen Sie das Feld »Schwerpunkte«, um Leserinnen und Leser Ihres Profils auf Ihr Fachwissen und Ihre Spezialisierungen aufmerksam zu machen!

Worauf Sie in der Sektion »**Sprachen**« insbesondere achten sollten: Seien Sie bei der Bestimmung Ihres Sprachniveaus realistisch. Es bringt Sie nicht wirklich weiter, wenn Sie sich hier zu weit aus dem Fenster lehnen. Belege für Ihr Sprachniveau sind definitiv Sprachkurse, die Sie idealerweise mit einem auf dem europäischen Referenzrahmen basierenden Sprachzertifikat abgeschlossen haben, Auslandsaufenthalte und natürlich auch Studiengänge, die Sie in einer Fremdsprache absolviert haben.

Unsere Empfehlungen für die Sektion »**Qualifikationen**«: Dokumentieren Sie hier, welche Zusatzqualifikationen Sie in der Berufsausbildung und/oder in Ihrem Studium bereits erworben haben.

Beispiele

- Scrum-Ausbildung und Zertifizierung
- (Agiles) Projektmanagement

- Qualitätsmanagement: Six Sigma oder Ähnliches
- Design Thinking

Wie Sie den Bereich »Auszeichnungen« nutzen

Auszeichnungen sind grundsätzlich hervorragende Erfolgsgeschichten, die wiederum der »Backbone« Ihres Selbstmarketings im Bewerbungsprozess sind. Es muss nicht der Nobelpreis sein – hier einige Beispiele:

Beispiele

- Preise, die Sie in der Schule oder im Studium gewonnen haben
- Awards, die Sie als Teil eines Projekt- oder Forschungsteams gewonnen haben
- ein Stipendium, das Sie erhalten haben und wofür Sie sich gegen eine größere Menge an Mitbewerbern durchsetzen mussten

So nutzen Sie den Bereich »Organisationen«

Sie waren als Student eventuell in einer Studentenschaft, in einer politischen oder wirtschaftsbezogenen Studenten- oder Interessengruppe? Sie haben vielleicht als »Buddy« oder Mentor ausländische Studenten begleitet? Sie engagieren sich ehrenamtlich in einem örtlichen Sportverein oder Orchester? Dokumentieren Sie dies hier. Diese Engagements sind Belege für wichtige Qualitäten Ihrer Persönlichkeit: Einsatzbereitschaft für etwas, das Ihnen wichtig ist: andere Menschen, Politik, Musik oder anderes, für das Sie sich mit Herzblut einsetzen. Und ganz nebenbei bemerkt: Es gibt Unternehmen, für die soziales Engagement ein Einstellungskriterium ist!

Wenn Sie sich jetzt überlegen, ein Ehrenamt zu übernehmen, weil es von Arbeitgebern positiv bewertet wird, dann tun Sie es bitte nur, wenn Sie ein echtes Interesse daran haben und mit Ihrem Herzen dabei sind. Nur dann wird es zu einem echten Engagement, das von Ihnen und anderen als Bereicherung empfunden wird. Und nur dann wird es auch als positiv im Einstellungsprozess wahrgenommen werden!

Dokumentieren Sie Ihre »Interessen« und »Persönliches«

Füllen Sie diesen Bereich mit den Themen und Hobbys, die Ihnen am Herz liegen und die Sie tatsächlich praktizieren. Wir verbinden uns mit anderen über Gemeinsames: Dies kann ein Arbeitgeber sein, für den man zur gleichen Zeit gearbeitet hat, der gleiche Job, den man ausgeübt hat, die Universität, auf der man zur selben Zeit studiert hat, oder eben das Hobby Segeln oder Fußball, das man genauso leidenschaftlich wie das Gegenüber praktiziert. Seien Sie also hier offen, um anderen die Möglichkeit zu geben, sich mit Ihnen zu verbinden und leichter Kontakt aufzunehmen!

Nun können Sie in der Sektion »Persönliches« Ihr Geburtsdatum eingeben und in den Einstellungen entscheiden, ob und wer es sehen kann. Machen Sie diese Information öffentlich, geben Sie wiederum anderen die Möglichkeit, mit Ihnen in Kontakt zu treten. Tun Sie es: Zum einen ist es schön, Geburtstagsgrüße zu erhalten, und zum anderen sehen Sie, wer an Sie denkt und mit Ihnen in Kontakt bleiben möchte. Auf diese Weise netzwerken Sie fast ganz nebenbei!

Die Eingabe von Informationen ist auf XING sehr leicht. Sie finden zum Editieren der einzelnen Sektionen rechts den Button »Hinzufügen« und dann sog. Drop-down-Menüs, mit denen Sie das für Sie Zutreffende auswählen können. Achten Sie »nur« darauf, dass Sie in regelmäßigen, relativ kurzen Abständen Ihre Eingaben abspeichern, damit Ihnen nichts verloren geht.

Ganz unten (Stand 07/2019) erhalten Sie noch einen Hinweis auf Ihre Sichtbarkeit, für einen Profilbesucher. Bitte klicken Sie auf »**Sichtbarkeit einstellen**« und nehmen Sie die entsprechenden Einstellungen vor.

6.2.2.3.3 Richten Sie den Reiter »Portfolio« ein

Das Portfolio auf XING bietet Ihnen viel Platz für Ihr Selbstmarketing. Nutzen Sie es, um Ihre Fachexpertise zu dokumentieren, indem Sie Ergebnisse von Projekten und Abschlussarbeiten hochladen. Sie können Textmodule, Bilder, Videos und PDFs verwenden – die Mischung macht's! Achten Sie auf das richtige Maß an Information und Visuellem. Sie wissen ja: Bilder sagen mehr als 1.000 Worte – binden Sie also auf alle Fälle Fotos oder ein Video ein.

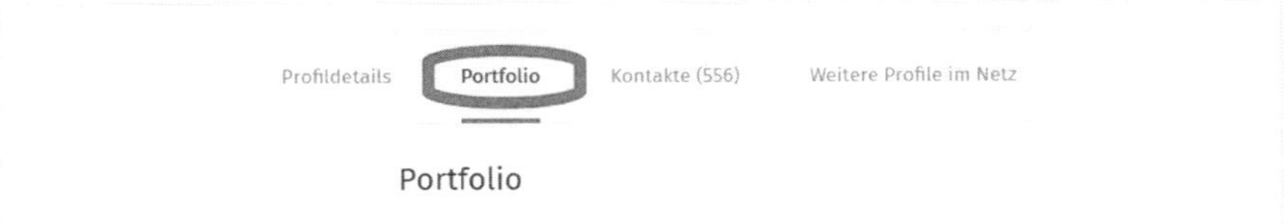

Portfolio

Auf das Portfolio haben Sie nur als Premium-Mitglied Zugriff. Das Portfolio ist aus unserer Sicht eine sehr gute Chance, Ihre berufliche Kompetenz zu zeigen. Sie haben damit alle Möglichkeiten, auf sich auf kreative Art und Weise aufmerksam zu machen und sich von anderen deutlich abzuheben. Im Prinzip erstellen Sie hier eine eigene kleine Website mit dem Thema »Über mich«. Sie können Texte, Bilder, Videos und PDF-Dokumente für die Gestaltung Ihrer Selbstpräsentation verwenden.

Im Portfolio haben Sie die Möglichkeit, Ihren Lebenslauf, Zeugnisse, Projektübersichten und Kompetenzprofile als PDF-Dokument und auch Ihr Bewerbervideo hochzuladen. Beachten Sie hier die Themen Datenschutz bzw. öffentliche Sichtbarkeit: Informieren Sie sich gegebenenfalls bei XING im Detail über die entsprechenden Datenschutzrichtlinien. In einem weiteren Textfeld führen Sie hier am besten auch Ihre Kontaktdaten noch einmal auf.

Uploadmöglichkeit Ihrer Dokumente

Geben Sie Ihren favorisierten Arbeitgebern ein Zeichen: Profil-Status »auf Jobsuche«
Klicken Sie auf Ihrer Profilseite einfach auf »**Jobwünsche**« – und schon können Sie Ihre Wunscheinstellungen vornehmen. In Ihren Karriere-Einstellungen auf XING finden Sie seit Neuestem das Feld »Wunsch-Arbeitgeber«. Als Basis-Mitglied können Sie hier bis zu drei Firmen hinterlegen, für die Sie besonders gerne arbeiten würden. Premium- und ProJobs-Mitglieder können sogar bis zu 30 Unternehmen eintragen.

Jobwünsche

Durch diesen Eintrag informieren Sie Ihre favorisierten Unternehmen unverbindlich über Ihr grundsätzliches Interesse. Und das völlig vertraulich, denn weder Ihre Kontakte noch Ihre Kollegen oder Chefs erfahren davon.

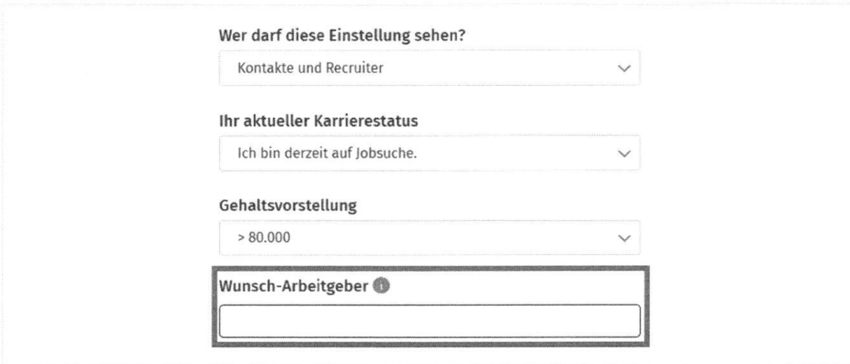

Wunsch-Arbeitgeber

Sie geben auch aktiven Recruitern und Headhuntern nützliche Hinweise, um Ihnen passende Stellenangebote bzw. Vorschläge zu vermitteln. Unternehmen, die nach Kandidaten für offene Positionen suchen, werden so viel schneller auf Sie aufmerksam. Falls eine vakante Stelle bei Ihrem Wunsch-Arbeitgeber zu besetzen sein sollte, werden Sie im Idealfall direkt über XING kontaktiert, evtl. sogar bevor der Job öffentlich ausgeschrieben wird.

Richten Sie den Reiter »Weitere Profile im Netz« ein

In XING haben Sie die Möglichkeit, Ihre Profile zu verlinken. Tweets und Blogbeiträge können direkt in dieser Rubrik gelesen werden. Der Profilbesucher muss XING nicht einmal verlassen, um Ihren Blogbeitrag direkt anklicken zu können.

Tipp

Nützlich ist es sicherlich, wenn Sie Ihre Online-Profile im Lebenslauf aufführen. Vermeiden Sie jedoch zu lange Links: z. B. https://www.XING.com/profile/Markus_Mustermann/portfolio.

Benutzen Sie www.XING.to, um Ihren Link abzukürzen: www.XING.to/MarkusMustermann

Manchmal ist es auch angebracht oder wirkt passender, wenn Sie einen QR-Code generieren. Das ist mit einfachen Gratis-Tools schnell gemacht. Geeignete Online-Generatoren sind zum Beispiel:

- https://www.qrcode-generator.de
- https://www.qrcode-monkey.com/de

Fazit

Wenn Sie Ihr XING-Profil anlegen, sollten Sie Folgendes besonders beherzigen:

- Nutzen Sie unbedingt die »Ich biete«- und »Ich suche«-Rubrik. Sie dient dem Keyword-Matching. Hier finden Recruiter die ersten Hinweise darauf, ob Sie offen für Angebote sind. Google verwendet diese Eintragungen in den Suchergebnislisten. Listen Sie hier Ihre Fähigkeiten auf, die für den neuen Job unverzichtbar und als

Information für den Personaler zum Einschätzen Ihrer Eignung relevant sind. Hier sollten Sie nach Möglichkeit alle Ihre Qualifikationen nennen.

- Das Profil sollte professionell wirken und einen guten Gesamteindruck hinterlassen. Benutzen Sie unbedingt ein professionelles Business-Foto von sich. Sie haben nichts zu verbergen!
- Wer gebräuchliche Positionsbezeichnungen und eine umfangreiche Verschlagwortung nutzt, erhöht ebenfalls seine Chancen, auf das Radar von Personalberatern zu gelangen.
- Derjenige, der sich die Mühe macht und ein aussagekräftiges Portfolio zusammenstellt, kann sich so auch noch einmal von anderen Kandidaten abheben und Schwerpunkte sowie besondere Talente oder Erfolge besonders betonen.
- Sorgen Sie dafür, dass Ihr Profil immer aktuell ist. Ihre Angaben sollten unbedingt auf dem neuesten Stand sein, Ihre beruflichen Stationen sollten vollständig, ausführlich und lückenlos (wie in Ihrem Lebenslauf) aufgelistet sein.
- Wenn Sie auf Jobsuche sind, dann gehen Sie am besten offensiv damit um. Sie können Ihren Status auf »jobsuchend« stellen. Wenn Sie Ihr Profil öffnen, wird Ihnen diese Möglichkeit direkt in Ihrem Profil unterhalb der »Visitenkarte« (erste Informationen neben Ihrem Profilbild) angezeigt (Stand XING 07/2019). Diese Einstellung ist kostenfrei, obwohl sie zum ProJobs-Bereich gehört. Hier können Sie auch festlegen, dass zum Beispiel nur Recruiter diesen Status angezeigt bekommen.

6.2.3 Bewerberprofil auf LinkedIn

Das persönliche Profil ist auch auf LinkedIn das Herzstück für Ihre Visibilität. Das Anlegen erfordert nicht viel Zeit und die Funktionalitäten auf LinkedIn sind ähnlich intuitiv wie auf XING.

Auf die folgenden Besonderheiten von LinkedIn sollten Sie besonders achten:

Profilbereich
Der Profilbereich ist der obere Teil Ihres Profils und als Erstes sichtbar, wenn man Ihr Profil aufruft. Hier sollten Sie besondere visuelle und textliche Anreize setzen, um den Besucher neugierig auf sich zu machen.

Tipp
LinkedIn gibt Ihnen die Möglichkeit, hier verschiedene Teile Ihres Profils hinzuzufügen. Sie müssen das jedoch nicht. Fokussieren Sie sich auf eine kreative, ansprechende Gestaltung der folgenden Elemente!

Profilfoto

Ihr Foto ist natürlich auch auf LinkedIn der visuelle Anziehungspunkt und ein sehr wichtiges Element Ihres Selbstmarketings. Verwenden Sie auf den verschiedenen Plattformen und in Ihren verschiedenen Profilen entweder dasselbe Foto oder Varianten des gleichen Fotos, sodass der Profilbesucher Sie sofort wiedererkennen kann!

Profilslogan

Seien Sie kreativ und versetzen Sie sich in die Lage des Recruiters, des Unternehmens oder des Headhunters und fragen Sie sich: Was spricht Sie an, wenn Sie ein Profil lesen? Es sollte ein Detail oder eine außergewöhnliche, individuelle Kombination in der Headline geben, das/die Sie anspringt, neugierig macht und zum Weiterlesen inspiriert!

Beispiele

- Bachelorstudent Betriebswirtschaft, Researcher und Blogger
- Masterstudentin Tourismuswirtschaft & Sprachgenie

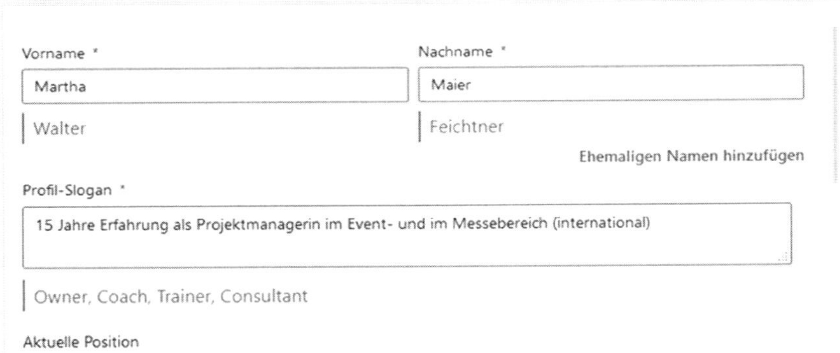

Profil-Slogan

Info

Anders als XING gibt Ihnen LinkedIn die Möglichkeit, sich selbst kurz und knackig in der Sektion »Info« des Profilbereichs vorzustellen. Empfehlenswert ist es, in dieser Sektion die eigenen wichtigsten Stärken und praktischen Erfahrungen in Stichpunkten zu beschreiben.

Beispiel

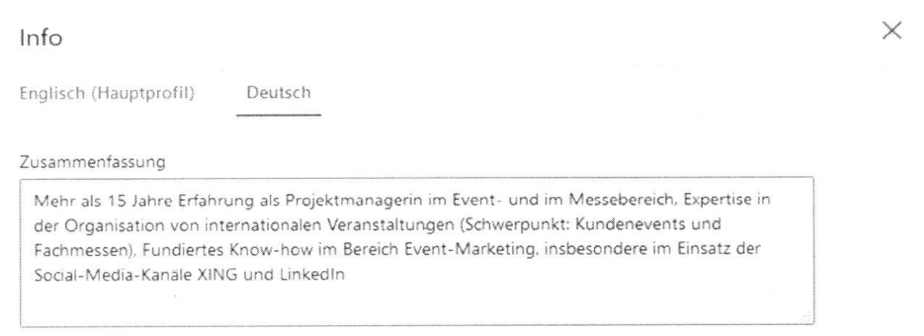

Info

Konzentrieren Sie sich auf die Kompetenzen, die relevant sind für die Jobprofile, auf die Sie sich bei Ihren Bewerbungen fokussieren. Nur auf diese Weise wird Ihr Profil tatsächlich zu einem Marketinginstrument!

Beachten Sie, dass Ihre Botschaften hier mit den Inhalten Ihrer Profile in weiteren Kommunikationsmedien übereinstimmen – und vor allem natürlich mit Ihrem Lebenslauf. Nur wenn Sie konsistente Botschaften aussenden, wird sich im Auge des Betrachters (Recruiters, Headhunters etc.) ein präzises Bild von Ihnen formen.

Ein weiteres Beispiel

- Wirtschaftsingenieur (Bachelor-Abschluss) mit erster praktischer Erfahrung in der agilen Softwareentwicklung
- Schwerpunkte: Projektplanung, Controlling, Scrum
- Persönliche Stärken: analytisches Denken, Lösungsorientierung, interkulturelle Kompetenz
- Soziale Stärken: Teammoderation und Präsentation, Motivation

Wichtig

LinkedIn verwendet SEO-Suchwörter (SEO = Search Engine Optimization – Suchmaschinenoptimierung) ähnlich wie Google, um beruflich relevante Kontakte miteinander zu verbinden. Dies bedeutet, dass die von Ihnen hier verwendeten Keywords Einfluss darauf haben, welche Kontakte LinkedIn Ihnen vorschlägt. Verwenden Sie also auf alle Fälle Fachbegriffe, die Ihren Kompetenzen tatsächlich entsprechen und die Sie mit den Experten verbinden, die Sie interessieren!

Kontaktdaten

Geben Sie Kontaktdaten in der entsprechenden Sektion ein. Geben Sie weitere Profile auf den Social-Media-Kanälen an, auf denen Sie tatsächlich regelmäßig aktiv sind.

Berufserfahrung

Als Premium-Mitglied können Sie Videos und Fotos einfügen – perfekte Medien, um Ihre Berufserfahrung und Projekte zum Leben zu erwecken, zum Beispiel:

- Kundenstimmen, die Sie per Video eingefangen haben
- Projekte, die Sie mit einer Fotostrecke dokumentiert haben
- Standorte, an denen Sie gearbeitet haben und die Sie in einem Video vorstellen

Videos und Fotos sollten von professioneller Qualität sein. Sie erreichen das Gegenteil von Bewunderung und Interesse, wenn Ihre Fotos und Videos Marke »schlechter Eigenbau« sind. Gerade bei Videos sollten Sie kein Risiko eingehen und sich lieber professionelle Hilfe holen, wenn Sie eine berufliche Station mit einem Video unterstützen möchten.

Empfehlungen

Empfehlungen sind eine besondere Funktionalität von LinkedIn, die Sie ebenfalls gezielt einsetzen sollten. Je mehr Empfehlungen Sie haben, desto besser, denn mit einer Empfehlung gewinnt Ihre Qualifikation an Glaubwürdigkeit.

Als Studierender oder Auszubildender können Sie Ihre Ausbilder, Berufsschullehrer, Praktikumsbetreuer, Professoren und Dozenten bitten, eine Empfehlung für Sie zu schreiben.

> **Tipp**
>
> Fragen Sie aktiv danach, wenn Sie ein Projekt, einen Auftrag oder eine Arbeit gerade abgeschlossen haben, die positiv bewertet wurde. In diesem Moment ist die gemeinsame gute Erfahrung noch frisch und präsent. Bitten Sie darum, die Erfahrung mit Ihnen möglichst authentisch und präzise, idealerweise mit konkreten Beispielen zu beschreiben.

Wie gehen Sie vor? Klicken Sie in Ihrem Profil im Bereich Empfehlung »Um eine Empfehlung bitten«. LinkedIn produziert dann eine automatische Anfrage mit einem Standardtext, den Sie auf alle Fälle in einen persönlichen Text umformulieren sollten. Die Person, die eine Empfehlung verfassen soll, muss auf LinkedIn ebenfalls ein Profil haben.

Kenntnisse und Fähigkeiten

Füllen Sie diese Sektion mit Ihren wichtigsten beruflichen Kompetenzen, genauso wie wir es bereits für XING beschrieben haben. Mit einer smarten Technologie bereitet Ihnen LinkedIn Vorschläge zu beliebten Kenntnissen, sobald Sie zu tippen beginnen. Das erleichtert es Ihnen, den meistgesuchten Begriff zu verwenden.

LinkedIn wird die eingegebenen Begriffe als »Branchenwissen«, »Soziale Kompetenz« und »Tools & Technologien« kategorisieren. Wundern Sie sich also nicht, wenn Sie die von Ihnen eingegebenen Begriffe nach dem Speichern in Kategorien geordnet in Ihrem Profil wiederfinden.

Bestätigung

Sie können Ihre Kontakte bitten, Ihre Fähigkeiten zu bestätigen – dadurch werden diese glaubwürdiger. Neben jeder Fähigkeit wird die Anzahl der Bestätigungen sichtbar. Der Leser oder die Leserin Ihres Profils kann auch die Namen derjenigen sehen (wenn Sie dies entsprechend eingestellt haben), die eine Ihrer Fähigkeiten bestätigt haben. Je mehr Bestätigungen Sie für Ihre Fähigkeiten bekommen, desto besser, weil sie damit von (relativ) unabhängigen Dritten für zutreffend erklärt wurden.

Wichtig

Sie können Ihre Profil-URL anpassen und damit leichter merk- und lesbar machen. Wählen Sie Ihren Namen oder den Namen Ihrer Website (falls Sie eine haben). Damit erhöhen Sie die Chancen, von anderen schneller gefunden zu werden, und die Profil-URL liest sich einfacher und schneller!

Gehen Sie in Ihr Profil: Oben rechts können Sie eine eigene URL definieren.

URL definieren

www.linkedin.com/in/MarkusMustermann

6.3 Netzwerk und Kontakte aufbauen

Nachdem Sie nun ein aussagekräftiges Profil auf XING und/oder LinkedIn angelegt haben, geht es jetzt an die eigentliche Funktion der beiden Businessnetzwerke, nämlich den Auf- und Ausbau eines beruflichen Kontaktnetzwerks, das eine der wichtigsten Ressourcen in Ihrem beginnenden Berufsleben darstellt. Wir machen es Ihnen wieder leicht: Folgen Sie dem Leitfaden Schritt für Schritt.

6.3.1 Schritt 1: Ihr bestehendes Netzwerk abbilden

In einem ersten Schritt laden Sie die Menschen ein, Teil Ihres Online-Netzwerks auf XING bzw. LinkedIn zu werden, mit denen Sie im realen Leben bereits engen Kontakt haben oder hatten. Diese sind:

- Kommilitonen und Schulfreunde
- Kollegen und Vorgesetzte aus der Berufsausbildung, aus Praktika und Werkstudententätigkeiten
- Menschen, mit denen Sie Sportaktivitäten und/oder politische oder soziale Engagements teilen (Jugendgruppen, Orchester, Sportvereine etc.)
- Freunde, Freunde von Freunden und natürlich Ihre Familie

Machen Sie sich vorher eine Liste mit Namen, die Sie systematisch abarbeiten, damit Sie im ersten Schritt niemanden vergessen. XING hat eine hilfreiche Funktionalität, die Ihnen die Arbeit praktisch abnimmt. Der Kontaktfinder (der letzte Reiter in der Sektion »Kontakte«) gleicht Mailadressen ab, die in Ihrem Mailadressbuch eingetragen ist, und zeigt Ihnen das XING-Profil der Personen an.

Wie fügen Sie einen neuen Kontakt auf XING und LinkedIn zu?

- Gehen Sie auf XING/Kontakte über Ihr Profil (das zweite Icon auf der Menüleiste links) bzw. auf LinkedIn/Kontakte mit dem doppelten Mensch-Icon auf der übergeordneten Menüleiste.
  Oder geben Sie im Suchfeld den Namen der Person ein, mit der Sie sich vernetzen möchten. Das Profil wird Ihnen angezeigt.
  Klicken Sie auf den Namen. Wenn Sie im Profil angekommen sind, dann klicken Sie auf »Vernetzen« (LinkedIn) bzw. auf »Als Kontakt hinzufügen« (XING)

Tipp

Laden Sie Kontakte idealerweise mit einer persönlichen Nachricht in Ihr Netzwerk ein. Diese Funktionalität kann an eine Premium-Mitgliedschaft gebunden sein. Diese Nachricht sollte wertschätzend gegenüber Ihrem Kontakt und positiv sein.

ARBEITSHILFE ONLINE

Beispiel

Nachricht an jemanden, den Sie aus einem beruflichen Kontext kennen:

Sehr geehrter Herr Meier,

seit meinem Praktikum bei Ihnen sind ein paar Monate vergangen. Sehr gerne denke ich an diese Zeit zurück. Gerade jetzt im Studium sehe ich, wie viel ich von den praktischen Inhalten profitiere, die ich bei Ihnen lernen konnte. Gerade schreibe ich meine Bachelorarbeit über die Blockchain-Technologie und plane meinen Berufseinstieg. Ich würde mich sehr freuen, wenn Sie meine Einladung, uns über XING zu vernetzen, annehmen und wir weiter in Kontakt bleiben!

Mit freundlichen Grüßen
Maria Mustermann

Beispiel

ARBEITSHILFE ONLINE

Nachricht an jemanden, den Sie aus dem privaten Umfeld kennen:

Hallo lieber Peter,

schön, dass wir uns vor Kurzem beim Alumni-Stammtisch wiedergesehen haben! Ich habe mich über unser Wiedersehen sehr gefreut. Gerade bin ich dabei, mein Netzwerk bei XING aufzubauen und sehe, dass du hier ebenfalls Mitglied bist. Ich würde mich sehr freuen, wenn du Teil meines Netzwerks wirst und wir auch auf diese Weise in Kontakt bleiben.

Bis bald beim nächsten Alumni-Stammtisch im August!
Viele Grüße von Maria

6.3.2 Schritt 2: Ihr Netzwerk ausbauen

Die Maxime, der Sie beim Ausbau Ihres Netzwerks folgen sollten, lautet: Qualität statt Quantität. Denken Sie bei einem neuen Kontakt nicht nur an Hierarchien und Titel, sondern vielmehr an Vielfalt, Persönlichkeiten und positive Verbindungen. Fragen Sie sich immer wieder:

- Wer inspiriert mich?
- Wer hat Fähigkeiten und Skills, die mich beeindrucken und die ich weiterentwickeln möchte?
- Wer ist mir ein Vorbild?
- Wer hat Expertenwissen, das mich beeindruckt?
- Mit wem entsteht ein positiver Flow, wenn ich mich mit ihm unterhalte/ zusammenarbeite?

Verbinden Sie sich auch und gerade mit Menschen, die etwas Neues und Unbekanntes in Ihr berufliches Leben bringen. Gleichzeitig werden Sie durch Ihre Andersartigkeit Neues in das Netzwerk Ihres Kontakts bringen und damit haben beide Vorteile aus der Verbindung. Über die Zeit kann so ein sehr produktives, wertvolles Miteinander innerhalb Ihres gesamten Netzwerks entstehen, wenn Sie es für alle Ihre Kontakte öffnen.

Es gibt zwei Wege, Ihr Netzwerk weiter auszubauen und zu füllen. Dabei können Sie XING und LinkedIn gezielt nutzen.

Online-Kontakte finden
Beide Plattformen schlagen Ihnen in den Bereichen »Ihr Netzwerk« (LinkedIn) und »Kontakte/Netzwerk erweitern« (XING) Personen vor, die Kontakte Ihrer Kontakte sind oder mit Ihnen über andere Details Ihres Profils verbunden sind. Gehen Sie nach

dem Leitsatz »Qualität vor Quantität« vor und schauen Sie sich die Profile der vorgeschlagenen Personen genau an:

- Was verbindet mich genau mit dieser Person?
- Wo können wir uns gegenseitig ergänzen?
- Wo kann ich etwas Neues beitragen und wo profitiere ich umgekehrt von Fähigkeiten und Erfahrungen, die ich nicht habe?

Vernetzen Sie sich mit den Kontakten Ihrer Kontakte auf der zweiten und dritten Ebene. Damit multiplizieren sich Ihre Kontakte auf fast magische Art und Weise.

Auf LinkedIn können Sie in der Sektion »Person« nach den Kontakten Ihrer Kontakte auf der zweiten und dritten Ebene suchen und sich mit diesen vernetzen.

Sie können aktiv auf die Suche nach neuen Kontakten in bestimmten Unternehmen über die Suchfunktion auf XING und LinkedIn gehen. Idealerweise können Sie die erweiterte Suche nutzen (wenn Sie einen Premium-Account haben):

- XING: Erweiterte Suche/Mitglieder
- LinkedIn: Suche/Kontakte
- Verwenden Sie die Suchfelder »Unternehmen« und »Stadt«/»Standorte«.

Die Liste der Suchergebnisse kann je nach Größe des Unternehmens und Anzahl der Mitarbeiter sehr lang sein und eventuell benötigen Sie Geduld, um sich durch diese hindurchzuarbeiten. Auf diese Weise können Sie jedoch Mitarbeiter in bestimmten Fachbereichen kontaktieren und in Ihr Netzwerk einladen, oder Sie verfolgen deren Posts, kommentieren und teilen diese. Damit landen Sie auch auf deren »Radar«. Wenn Sie sich dann ein paar Mal »online« begegnet sind und sich gegenseitig kommentiert haben, dann können Sie sich leichter vernetzen.

Ihre Netzwerk-Reise hat hiermit begonnen und braucht zu einem bestimmten Zeitpunkt einen direkten, persönlichen Kontakt. Er kann, wenn es gut läuft, zum Teilen von Insiderwissen und konkreten Jobangeboten führen.

Vom Offline- zum Online-Kontakt

Der zweite Weg ist der umgekehrte und etwas aufwendigere Weg: Er beginnt mit einem persönlichen Kontakt und beinhaltet zu einem bestimmten Zeitpunkt die Online-Vernetzung. Dieser Weg hat den Vorteil, dass Sie zuerst einen persönlichen Eindruck von der Person haben und eine persönliche Verbindung aufbauen. Diese Kontakte sind zumeist die nachhaltigsten und stabilsten.

Es gibt viele Möglichkeiten, neue Menschen kennenzulernen:

- **Job- und Fachmessen, Karriereevents:** Sie werden auf diesen Veranstaltungen Firmenvertreter, Personalvermittler und Headhunter kennenlernen, die für Ihren

Bewerbungsprozess wichtig sind. Gehen Sie an deren Stände und informieren Sie sich über konkrete Jobangebote, die Sie vor der Messe bereits identifiziert haben. Sie können am Ende des Kennenlerngesprächs freundlich fragen, ob es in Ordnung ist, sich auf XING oder LinkedIn zu vernetzen:
»Vielen Dank für das angenehme Gespräch und dass Sie sich die Zeit für mich genommen haben. Ich würde mich gerne mit Ihnen vernetzen. Ist es in Ordnung für Sie, wenn ich Ihnen eine Kontaktanfrage über XING (oder LinkedIn) schicke?«
In den meisten Fällen wird der Angesprochene die Wahlmöglichkeit schätzen, die Sie ihm bieten, und bei einer so freundlich formulierten Frage bestimmt Ja sagen.
- **Seminare, Workshops und Weiterbildungen** sind hervorragende Möglichkeiten, neue Menschen kennenzulernen. Gehen Sie offen und neugierig auf andere Teilnehmerinnen und Teilnehmer zu und lernen Sie sie kennen! Am Ende der Veranstaltung können Sie sich verabschieden, verbunden mit dem direkten Angebot, dass Sie gerne weiter in Kontakt bleiben könnten. Tun Sie dann auch, was Sie angekündigt haben, indem Sie ein paar Tage nach dem letzten Zusammentreffen Ihre Kontaktanfrage über XING/LinkedIn schicken. Gestalten Sie Ihre Nachricht persönlich, indem Sie auf die gemeinsam besuchte Veranstaltung und am besten auf eine gemeinsame Erfahrung auf der Veranstaltung Bezug nehmen.
- **Vorlesungen und Kongresse** sind Ereignisse, mit denen Sie neue, interessante Menschen kennenlernen können. Nutzen Sie die Gelegenheit und gehen Sie auf die Menschen zu, die Sie neugierig machen. Machen Sie sich dabei frei von Titeln, Preisen oder anderen prestigeträchtigen Aspekten, die wir normalerweise einsetzen, um Menschen beruflich einzuordnen. Sprechen Sie den Menschen an, mit dem Sie gerade gerne sprechen möchten. Fragen Sie nach dem, was Sie wirklich am anderen interessiert. Dies kann ein Aspekt seines Vortrags, Beitrags oder seiner Fragen auf dem Kongress sein. Kommen Sie am Ende des Gesprächs zu dem Schluss, dass Sie gerne weitersprechen bzw. gerne weiter in Kontakt bleiben möchten, dann schicken Sie gleich oder baldmöglichst Ihre Kontaktanfrage mit einem persönlichen Text über XING/LinkedIn.
- **Private Events:** Wenn Sie ein sozialer Mensch sind (was ja im Kern viele von uns sind), dann werden Sie immer wieder privat auf neue Menschen treffen. Dies kann auf Festen, Ausstellungen oder Sportveranstaltungen passieren. Oft kommt man beim privaten Kennenlernen auch auf das Thema Beruf, Ausbildung oder Studium zu sprechen. Wenn Sie am Ende des Gesprächs zu dem Schluss kommen, mit diesem Menschen gerne auch im beruflichen Umfeld weiter in Kontakt zu bleiben, dann vernetzen Sie sich mit ihm über XING/LinkedIn.

Mit Disziplin und Fokus werden Sie auf diese Weise über die Zeit ein Netzwerk aufbauen, das Ihnen persönlich entspricht und einen echten Mehrwert für alle Beteiligten darstellt, denn es wird sich durch Vielfalt und Persönlichkeit von vielen anderen Netzwerken unterscheiden, die eher aus opportunistischen Überlegungen aufgebaut werden.

Netzwerkpflege: Ihre Blumen gießen

Die Verbindungen, die Sie nun geknüpft haben, sollten Sie nun nähren, denn sie sind wie Blumen, die kontinuierlich Wasser und Pflege benötigen. Wie gießen Sie also diese Blumen und wie pflegen Sie sie?

So pflegen Sie Ihr Netzwerk	
Persönliche Treffen	Die nachhaltigste und exklusivste Art der Netzwerkpflege sind persönliche Treffen. Dies kann ein gemeinsames Mittag- oder Abendessen sein, zu dem Sie natürlich auch weitere Kontakte einladen können. Sie sollten Zeit mitbringen, um sich persönlich austauschen zu können. Realistisch können Sie dies nicht mit allen Kontakten tun. Tun Sie es jedoch in regelmäßigen Abständen mit Ihren wichtigsten Kontakten!
Telefonieren oder Skypen	Telefonieren und Skypen sind ebenfalls nachhaltige Formen des Netzwerkens, denn Sie hören und sehen sich ebenfalls. Besonders geeignet sind diese Kommunikationsformen für internationale Kontakte, mit denen man sich nicht so leicht vor Ort treffen kann.
Persönliche Nachrichten	Falls Sie für die oben genannten Formen der Kontaktpflege keine Zeit haben, dann schicken Sie persönliche Nachrichten. Am wirkungsvollsten ist es, wenn Sie dann eine Nachricht schicken, wenn Sie auch an die Person denken. Oft passiert es, dass wir an jemanden denken, wenn wir eine Information erhalten, die wir mit diesem Menschen verbinden. Dies kann ein Buch sein, ein Artikel, eine Fernsehsendung, ein Film und noch vieles mehr. Teilen Sie diese Information genau in diesem Moment mit der Person! Das ist normalerweise auch die schnellste Form der Kontaktpflege bzw. des in Verbindung-Bleibens. Der Adressat wird sich auf alle Fälle freuen: Er erhält eine neue Information, die sich auf ihn bezieht, und er wird sich beschenkt fühlen und Ihnen etwas zurückgeben!
Besuch von Veranstaltungen	Eine hervorragende Möglichkeit, zwei Fliegen mit einer Klappe zu schlagen, besteht darin, Ihre Kontakte mit zu Veranstaltungen zu nehmen, die Sie beide interessieren. Auf diese Weise bekommen Sie Zeit zum persönlichen Austausch und erhalten neuen, wertvollen Input zu einem innovativen Fachthema, das für Ihr Studium/Ihren Beruf relevant ist.
Neuigkeiten teilen	Berufliche News an Ihre Kontakte weiterzugeben ist ein weiterer, sehr guter Weg, Ihr Netzwerk an Sie zu erinnern und in Kontakt zu bleiben. Sie können auf XING wie auch auf LinkedIn Einstellungen in Ihrem Profil anpassen, mit denen Sie detailliert entscheiden, bei welchen Profiländerungen Ihre Kontakte informiert werden. **Tipp:** Wir empfehlen, nur bei bestimmten, wenigen Änderungen eine Mail zu versenden, und zwar bei Positions- und Arbeitgeberwechseln. Das sind sehr wichtige Veränderungen in Ihrem Berufsleben, stellen sehr oft Erfolgsgeschichten dar und sind sehr gute Aufhänger für ein nächstes persönliches Treffen oder eine andere persönliche Kontaktaufnahme.

Strategien bei der Netzwerkpflege

Die einfachste Art des Netzwerkens: Spaß und Freude!

Die einfachste Art des Netzwerkens besteht darin, Spaß zu haben und sich mit den Themen und Dingen zu beschäftigen, die einem Freude bereiten. Dabei werden Sie fast automatisch neue Menschen kennenlernen, wenn Sie grundsätzlich offen sind und bereit, sich mitzuteilen. Gehen Sie zum Beispiel gerne in die Berge, werden Sie dort Menschen kennenlernen, die Ihre Freude an Berglandschaften teilen und mit denen Sie sich anfreunden oder die sie regelmäßig für Bergtouren treffen. Aus dieser Gemeinsamkeit entsteht Interesse aneinander und Sie werden sich gegenseitig über kurz oder lang fragen: »Und was machst du eigentlich beruflich?« Sie können diese Art von Kontakt in Ihr XING-/LinkedIn-Netzwerk einladen und sich vernetzen. So einfach geht's!

6.3.3 Schritt 3: Sichtbar werden und Interagieren

Jetzt geht es erst richtig los!

Mit Ihrem Profil haben Sie eine gute Grundlage geschaffen, um sichtbar zu sein. Jetzt geht es darum, mitzuspielen und aktiv zu werden, um Ihre Sichtbarkeit kontinuierlich zu steigern. Bei XING und bei LinkedIn geht es vorrangig ums Networking! Agieren Sie wie ein Influencer, um andere Mitglieder auf sich aufmerksam zu machen. Dafür haben Sie auf beiden Netzwerken drei Möglichkeiten:

- Updates und Beiträge
- Gruppen
- Events

Bei allen dreien geht es um berufliche Inhalte, das Netzwerken und das Kontakteknüpfen in der Geschäftswelt. Auf beiden Plattformen gibt es viele Mitglieder, die versuchen, ihr Dienstleistungsangebot oder ihr Produkt zu bewerben. Dass Recruiter und Headhunter XING und LinkedIn für ihre Arbeit, das Finden geeigneter Kandidaten, nutzen, ist legitim und akzeptiert. Halten Sie sich an diesen »Verhaltens- bzw. Kommunikationskodex«: Ihre Interaktion mit anderen auf diesen Plattformen ist beruflicher Art!

Interagieren via LinkedIn	
Update mitteilen	Gehen Sie auf Ihr Profil und klicken Sie auf das IN-Logo in der oberen linken Ecke. Von hier aus können Sie News des Tages verfassen.
Inhalte	Ihr Post konzentriert sich idealerweise auf Ihre beruflichen Kernthemen und beinhaltet Informationen, aus denen die Leserinnen und Leser einen konkreten Nutzen ziehen (z. B. weil Sie neues Wissen teilen). Sie können Ihrem Netzwerk auch mitteilen, an welchem Event Sie gerade teilnehmen oder teilgenommen haben oder welchen Artikel Sie als besonders wertvoll erachten und deswegen teilen möchten. **Beispiel:** Sie möchten sich mit dem Thema »Online-Marketing« oder »Produktmanagement« positionieren. Machen Sie sich am besten einen Plan mit aktuellen Unterthemen zu Online-Marketing und Produktmanagement, die Sie in einem wöchentlichen Post bearbeiten. Bereiten Sie Ihre Posts vor und versetzen Sie sich beim Schreiben in die Lage Ihrer Zielgruppen, d. h. Leser und Leserinnen: Was interessiert diese? Welche Art Information benötigen diese?
Fotos, Videos, Emojis	Sie werden mit Fotos, Videos und Emojis sicherlich mehr auffallen als mit einem Post, der aus reinem Text besteht. Achten Sie – wir haben es schon mehrfach betont – auf die Professionalität Ihrer Fotos und Videos!
Interaktion	Stellen Sie konkrete Fragen und bitten Sie um Kommentare, um Interaktion anzuregen. **Tipp:** Inhalte von Ihren Kontakten werden auf Ihrer Profil-Homepage erscheinen. Wenn Sie diese liken, teilen oder kommentieren, tun Sie Ihren Kontakten etwas Gutes, denn Sie steigern damit die Verbreitung ihrer Inhalte. Man wird es Ihnen danken und Sie werden dafür ebenfalls Likes und Kommentare zurückbekommen!
Verlinken	Erwähnen Sie in Ihren Posts Ihre LinkedIn-Kontakte mit Namen (@Name). Das sog. »Taggen« ist besonders effektiv, wenn Sie dies auch mit LinkedIn-Mitgliedern (Personen, Organisationen, Unternehmen) tun, die ein großes Netzwerk haben und zu den sog. Influencern gehören. Diese werden automatisch Ihren Post in ihrer Timeline sehen. Auf diese Weise erhalten Sie eine große Sichtbarkeit.

Auf XING können Sie ebenfalls **Beiträge verfassen** oder einen Link teilen, um auf diese Weise sichtbarer zu werden und mit anderen zu interagieren. Beiträge und Links können Sie an Ihre Kontakte kommunizieren. Technisch funktioniert es so:

- Klicken Sie auf »Meine Startseite«.
- Klicken Sie bei »Neuen Beitrag erstellen« in das Feld »Was gibt es Neues?«.

- Schreiben Sie unter dem Reiter »Mitteilung« nun Ihren Beitrag in das Eingabefeld. Wenn Sie einen Link teilen möchten, dann klicken Sie auf den Reiter »Link«.
- Klicken Sie auf »Mitteilen«.[15]

Wichtig

Übertreiben Sie es mit der Häufigkeit von Beiträgen nicht. Überlegen Sie sich genau, welche Information für Ihr gesamtes Netzwerk, d. h. für alle Ihre Kontakte auf XING, einen Mehrwert darstellen kann. Die Magie steckt in der Kontinuität und der Qualität Ihrer Beiträge! Denken Sie an positive News, die Sie aus Ihrem Berufsleben teilen möchten: Preise und Auszeichnungen, die Sie gewonnen haben. Einen Link zu teilen hat den Vorteil, dass Sie darüber wieder »Traffic« auf der geteilten Website generieren, und Sie damit dem Autor Aufmerksamkeit zu Teil werden lassen, die er Ihnen bestimmt zurückgeben wird.

Werden Sie mehr als nur eine Eintagsfliege

Sie können nur wirklich aus der Masse hervorstechen, wenn Sie kontinuierlich und stetig zu bestimmten Zeitpunkten veröffentlichen. Gerade LinkedIn bietet Ihnen hierfür hervorragende Möglichkeiten. Es hat sich in den letzten Jahren zu einer sehr dynamischen Content-Plattform entwickelt.

Sie müssen nicht jeden Tag posten, jedoch sollten Sie sich und Ihre Leser an einen gewissen Rhythmus gewöhnen: Besser ist es, wenn Ihre Leser wissen, dass Sie sich jeden Dienstagabend auf einen Beitrag von Ihnen freuen können. Sonntag z. B. ist ebenfalls ein sehr guter Tag zum Veröffentlichen. Hier finden viele die Ruhe, ihre Mails zu checken und im Internet zu stöbern.

Konzentrieren Sie sich darauf, über einen längeren Zeitraum kontinuierlich aktiv zu sein. Ihre Online-Präsenz und Ihre Online-Aktivitäten über einen längeren Zeitraum werden sich in einer stetig steigenden Visibilität und einem wachsenden Netzwerk niederschlagen.

Eine sehr wichtige Frage ist, welche Themen Sie besetzen möchten und welche Themen für Sie geeignet sind. Arbeiten Sie mit folgenden Fragen, um Ihre eigene Antwort zu finden:

- **Expertise:** Bei welchen Themen haben Sie besonderes Expertenwissen?
- **Aktualität:** Welche dieser Themen sind hoch brisant und aktuell?
- **Tiefe:** Welches Thema geht so in die Tiefe, dass Sie darüber über mehrere Monate, wenn nicht Jahre schreiben können?
- **Zielgruppe:** Interessiert dieses Thema auch meine Zielgruppe und bringt es ihr Nutzen?

15 Vgl. XING-Hilfe

Role Models helfen Ihnen in der Anfangszeit. Beobachten Sie aufmerksam und schauen Sie genau hin, was Ihre Vorbilder tun. Verstehen Sie so deren Best Practices so genau wie möglich:

- Welche Themen bearbeiten sie und auf welche Weise?
- Wie lang sind die Artikel, die die meisten Likes erhalten?

Organisieren Sie sich

Bevor Sie nun gleich zur Tat schreiten und loslegen: Machen Sie sich eine Liste mit den drei bis vier Themen, die Sie in den nächsten Tagen bearbeiten können. Am besten produzieren Sie vor, damit Sie über einen längeren Zeitraum News veröffentlichen können.

Tipp

Das LinkedIn-Dashboard ermöglicht es Ihnen, Ihre Wirkung auf LinkedIn zu steigern. Es zeigt Ihnen, wie viele Nutzer Ihr Profil angesehen haben, wie viele Views Sie für Ihre Postings erhalten haben und wie oft man Ihren Namen gesucht hat. Je aktiver Sie auf LinkedIn sind (über Ihre Posts und Änderungen in Ihrem Profil), desto mehr Aufmerksamkeit werden Sie generieren.

Wichtig

Unterschätzen Sie den Fun-Faktor nicht! Machen Sie nur das, was Ihnen auch Spaß macht! Nur das werden Sie richtig gut machen und auch genügend Motivation spüren, um es über einen längeren Zeitraum zu tun. Bei Gruppen und Blogs bedeutet dies: Beteiligen Sie sich nur, wenn es Ihnen Freude bereitet und Sie gerne schreiben und diskutieren. Sie werden diese Freude ausstrahlen und Sie wird sich in Ihren Beiträgen und Artikeln wiederfinden und anziehend auf andere wirken.

Folgen Sie Unternehmensseiten

Für Sie als Bewerberin oder Bewerber lohnt es sich definitiv, über die Firmen, für die Sie sich interessieren, stets informiert zu sein. Unter dem Link https://www.XING.com/companies können Sie den für Sie interessanten Firmen »folgen« und sind stets auf dem Laufenden. So können Sie im Bewerbungsgespräch mit Ihrem Wissen glänzen! Unter diesem Link haben Sie außerdem die Möglichkeit, im ganz oben platzierten Suchfeld nach Stellen zu suchen.

Sie können über das Suchfeld auch nach bestimmten Unternehmen suchen und klicken dann auf dem Unternehmensprofil den Button »folgen« an, um mit Updates von diesem Unternehmen versorgt zu werden. Auf LinkedIn funktioniert es auf die gleiche Art und Weise.

6.3.4 Schritt 4: Gruppen und Events

Mit Gruppen und Events bieten XING und LinkedIn ihren Nutzern und Nutzerinnen neben dem Anlegen eines Profils sehr wertvolle Möglichkeiten des Interagierens und des Sichtbar-Werdens.

Eine **Gruppe** ist eine Art Forum, das offen oder geschlossen sein kann und in dem deren Mitglieder bestimmte Themen diskutieren. Es gibt ein oder zwei Moderatoren, deren Aufgabe es ist, die gemeinsam festgelegten Nutzungsregeln zu überwachen, wie z. B. Werbung zu unterlassen. Sie können einer Gruppe beitreten und Beiträge lancieren, Fragen stellen und diskutieren.

Events ist ein Bereich, in dem Veranstaltungen wie z. B. Netzwerktreffen, Messen, Workshops und Seminare angelegt, an die eigenen Kontakte geschickt und beworben werden.

Nutzen Sie insbesondere die Möglichkeiten der Gruppen für Ihre Visibilität. Sie haben ein riesiges Potenzial für Ihr Selbstmarketing und Ihre Sichtbarkeit.

Wie gehen Sie vor?

- **Wahl der »richtigen« Gruppe:** Sie können auf beiden Plattformen in der Sektion »Gruppen« mit Schlagwörtern suchen, um zu sehen, welche Gruppen es dazu gibt. Für große, wichtige Fachthemen existieren normalerweise mehrere Gruppen. Beobachten Sie die Gruppen bzgl. Anzahl an Mitgliedern und Beiträgen an einem Tag. Beginnen Sie mit nur ein bis maximal drei Gruppen und nehmen Sie diejenigen in die engere, erste Auswahl, die möglichst viele Mitglieder haben (es gibt Gruppen mit mehreren zehntausend Mitgliedern) und in denen viel Diskussion und Austausch stattfindet, der Sie interessiert und an dem Sie sich gerne beteiligen möchten.
- **Beobachten:** Geben Sie sich ein paar Tage Zeit, um zu verstehen, wie die Gruppe funktioniert und beobachten Sie erst einmal »nur«: Wer schreibt wann und worüber? Wie agiert der Moderator? Welche Regeln hat diese Gruppe? Wer sind die Meinungsmacher und wie ist das Niveau? Welche Themen sind bereits besetzt und mit welchem Thema können Sie noch punkten bzw. sich positionieren?
- **Beiträge zu einem Fachthema:** Entscheiden Sie sich nun für ein Thema, das idealerweise eine spezifische Fachkompetenz in der Branche bzw. in dem Fachbereich darstellt, in dem Sie Ihre berufliche Zukunft sehen und anstreben. Wählen Sie ein Thema, in dem Sie bereits Wissen und Expertise mitbringen und das in der/den Gruppe(n) idealerweise neu ist. Dies könnte das Thema Ihrer Bachelor- oder Masterthesis sein, ein wichtiges Prüfungsthema in Ihrer Berufsausbildung oder Ihr wichtigstes Fachthema in Ihren letzten Projekten.

Tipp

Wenn Sie Ihren ersten Beitrag verfassen, sollten Sie sich auf alle Fälle kurz den Mitgliedern der Gruppe vorstellen. Hier ein Beispiel:
»Mein Name ist Max Meier. Ich bin seit gestern Mitglied in dieser Gruppe und freue mich auf einen spannenden Austausch mit Ihnen. Das Thema ›Einsatz von KI – künstlicher Intelligenz – in Jobinterviews‹ beschäftigt mich seit Längerem. Im Rahmen meiner Bachelorthesis konnte ich die Vor- und Nachteile genauer untersuchen. Was ist Ihre Meinung dazu und welche praktischen Erfahrungen haben Sie damit? Ich freue mich auf Ihr Feedback!«

Sie können in Ihren Beiträgen Links zu weiterführenden Informationen zu Ihrem Thema einfügen. Dies kann auch Ihre eigene Website oder Ihr Portfolio auf XING oder LinkedIn sein. Netzwerken bedeutet an erster Stelle immer, etwas zu geben. Geben Sie also Informationen, die Mehrwert stiften, und Sie werden auf alle Fälle etwas zurückbekommen. Vielleicht nicht von derselben Person, der Sie etwas gegeben haben, dafür bestimmt von einer anderen Person.

- **Fragen stellen und sich beteiligen:** Sie müssen nicht unbedingt selbst Beiträge erstellen, um eine Diskussion anzuregen. Sie können ganz einfach auch eine Frage stellen, am besten natürlich eine intelligente! Beteiligen Sie sich an den Beiträgen und Diskussionen, indem Sie die Beiträge anderer kommentieren, teilen und dazu beitragen, dass der Verfasser Input bekommt. Auch das ist Teil des Gebens – geben Sie Aufmerksamkeit und Wertschätzung. Der Verfasser wird es Ihnen auf die eine oder andere direkte oder indirekte Weise danken und gerne weiter mit Ihnen in Kontakt sein.
- **Kontinuität zählt:** Sie werden fester Bestandteil einer Community bzw. Gruppe, indem Sie an dieser aktiv und über einen längeren Zeitraum teilnehmen. Mitglieder werden Sie wahrnehmen und in ihrem Gedächtnis verankern, wenn Sie immer wieder auftauchen und einen positiven Beitrag zur Gruppe leisten: intelligente Kommentare, gute Fragen, gehaltvolle Beiträge zu neuen Themen! Damit bauen Sie eine Online-Präsenz auf, die sich definitiv positiv auf Sie und Ihren Bewerbungsprozess auswirken wird.

6.3.5 Schritt 5: XING und LinkedIn für Ihre Jobsuche

Die vielen Millionen Mitglieder, die XING und LinkedIn haben, stellen ein sehr großes Potenzial für alle Unternehmen und Organisationen dar, geeignete Kandidaten für offene Stellen zu finden. Diese Netzwerke für Ihre Jobsuche außer Acht zu lassen wäre fatal. Beide bieten Ihnen als Bewerberin oder Bewerber hervorragende Möglichkeiten für Ihre aktive sowie passive Jobsuche, die wir im Folgenden detailliert beschreiben:

Passive Jobsuche auf XING
Sie können in Ihrem Profil »**Jobwünsche**« in Bezug auf drei Aspekte definieren:

- Karrierestatus
- Gehaltsvorstellung
- Wunsch-Arbeitgeber.

Um für die ca. 5.000 Recruiter und Headhunter, die sich auf XING bewegen, ein klares Signal zu senden, sollten Sie Ihren **Karrierestatus** entsprechend einstellen:

- »Aktiv auf Jobsuche«
- »Ich bin zwar nicht auf Jobsuche, aber offen für Angebote.«

Mit der weiteren Funktion »**ProJobs**« erhalten Sie auf XING weitere Möglichkeiten der Jobsuche. Dieser Service ist jedoch kostenpflichtig.

Aktive Jobsuche auf XING

Suchen Sie aktiv nach Stellen, dann ist der **XING Stellenmarkt** relevant für Sie. Klicken Sie auf das Bürostuhl-Icon in der Menüliste links. Hier finden Sie eine Suche-Funktion mit vielen Filtern; die wichtigsten sind:

- Beschäftigungsart
- Karrierestufe
- Tätigkeitsfeld
- Branche
- Stadt

Der XING Stellenmarkt funktioniert auf der Basis eines »Crawlers«, der neue Stellenanzeigen auf deutschsprachigen Webseiten sucht. Werden diese auf der Ursprungsseite aktualisiert oder deaktiviert, repliziert sich dies auch auf dem XING Stellenmarkt (was aber nicht immer zu 100% funktioniert).

Wichtig

Durch die Vernetzung von XING mit Kununu können Sie sich sehr leicht und schnell detaillierter über das Unternehmen informieren, wie z. B. besondere Benefits, die die Unternehmen anbieten. Wenn Sie Premium-Mitglied sind, wird Ihnen auch die zu erwartende **Gehaltsspanne** angezeigt.

Sie können einen Suchauftrag anlegen, mit dem Sie über den gleichen Stellentypus informiert werden. Klicken Sie auf »Suchauftrag anlegen« (rechts auf der Titelleiste der Suchergebnisliste).

Wenn Sie die Stellenanzeige aufgerufen haben, haben Sie für Ihre Bewerbung derzeit zwei Möglichkeiten:

- **Bewerben:** Über diesen Button gelangen Sie auf die ursprüngliche Webseite der Stellenanzeige, über die Sie sich dann bewerben können (entweder direkt mit Ihrem XING-Profil oder auf die beschriebene Art und Weise). Wie Sie Daten aus

Ihrem XING-Profil verwenden können, hängt vom Karriereportal des Unternehmens ab. In den meisten Fällen können Sie wählen, ob Sie sich mit Ihrem XING- oder LinkedIn-Profil bewerben möchten. Dann müssen Sie Ihr Einverständnis für die Verwendung Ihrer Daten geben. Danach zieht das System entsprechende Daten aus Ihrem XING-Profil in die Zieldatenbank, die Sie wiederum überarbeiten können. In den meisten Fällen werden Sie zusätzlich einen Lebenslauf, ein Anschreiben und auch Ihre Zeugnisse hochladen müssen.
- **Bin interessiert!** Kontaktieren Sie mich gerne. Diese Option ist nicht in jeder Stellenanzeige aktiv.

Der **XING Campus** ist ein Bereich auf XING, der für Schüler, Studenten und Absolventen besonders interessant ist. Sie erreichen ihn über das Graduiertenkappe-Icon in der Menüleiste. Hier finden Sie vor allem Ausschreibungen von Praktika, Werkstudententätigkeiten, Trainee-Programme und Junior-Positionen. Die Suche und das Bewerben funktioniert identisch wie auf dem XING Stellenmarkt.

Passive Jobsuche auf LinkedIn
Über »Jobs« in der Menüleiste oben gelangen Sie in die Sektion, in der Sie Ihre »**Karriereziele**« aktualisieren können.

Mit verschiedenen Einstellungen können Sie Recruiter wissen lassen, in welchem Status Sie sich befinden:
- »Ich bewerbe mich aktiv.«
- »Sehe gelegentlich nach, was angeboten wird.«
- »Bin nicht auf Jobsuche, aber offen für Angebote.«
- »Ich bin nicht an Angeboten interessiert.«

LinkedIn schlägt Ihnen Jobs, die auf der Basis Ihres Profils identifiziert werden, und Unternehmen vor und zeigt Ihnen, wie Ihre Kontakte mit diesem Unternehmen vernetzt sind. Zudem können Sie eine persönliche Nachricht mit 300 Zeichen an Recruiter und Headhunter hinterlassen. In einem freien Textfeld können Sie eine Nachricht schreiben.

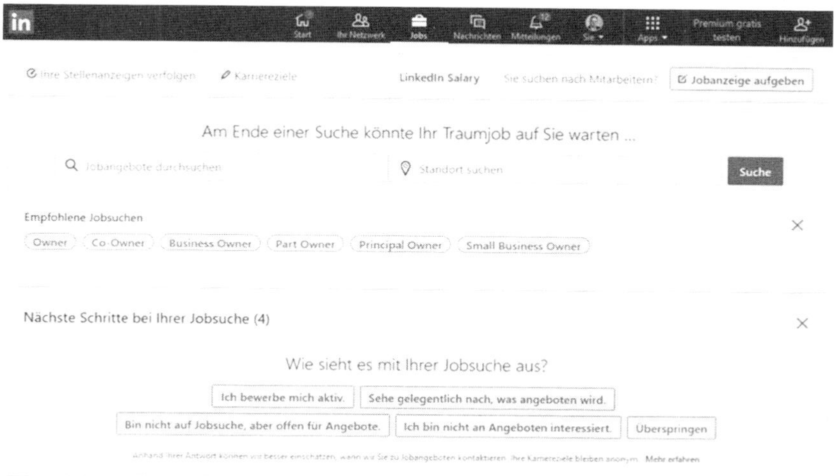

Status

Tipps

- Hinterlassen Sie ein positives Signal zur Kontaktaufnahme und schreiben Sie hier wichtige Wünsche in Bezug auf die Kontaktaufnahme mit Ihnen und zukünftige Jobs hinein. Sie können konkrete Jobbezeichnungen angeben, die für Sie infrage kommen. Nutzen Sie dies auf alle Fälle!
- Machen Sie Angaben zu Ihrem nächsten Arbeitsort. Geben Sie die Arbeitsorte an, die für Sie infrage kommen. Es nützt weder Ihnen noch den Recruitern, wenn Sie hier Flexibilität vorgeben, die Sie dann nicht halten können.
  Das Gleiche gilt für Ihre Angaben zu der Frage, an welcher Art der Beschäftigung Sie interessiert sind.

Aktive Jobsuche auf LinkedIn

Den **Menüpunkt Jobs** finden Sie in der oberen Menüleiste. Sie können eine Suche mit verschiedenen Filtern starten:

- Jobfunktion
- Keywords
- Postleitzahl
- Land

Wichtig

Speichern Sie die Suchanfragen Ihrer wichtigsten Jobprofile. Sie erhalten eine Mail bei entsprechenden neuen Jobangeboten.

Bewerben:

1. Klicken Sie auf den Jobtitel, dann gelangen Sie in die Stellenanzeige auf LinkedIn.
2. Klicken Sie auf »Bewerben«, dann können Sie sich entscheiden, ob Sie Ihr LinkedIn-Profil mit dem Jobinserenten teilen möchten und sich damit bewerben. Sie können diese Aktivität jederzeit widerrufen (Button im oberen Teil der Stellenanzeige »Widerrufen«).

Wichtige Features im Job-Bereich von LinkedIn:

- **Angabe der Alumni**, die in dem einstellenden Unternehmen arbeiten. Checken Sie, wer von Ihrer früheren Hochschule oder Universität dort arbeitet. Eine hervorragende Möglichkeit, an Insiderwissen zu kommen!
- **Angabe der Bewerber und Datum des Posts**: Mit diesen Informationen können Sie besser einschätzen, ob es sinnvoll ist, sich zu bewerben. Wenn es bereits 400 Bewerber waren, und die Stellenanzeige bereits vor drei Wochen gepostet wurde, dann ist die Chance relativ gering, zu einem Interview eingeladen zu werden.
- Sie haben die Möglichkeit, den Jobinserenten zu kontaktieren, wenn Sie einen Premium-Account haben und wenn der Inserent diese Funktion freigegeben hat. Auf der rechten Seite der Stellenanzeigen finden Sie den Bereich »Jobinserent kontaktieren«. Nehmen Sie die Möglichkeit wahr, und schreiben Sie eine freundliche, professionelle Mail mit einer oder mehreren intelligenten Fragen.
- Mit einem Premium-Account steht Ihnen eine weitere Funktion zur Verfügung, mit der Sie Informationen über andere Bewerber und eine Analyse zum Matching Ihres Profils mit dem Job und im Vergleich zu anderen Bewerbern erhalten. Der Aussagewert dieser Informationen ist allerdings relativ und könnte eher Verwirrung oder Frust erzeugen, wenn Sie trotz der Aussage von LinkedIn, zu den Top-Bewerbern zu gehören, eine Absage erhalten.

6.3.6 Schritt 6: Kontakt mit Recruitern und Headhuntern

Die meisten Recruiter, Personalberater und Headhunter recherchieren auf XING und LinkedIn, um geeignete Kandidatinnen und Kandidaten für die von ihnen zu besetzenden Stellen zu finden. Das »Active Sourcing« ist heute, wie Sie ja schon wissen, ein sehr wichtiger Bestandteil der Personalsuche. Sie als Berufsanfänger und Jobsuchender stehen dabei im Hauptfokus der Recruiter, Personalberater und auch Headhunter, die direkt mit Ihnen in Kontakt treten möchten. Sie schicken zu diesem Zweck Nachrichten, in denen sie sich kurz präsentieren und fragen, ob Interesse an einer bestimmten Art von Stelle besteht. In sehr vielen Fällen sind dies Standardnachrichten, die eher unpersönlich gehalten sind. Wie gehen Sie damit um?

- Googeln Sie den Namen des Absenders und das Unternehmen/die Personalberatung oder Personalvermittlung. Finden Sie heraus, wer genau hinter dieser Nachricht steckt:
  - Welche Art von Stellen vermittelt derjenige in welchen Branchen?
  - Welchen Eindruck macht das Unternehmen/die Agentur: professionell oder nicht professionell?
- Antworten Sie immer freundlich und professionell auf die Anfrage. Geben Sie immer eine klare Antwort, zum Beispiel so:
  - »Vielen Dank für Ihre Nachricht und Ihr Angebot. Ich habe momentan kein Interesse an einer Direktvermittlung über Ihre Agentur. Ich melde mich gerne wieder bei Ihnen, falls dies in Zukunft der Fall sein sollte.«
  - »Vielen Dank für Ihre Nachricht und Ihr Angebot. Ich suche nach einer anderen Art von Stelle, und zwar nach XY. Eventuell suchen Sie auch geeignete Kandidaten für diese Art von Stelle? Können wir uns hierüber persönlich austauschen?«
  - »Vielen Dank für Ihre Nachricht und Ihr Angebot. Für meinen nächsten beruflichen Schritt habe ich mir eine ähnliche Stelle gewünscht. Können wir uns zu der genannten Stelle persönlich austauschen?«
- Seien Sie in jedem Fall immer verbindlich: Leider zählt im Netz Verbindlichkeit nicht unbedingt zu den größten Tugenden. Auch in Online-Netzwerken ist das nicht anders. Sie können dies jedoch positiv für sich nutzen: Antworten Sie auf Anfragen von Recruitern möglichst zeitnah per E-Mail oder Telefon. Sie heben sich damit entscheidend von Ihrer Konkurrenz ab. Ihre Entscheidung müssen Sie zu diesem Zeitpunkt noch nicht mitteilen. Sie können auch so antworten:
  »Sehr geehrte Frau XY, vielen Dank für Ihr Interesse an meinem Profil und Ihr Angebot bezüglich der Position als XY. Ich werde es mir genau ansehen und mich zeitnah wieder bei Ihnen melden. Mit freundlichen Grüßen ...«
- Bei Interesse Ihrerseits finden Sie am besten in einem persönlichen Gespräch heraus, um welche Stelle es sich handelt und wie die Personalberatung arbeitet.

Sie werden mittel- bis langfristig von professionellen Kontakten mit Headhuntern und Personalberatern für Ihre berufliche Entwicklung profitieren. Je älter Sie werden, desto wichtiger wird der verdeckte Stellenmarkt für Sie werden, zu dem insbesondere Headhunter und Personalberater Zugang haben. Deshalb ist es äußerst ratsam, so früh wie möglich mit dem Aufbau von Kontakten zu professionellen Headhuntern zu beginnen und sie in Ihre berufliche Entwicklung zu integrieren: Nehmen Sie in regelmäßigen Abständen Kontakt mit ihnen auf. Informieren Sie sie über Ihre wichtigsten beruflichen Veränderungen persönlich: Umzug ins Ausland, Wechsel von Arbeitgebern und Stellen. Bei eigenen Veröffentlichungen können Sie ein Probeexemplar schicken. Es gibt viele Möglichkeiten, sich immer wieder positiv ins Gedächtnis zu bringen, ohne aufdringlich zu sein.

7 Social Media im Bewerbungsprozess

Active Sourcing in den Social-Media-Kanälen ist in den letzten Jahren zu einem der wichtigsten Trends in der Personalbeschaffung geworden. Arbeitgeber, die nach Mitarbeiterinnen und Mitarbeitern suchen, können sich dem fast nicht mehr entziehen. Ein Großteil der Young Professionals verbringt viele Stunden täglich in den Online-Netzwerken, um Kontakte zu knüpfen und zu halten oder um sich zu informieren. Liest man HR-Studien und verfolgt man Diskussionsforen mit Personalern, die sich damit beschäftigen, wie Bewerbung heute funktioniert, erkennt man: Viele Personaler würden gerne an ihren alten Systemen und Prozessen festhalten. Doch im »War for Talents« geht es darum, mit der Zeit zu gehen und die von den Young Professionals am häufigsten verwendeten Social-Media-Kanäle für eine gezielte Ansprache und für Informationen für potenzielle Bewerber zu nutzen.

In vielen Unternehmen gibt es heute in den Personalabteilungen Spezialisten für das »Social-Media-Recruiting« und das »Employer Branding«. Die Hauptaufgabe dieser HR-Fachleute besteht darin, interessante Inhalte auszuwählen, aufzubereiten und in den ausgewählten Social-Media-Kanälen kontinuierlich zu posten. Oft bzw. idealerweise werden sie im Unternehmen von der Marketingabteilung unterstützt, damit der Online-Content professionell aussieht und wirkungsvoll ist.

Immer öfter werden offene Stellen, Karriereevents und Geschichten gepostet, die einen guten Einblick in die Arbeitswelt und die Kultur des Unternehmens bieten. Das Kommunikationsziel der Employer-Branding-Spezialisten ist es, eine Community zu schaffen, in die der einzelne Follower eingebunden ist, regelmäßig Informationen über das Unternehmen erhält und »konsumiert«, um ihn zu motivieren, sich zu bewerben oder aber auch ein Produkt zu erwerben.

7.1 Facebook

Facebook ist heute immer noch eines der größten Online-Netzwerke, das Menschen global miteinander verbindet. Auch wenn Facebook in der letzten Zeit durch den Umgang mit Userdaten in Verruf geraten ist und deutlich an Beliebtheit verloren hat, ist es eine wichtige Social-Media-Plattform, die viele Unternehmen auch für das Veröffentlichen von Stellenanzeigen und ihre Imagewerbung einsetzen. Als Bewerber können Sie Facebook in vielfacher Hinsicht in Ihrem Bewerbungsprozess nutzen – natürlich gezielt und mit einem klaren Fokus, denn bei der Jobsuche geht es immer um einen möglichst effizienten Einsatz der eigenen Ressourcen.

Der Nutzen von Facebook für Sie als Bewerber steht und fällt mit der **Aktualität** und dem **Insidergehalt** von Informationen, die im Bewerbungsprozess relevant sind:

- Daten von **Veranstaltungen und Karriereevents**, auf denen Sie in direkten persönlichen Kontakt mit Unternehmensvertretern aus dem HR-Bereich oder einer Fachabteilung treten können.
- **Vakant gewordene Stellen**, die noch nicht in den großen Suchmaschinen oder auf dem Karriereportal der Unternehmen zu finden sind. Diese finden sich mit etwas Glück in Facebook-Gruppen, in denen Fachexperten aus unterschiedlichen Bereichen und Unternehmen diskutieren.
- **Namen von Mitarbeitern der Personal- und Fachabteilungen** von einstellenden Unternehmen, die im Bewerbungsprozess nützlich sein können.

Daher können und sollten Sie auf Facebook folgende Seiten als Informationsquelle nutzen:

1. Karriereseiten von Unternehmen
2. Personaldienstleister
3. Karriereexperten
4. Jobsuchmaschinen
5. Facebook-Gruppen
6. Facebook Jobs

7.1.1 Die Karriereseiten von Unternehmen

Unternehmen versuchen, mit interessantem Content auf ihrer Facebook-Seite auf sich aufmerksam zu machen und sich als attraktiver Arbeitgeber zu positionieren. Man möchte gezielt junge Menschen ansprechen, die mit ihren Interessen und Ausbildungen als Mitarbeiter infrage kommen. Oft wird eine Mischung aus derzeit offenen Stellen, Karriereevents und Videos gepostet. Das Ziel ist es, eine Community für und mit Young Professionals zu schaffen und diese auch zu motivieren, sich zu bewerben. Wie können Sie diese Karriereseiten von Unternehmen effizient nutzen?

- Konzentrieren Sie sich auf die **Karriereseiten** der Unternehmen, die für Sie als potenzielle Arbeitgeber infrage kommen. Suchen Sie den Firmennamen in Verbindung mit dem Wort »Karriere«, dann finden Sie die entsprechende Seite sehr schnell. Setzen Sie dort Ihr »Follow« und »Like«, um mit den neuesten Infos in Ihrer Timeline versorgt zu werden.
- Verschaffen Sie sich über das Menü der Karriereseite einen Überblick. **Events und Jobsuche** sind die Unterseiten, die die wertvollsten Infos für die Jobsuche beinhalten. Hier können Sie sich über die anstehenden Karriereevents und offenen Stellen direkt informieren.
- Oft sind die Karriereseiten der Unternehmen auf Facebook mit **Online-Jobportalen verlinkt** (z. B. bei Bosch und JobStairs). Auf diese Weise können Sie auf Face-

book die derzeit offenen Stellen einsehen und kommen über den Link direkt auf die detaillierte Stellenanzeige.

- Viele Unternehmen setzen auf **interaktive Aktionen**, in denen Sie zum Mitmachen animiert werden und die Ihnen Spaß machen sollen. Zum Beispiel wird eine Stellenanzeige für Programmierer in einem bestimmten Code veröffentlicht, der Fehler beinhaltet. Dann soll der Kandidat oder die Kandidatin die Fehler finden und übermitteln. Aus Bewerbersicht sind diese Aktionen durchaus interessant: Sie können damit direkt Ihre Fachkompetenz unter Beweis stellen und auffallen.
- **Videos und Fotos** geben Ihnen die Möglichkeit, einen persönlichen Eindruck von einem Arbeitgeber zu bekommen. In Videos erleben Sie reale Mitarbeiter - natürlich gezielt ausgewählt - die die Werte und das Mindset des Unternehmens repräsentieren. Fragen Sie sich, ob Sie sich mit ihnen identifizieren können, und versuchen Sie, sich vorzustellen, wie es wäre, mit diesen Menschen zusammenzuarbeiten.
- **Posts** verraten Ihnen, welche Themen im Unternehmen gerade relevant sind. Über diese sollten Sie sich definitiv genauer informieren, insbesondere wenn Sie sich auf Vorstellungsgespräche vorbereiten.
- **Produkt- oder Marketingveranstaltungen** haben auf den ersten Blick nichts mit Bewerbung oder Karriere zu tun. Adidas z. B. bewirbt auf Facebook Laufevents und Fitnessprogramme. Eine Teilnahme an einem solchen Event bietet Ihnen jedoch auch die Möglichkeit, einen direkten Eindruck vom Look and Feel der Produkte zu bekommen. Dies kann besonders wertvoll sein, wenn Sie sich im Bereich Marketing oder Sales bewerben. Mit etwas Glück entsteht auf dem Event die Möglichkeit, mit einem Sales- oder Marketingspezialisten ins Gespräch zu kommen und wichtige Insiderinformationen zu erhalten.

Bei allen schönen Fotos und Videos, die Sie hier sehen, sollten Sie auch wissen, dass es sich in den meisten Fällen um professionell erstellten Content handelt. Beziehen Sie mit ein, dass in der Realität nicht immer alles so golden ist, wie es hier glänzt!

7.1.2 Personaldienstleister auf Facebook

Die meisten großen Personaldienstleister haben eine eigene Unternehmensseite auf Facebook. Hier stößt man auf ganz unterschiedliche Niveaus in Bezug auf Aktualität und Professionalität des zur Verfügung gestellten Contents. Beides hängt sehr stark von den Ressourcen und dem Budget ab, das für Social-Media-Marketing im Unternehmen vorhanden ist.

Personaldienstleister sprechen oft zwei verschiedene Zielgruppen auf Facebook an, nämlich die potenziellen Kandidaten/Bewerber und die potenziellen Kunden, also Unternehmen, die Stellen zu besetzen haben und das Recruiting dafür delegieren möchten. Wie können Sie diese Facebook-Seiten von Personaldienstleistern effizient nutzen?

- **Aktuelle Stellenangebote** werden oft als »Appetizer« oder Platzhalter gepostet, um potenzielle Kandidaten anzulocken und für eine Direktvermittlung oder direkte Anstellung beim Personaldienstleister zu gewinnen. Sie können hier einen ersten Eindruck gewinnen, für welche Art von Jobs und Stellen der jeweilige Personaldienstleister gerade geeignete Kandidaten sucht.
- Konzentrieren Sie sich besser auf folgende Informationen: **Karriereevents und -messen, Trends, Umfragen und Statistiken** zu Themen, wie z. B. Gehälter in bestimmten Berufen und Branchen, Arbeitszeit- oder Beschäftigungsmodellen bzw. generell zum Thema Arbeitsrecht. Diese werden von Personaldienstleistern gerne gepostet.

7.1.3 Karriereexperten auf Facebook

Es gibt zahlreiche Karriereexperten - damit meinen wir Karriereberater, -coaches und Unternehmen, die Karriereberatung anbieten - die auf Facebook vertreten sind. Viele denken, dass sie dort vertreten sein müssen, weil es fast schon Standard ist und Facebook einen geeigneten Vermarktungskanal darstellt, den sie sich nicht entgehen lassen möchten. Größere Unternehmen im Bereich der Karriereberatung schaffen es mit einem entsprechenden Budget und Einsatz, in regelmäßigen Abständen professionellen Content zur Verfügung zu stellen und damit für die Leserinnen und Leser einen wirklichen Mehrwert zu schaffen. Welche Informationen sind hier für Sie als Bewerber nützlich?

- **Posts und Videos**, die sich auf aktuelle Bewerbungsfragen beziehen, können einen Mehrwert für Sie darstellen, wenn zum Beispiel Themen wie die Optimierung von Bewerbungsunterlagen, der geheime Code in Arbeitszeugnissen, das Selbstmarketing in Jobinterviews oder in einem Assessment-Center behandelt werden. Videos sind oft relativ kurz (nur ein paar Minuten) und können einen Einstieg in ein neues Thema darstellen.

Tipp

Halten Sie sich an diejenigen Karriereexperten, deren Expertise erwiesen ist, z. B. durch Geschäftstätigkeit über viele Jahre, die Anzahl an Kunden, die Veröffentlichung von Büchern und Artikeln oder sogar Auszeichnungen. Nehmen Sie Abstand von den Seiten, die hauptsächlich nach Werbung und Akquise »riechen«, denn Sie möchten Ihre Zeit ja mit wirklich wertvollen und nützlichen Inhalten verbringen. In vielen Fällen ist ein Karriere-Blog wie z. B. karrierebibel.de die wertvollere Informationsquelle, weil er detaillierteren Content enthält.

7.1.4 Jobsuchmaschinen

Die Facebook-Seiten großer Jobsuchmaschinen richten sich insbesondere an zahlende Kunden, d. h. an rekrutierende Unternehmen, aber auch an Bewerberinnen und Bewerber, die auf Jobsuche sind. Einstellende Unternehmen finden Content vor allem zum Thema »Employer Branding«, also die gezielte und überzeugende Ansprache von Kandidaten. Es werden Videobeiträge gepostet sowie Events und Webinare beworben, mit denen man potenzielle Kunden anziehen und gewinnen möchte. Welche nützlichen Informationen können Sie hier finden?

- **Videobeiträge mit Tipps zu klassischen Bewerbungsthemen**, wie z. B. die Gestaltung von Lebensläufen, die zielführende Strategie in einer Gehaltsverhandlung, das Verfassen von Anschreiben und Ähnliches. Die Videos sind oft kurz und geben einen Überblick, ohne zu tief und oder zu detailliert in das entsprechende Thema einzusteigen.
  Jedes Video oder jeder Beitrag ist marketingtechnisch aufbereitet und mit Logos und einer indirekten »Kauf mich«- bzw. »Nutz mich«-Botschaft versehen. Machen Sie sich relativ frei davon und nehmen Sie die Sachinformation mit. Empfehlenswert ist es jedoch, ein für Sie interessantes Thema mithilfe eines ausführlicheren Blog-Artikels oder Fachbuchs zu vertiefen.
- **Sachinformationen** über den aktuellen Arbeitsmarkt oder Gehaltsniveaus oder andere relevante Berufsthemen: Sehen Sie sich die Quellen der Daten genauer an, um deren Aussagekraft und die Aktualität der Information einordnen zu können.

Wichtig

Beziehen Sie beim Lesen und Ansehen mit ein, dass es bei Bewerbungsthemen viele unterschiedliche Meinungen und Standpunkte gibt, da keine offiziellen Standards oder allgemeingültigen Richtlinien hierzu existieren. Sie werden wahrscheinlich verschiedene bzw. kontroverse Tipps zur Gestaltung Ihres Lebenslaufs finden – das kann für Sie verwirrend sein. Versuchen Sie, Gemeinsamkeiten zu finden und sich danach zu richten. Um sich umfassend und tief greifend mit einem Bewerbungsthema auseinanderzusetzen, sind ein entsprechendes Fachbuch oder eine individuelle Beratung durch einen Karrierecoach auf alle Fälle die zielführenderen Wege zu fundierten Antworten.

7.1.5 Facebook-Gruppen

Auf Facebook gibt es sog. Gruppen (wie auch bei XING oder LinkedIn), in denen Mitglieder mit einem gemeinsamen Interesse Informationen austauschen. Mit diesen »Gruppen« entstehen Communities, in denen Sie als Bewerberin oder Bewerber wertvolle Informationen finden können. Auf welche Gruppen sollten Sie sich konzentrieren?

- **Lokale oder regionale Gruppen mit dem Fokus Jobsuche**: Diese Gruppen beziehen sich fast immer auf eine spezielle Berufsgruppe und beinhalten konkrete Stellenangebote.
  Wie finden Sie diese Gruppen? Suchen Sie in der Sektion »Gruppen« mit dem entsprechenden Berufsnamen oder einem Schlüsselwort, das Ihre Berufsgruppe beschreibt, wie z. B. »Kfz-Mechatroniker«, »Sozialpädagoge« oder »Elektrotechniker«. Dabei stoßen Sie auf eine Vielzahl von Gruppen, die unterschiedlich geführt und ausgerichtet sein können: Es gibt Gruppen, die in einem eher privaten, und andere, die in einem eher beruflichen Kontext gegründet wurden.
- **Facebook-Gruppen von Berufs- oder Interessensverbänden**: Hier wird direkt mit Mitgliedern und Interessierten kommuniziert, und es werden aktuelle Informationen zu Veranstaltungen oder Events geteilt. Diese Gruppen können eine interessante Quelle für Insiderinformationen im Rahmen Ihrer Jobsuche sein, z. B. zum Thema Gehalt.
- **Experten-Gruppen**: Hier treffen sich Experten, die ein bestimmtes fachliches Thema diskutieren bzw. sich darüber austauschen. Dabei können auch Stellenangebote gepostet werden und Insiderinformationen zu neuen Projekten ausgetauscht werden, die Ihnen als Bewerber den entscheidenden Informationsvorsprung geben.

Um die für Sie wertvollen Expertengruppen zu identifizieren, empfehlen wir:
- Führen Sie eine erste Suche mit der für Sie relevanten Berufsbezeichnung und/oder dem für Sie wichtigsten fachlichen Thema durch. Sie möchten mit den Experten und Insidern in Kontakt treten, die beruflich das machen, das Sie ebenfalls anstreben, und die sich mit den Themen beschäftigen, mit denen Sie stark verbunden sind bzw. die Sie motivieren.
- Investieren Sie ausreichend Zeit, um sich mit den Gruppen vertraut zu machen, die Sie auf den ersten Blick ansprechen. Lesen Sie sich die Kurzbeschreibungen durch, die zur Verfügung stehen (falls es sich um eine geschlossene Gruppe handelt). Beziehen Sie mit ein, ob und wie aktiv die Gruppe ist, d. h. wie viel dort in regelmäßigen Abständen gepostet wird. Die Größe ist relativ, denn kleinere Gruppen können genauso hilfreich sein wie größere Gruppen. Sie können nie wissen, wo die entscheidende Information auf Sie wartet. Gehen Sie davon aus, dass etwas Zeit nötig ist, um den Wert einer Gruppe beurteilen zu können.

Fazit

Betrachten Sie Facebook-Gruppen nicht als Jobsuchinstrument, sondern vor allem als Möglichkeit, sich über zentrale fachliche Themen auszutauschen und auf den aktuellen Stand zu bringen. Wenn Sie sich an einer Gruppe beteiligen, sollte es Ihnen Spaß machen. Sie investieren Ihre freie Zeit, und es kann nur etwas Positives und wirklich Gutes entstehen, wenn Sie es gerne machen. Beschäftigen Sie sich also mit den Gruppen und den Menschen, die Ihnen sympathisch sind, Ihre Neugierde wecken und mit denen Ihnen der Austausch Spaß macht. Wenn Sie Glück haben, werden Sie auf direktem oder indirektem Weg die eine oder andere Insiderinformation über eine offene Stelle bekommen.

7.1.6 Facebook Jobs

Auf Facebook können Sie auch über facebook.com/jobs nach aktuell ausgeschriebenen Stellen suchen und sich darauf mithilfe Ihres Facebook-Profils bewerben. Aus Sicht der einstellenden Unternehmen sind die Funktionalitäten von Facebook für das Lancieren eines Jobangebots relativ limitiert. Gleichzeitig bietet Facebook gerade kleinen und mittelständischen Unternehmen eine einfache Möglichkeit, freie Stellen einem sehr großen Publikum anzubieten.

Sobald Sie auf »Bewerben« geklickt haben, füllt Facebook automatisch persönliche Daten in ein Bewerberformular. Das spart Ihnen natürlich etwas Zeit. Sie können dann weitere Informationen über Ihre Berufserfahrung und Ausbildung hinzufügen. Über den Facebook-Messenger wird das Unternehmen von Ihrer Bewerbung informiert und Sie erhalten eine Eingangsbestätigung.

Wichtig

- Sollten Sie sich über Facebook Jobs bewerben, achten Sie darauf, dass Ihre persönlichen Daten in Ihrem Profil immer korrekt und aktuell sind!
- Bei den Informationen, die Sie zusätzlich eingeben, denken Sie immer an ein möglichst genaues Matching: Stellen Sie die Informationen zur Verfügung, die zeigen, dass Sie die Anforderungen erfüllen.
- Denken Sie bei jedem Foto oder Video, das Sie gerade in der Bewerbungsphase von sich posten, wie es bei einem Recruiter ankommen mag. Prüfen Sie Ihre öffentlichen Beiträge auf Ihrer Timeline.

7.2 Twitter

Twitter ist neben Facebook wohl einer der bekanntesten Social-Media-Kanäle, der sich bekanntlich durch Kurznachrichten mit einer maximalen Länge von 140 Zeichen auszeichnet. Twitter ist gerade durch die Nachrichten von einigen, einflussreichen Politikern wie Barack Obama oder Donald Trump stark in den Fokus unserer Aufmerksamkeit gerückt. Neben vielen Prominenten nutzen vor allem auch Medienfachleute den Twitterdienst, um aktuelle News in die Welt zu »zwitschern«.

Bei aktuellen Umfragen zu Trends im Bereich Social Media und Active Sourcing rangiert Twitter unter allen Social-Media-Kanälen nur auf dem vierten Rang: 3,5 Prozent der befragten Top-1.000-Unternehmen gaben an, Twitter für die Veröffentlichung von Stellenanzeigen zu nutzen, 7,0 Prozent der Unternehmen nutzen es für Imagewerbung im Rahmen ihres Employer Branding. Beim Active Sourcing nimmt Twitter mit 1,8 Prozent sogar nur den fünften Rang ein. Für die Suche nach Informationen über bereits bekannte Kandidaten nutzt keines der befragten Unternehmen den Nachrichtendienst.[16]

Twitter bietet allen Usern – damit auch Unternehmen, Personalberatern und Headhuntern – den Vorteil, auf schnelle, kurze Art und Weise Informationen zu kommunizieren. Das passt sehr gut zu Stellenangeboten, Veranstaltungen und Events, die man kurz mit den wichtigsten Informationen ankündigen kann:

- **Unternehmen und Organisationen** veröffentlichen ihre offenen Stellen meist zuerst auf ihrer Karriereseite und verbreiten sie dann in den Social-Media-Kanälen – zum Teil auch auf Twitter.
- Die meisten großen **Online-Jobportale** haben einen Twitter-Account und nutzen ihn gezielt. Hier werden Informationen über aktuelle Events und Veranstaltungen, interessante Themen, die für einstellende Unternehmen sowie Arbeitnehmer und Jobsuchende relevant sind, und natürlich auch Stellenangebote getwittert. Oft werden auch Inhalte oder Nachrichten von Kooperationspartnern verlinkt, mit denen man gemeinsame Projekte wie z. B. Umfragen, Studien oder Events umsetzt.

Da Twitter nur Raum für eine kurze Nachricht bietet, sind die Nachrichten oft mit anderen Kanälen wie Instagram oder YouTube verlinkt, auf denen Sie dann ausführlichere Informationen, Texte und Fotos finden können. In den Kurznachrichten werden außerdem Fun-Aktivitäten wie Gewinnspiele beworben, die zur Interaktion motivieren sollen.

Viele Unternehmen nutzen Twitter für die direkte Kommunikation mit ihren Zielgruppen und möchten damit potenzielle Mitarbeiterinnen und Mitarbeiter ansprechen und für sich gewinnen. Hier richtet sich das Informationsangebot eher an die jüngere Generation, betrachtet man die Fotos und Informationen, die getwittert werden.

Unternehmen können mit Kurznachrichten gezielt auf sich aufmerksam machen und ihren Zielgruppen mit Texten und Fotos zeigen, was im Unternehmen gerade passiert und relevant ist. Damit können Sie als Bewerber ein besseres Verständnis des Unternehmens, seiner Arbeitsrealität und Unternehmenskultur entwickeln und sich damit für den ersten direkten und persönlichen Kontakt am Telefon, auf einer Jobmesse oder in einem Vorstellungsgespräch, vorbereiten.

16 Vgl. Social Recruiting und Active Sourcing 2019, FAU, CHRISS im Auftrag von Monster Worldwide Deutschland GmbH

Einige Unternehmen unterhalten auch einen eigenen »Karriere-Twitter-Account« und informieren darüber über zukünftige oder vergangene Karriereevents und Firmenereignisse (wie z. B. die Eröffnung oder den Umbau von Büros oder Niederlassungen), Stellenangebote und auch die Information über neue Mitarbeiter (meistens Führungskräfte).

Sie finden diese Twitter-Accounts sehr schnell, wenn Sie in das Suchfeld den Unternehmensnamen und den Begriff »Karriere« oder »Career« eingeben.

Wie können Sie als Bewerberin oder Bewerber Twitter in Ihrem Bewerbungsprozess gezielt einsetzen?

- **Informationen recherchieren:** Sie können sich gezielt informieren, indem Sie nach jobrelevanten Themen suchen oder bestimmten Unternehmen folgen. Auf der Twitter-Startseite finden Sie über die Suche den Twitter-Account des Unternehmens.
- **Unternehmen folgen:** Möchten Sie mit aktuellen Informationen von einem bestimmten Unternehmen versorgt werden (über Ihre Timeline), dann »folgen« Sie dem Unternehmen oder der Organisation. Das kann Ihnen im Zweifelsfall einen gewissen Zeitgewinn bringen.
- **Hiring Managers twittern Vakanzen:** Immer mal wieder twittern auch die sog. Hiring Managers aus Fachabteilungen auf den Karriere-Accounts von Unternehmen, dass sie für eine bestimmte Stelle jemanden suchen. Der Tweet enthält dann meist den Link, mit dem man direkt auf das Karriereportal des Unternehmens in der betreffenden Stellenanzeige landet, um alle weiteren Details zu erfahren.
  Mit einer persönlichen Nachricht können Sie in direkten Kontakt mit der Person treten. Warum nicht, wenn Sie eine richtig gute Frage zum Praktikum oder zur Stelle haben. Auf diese Weise werden Sie sichtbar! Sie können diesen Tweet retweeten, um mit der Person in Verbindung zu kommen.

Auf diese Weise bekommen Sie sehr direkt und schnell Informationen zu einer offenen Stelle. Dann am besten schnell bewerben und den Zeitgewinn nutzen!

Tipp

Geben Sie einem Twitter-Account eine gewisse Bewährungszeit, während der sie ihm folgen und die Tweets genau lesen. Beobachten Sie ein paar Wochen, mit welcher Regelmäßigkeit getwittert wird und welcher Wert diese Information für Sie tatsächlich hat. Welche Informationsquelle wirklich wertvoll ist, d. h. aktuelle und relevante Informationen für Ihren Bewerbungsprozess bzw. die konkrete Jobsuche liefert, wird sich erst nach einer gewissen Zeit zeigen.

7.2.1 Die aktive Jobsuche auf Twitter

Arbeiten Sie mit der Suche auf der Twitter-Startseite. Geben Sie in das Suchfeld drei Hashtags ein. Damit verfeinert sich Ihre Suche immens:

- Der erste Hashtag sollte sich auf die Jobsuche beziehen: #job, #jobs, #career, #karriere, #hiring, #stellenangebot, #jobsearch, #jobsuche sind die in Deutschland geläufigsten Hashtags hierfür.
- Der zweite Hashtag sollte sich auf den Beruf oder den Fachbereich beziehen: #marketing, #sales, #redakteur, #mechatroniker,
- Der dritte Hashtag sollte die Stadt beinhalten, in der Sie suchen: #frankfurt, #berlin, #munich oder #muenchen

Die Ursprungssprache von Twitter ist Englisch. Gleichzeitig werden Sie auch deutsche Hashtags finden, in denen Umlaute verwendet werden. Probieren Sie beide Varianten aus! Twitterer setzen oft mehrere Hashtags in ihren Tweet und verwenden dabei oft sowohl die deutschen als auch die englischen Begriffe.

7.2.2 Eine Jobsuch-Kampagne auf Twitter

Sie können auf Twitter noch einen Schritt weiter gehen: Lancieren Sie eine eigene Kampagne für Ihre Jobsuche! Dafür sollten Sie einen eigenen Hashtag kreieren, der idealerweise noch nicht benutzt wird. Integrieren Sie das Wort »Job«, wie z. B. »#NeuerJobVertrieb«, »#JobinMünchen« oder »#JobsucheSales«.

Twitter sollte der Ausgangspunkt für eine Jobsuch-Kampagne sein, wenn Ihr Netzwerk hier sehr groß ist und Sie sich darauf verlassen können, dass Ihre Follower Ihre Kampagne unterstützen bzw. liken, retweeten und damit weiterverbreiten werden – nur so kann der virale Effekt entstehen!

Lesen Sie ausführlich über das Thema »Online Bewerbungs-Kampagne« in Kapitel 8.3.

7.2.3 Twittern Sie selbst!

Auf Twitter können Sie »Ihres eigenen Glückes Schmied« werden. Denn jeder Tweet, den Sie absetzen, stellt nicht nur die Möglichkeit dar, Freunde, Bekannte und Familie an Ihrem Leben und Ihren Gedanken teilhaben zu lassen, sondern hat das Potenzial, Arbeitgeber auf sich aufmerksam zu machen. Sichtbarkeit ist im Bewerbungsprozess die wichtigste Basis für Ihren Erfolg!

Eigene Inhalte produzieren

Sie können relativ einfach eigene Inhalte produzieren, indem Sie sich ein bestimmtes Thema auf die Fahne schreiben und darüber immer wieder interessante Informationen twittern. Über die Zeit können Sie daraus eine Art Expertenstatus gewinnen.

Fragen Sie sich, welche Fach- bzw. Sachthemen Sie interessieren und bewegen. Es muss nicht unbedingt das brandheiße Thema sein, das gerade von allen diskutiert wird. Da wird die Konkurrenz sehr groß sein. Überlegen Sie, mit welchem Nischenthema Sie eher punkten können. Beziehen Sie mit ein, in welche berufliche Richtung Sie gehen möchten und wie dieses Thema damit verbunden ist. Ihr Ziel sollte es sein, ein bestimmtes Fachthema über einen längeren Zeitraum zu vertreten und es idealerweise auf verschiedenen Social-Media-Kanälen zu kommunizieren.

Tipps

- Verwenden Sie in Ihren Tweets immer bekannte, gängige Hashtags, mit denen Sie auf Ihre Kenntnisse und beruflichen Interessen hinweisen.
- Setzen Sie in Ihre Tweets Fotos oder Videos, die Interesse wecken.
- Klug ist es, wenn Ihre Inhalte über Twitter hinausgehen und auf weitere Kanäle verweisen, wie z. B. auf Ihr XING- oder LinkedIn-Profil, Ihren eigenen Blog oder Ihre Website. Verlinken ist auch hier das Zauberwort!

Influencer als Vorbild

Um zu verstehen, wie man auf Twitter wirksam kommuniziert und wie man sich eine eigene Community aufbauen kann, sollten Sie sich ein Vorbild suchen. Dies kann ein bekannter Influencer sein, der Sie als Person interessiert und dessen Inhalte Sie gut finden. Schauen Sie ihm eine Weile genau zu. Beobachten Sie ihn, um seine wichtigsten »Best Practices« zu verstehen.

Tipp

Achten Sie auf das Formulieren der Nachrichten, das Verwenden sog. Hashtags, das Verlinken mit anderen Personen und Kanälen, und das Integrieren von visuellen Inhalten wie Fotos und Videos. Dies sind die kritischen Elemente, die es zu beherrschen gilt.

Falls Ihnen bisher noch keine bestimmte Person eingefallen ist, dann können Sie auf Twitter auch ganz einfach eine Suche nach dem Fachthema durchführen, das Ihnen jetzt spontan einfällt. Dann wird Twitter Ihnen passende Accounts aufzeigen.

Engagieren Sie sich mit einem eigenen Twitter-Account jedoch nur, wenn Sie sicher sind, dass Sie genügend Zeit dafür haben und auch motiviert sind. Idealerweise twittern Sie schon und kennen sich bereits aus. Ihr Selbstmarketing als Bewerber wird hierüber nur funktionieren, wenn Sie mit Freude bei der Sache und bereit sind, sich damit über einen längeren Zeitraum zu beschäftigen.

Sich vernetzen

Twitter wird seine magischen Kräfte erst richtig entfalten, wenn Sie sich mit anderen Twitterern verlinken und damit Ihr eigenes Netzwerk aufbauen. Halten Sie Ausschau nach Menschen, die Ihnen einerseits sympathisch sind, deren Haltungen und Meinungen Sie teilen und die idealerweise ein großes Netzwerk, das heißt viele Follower, haben. Deren Tweets sollten Sie dann liken, positiv kommentieren und auch retweeten. Auf diese Weise fallen Sie positiv bei Ihrem Gegenüber auf und werden sichtbar.

Wenn die Sympathie und das Interesse gegenseitig sind, werden Sie wahrscheinlich bei Ihrem nächsten Tweet ein Like und vielleicht einen positiven Kommentar zurückerhalten. Wenn derjenige sich entscheidet, Ihnen zu folgen, haben Sie Ihr Netzwerk vergrößert. Und wenn Sie sich vernetzen, dann vernetzen Sie sich mit dieser Person am besten gleich auch auf XING und LinkedIn. Auf diese Weise vergrößert sich Ihr Wirkradius maßgeblich.

Es wird wahrscheinlich einige Jahre dauern, um ein großes, stabiles Netzwerk zu etablieren. Sie können jedoch davon ausgehen, dass der eine Tag kommen wird, an dem Sie es brauchen werden und es Ihnen dann zur Verfügung steht. Investieren Sie möglichst viel Zeit in den Aufbau Ihres Netzwerks, wenn Sie im Sinn haben, eine eigene Online-Jobsuch-Kampagne zu starten.

7.3 Instagram

Die Bild- und Videoplattform Instagram hat über 800 Millionen aktive Nutzerinnen und Nutzer und damit eine sehr hohe Reichweite. Die Nutzer auf Instagram werden stetig mehr und im Vergleich zu Facebook immer jünger: Von den derzeit 800 Millionen Menschen weltweit sind ca. 90 Prozent jünger als 35 Jahre.[17] Instagram wird derzeit als das Paradies für Unternehmen gehypt, vor allem weil hier Unternehmen direkt und permanent in Kontakt mit Usern sind.

Generell kann man auf Instagram die Inhalte von anderen Nutzern teilen, kommentieren oder abonnieren und natürlich eigene Inhalte veröffentlichen. Neben der Posting-Funktionalität und einem Dashboard bietet Instagram einen sog. Messenger und einen Story-Modus an. Darauf werden Fotos nach 24 Stunden gelöscht.

17 Vgl. https://www.talention.de/blog/employer-branding-auf-instagram-in-4-einfachen-schritten

7.3.1 Employer Branding auf Instagram

Unternehmen nutzen ihren Instagram-Account, um das Arbeitsleben in ihrem Unternehmen zu veranschaulichen und so Aufmerksamkeit und Sympathie bei ihren Zielgruppen und bei potenziellen Mitarbeitern und Mitarbeiterinnen zu wecken. Oft präsentieren Firmen den Arbeitsalltag an ihren verschiedenen Standorten sowie in ihren Büros – und bemühen sich dabei um eine möglichst realistische und authentische Darstellung des Arbeitsumfelds. Instagram-Stories werden gerne eingesetzt, um einen neuen Mitarbeiter willkommen zu heißen und ihn vorzustellen.

Man erfährt zum Beispiel, wo neue Praktikanten oder Werkstudenten gerade ihre Arbeit aufgenommen haben. Gerne werden auch Team-Workshops und interne Events gezeigt, um zu veranschaulichen, auf welche Art und Weise man sich für die Mitarbeiterinnen und Mitarbeiter einsetzt und engagiert. Das soll die eigene »Employer Brand« stärken und Sympathien erzeugen.

7.3.2 Instagram holt im Active Sourcing auf

Instagram gewinnt auch an Bedeutung im Active Sourcing der Unternehmen. Für die Veröffentlichung von Stellenanzeigen stehen XING, Facebook, LinkedIn und Twitter für die Unternehmen noch auf den ersten Plätzen. Betrachtet man jedoch die neueren Social-Media-Kanäle, die Unternehmen für Stellenanzeigen und Imagewerbung einbeziehen, steht Instagram an erster Stelle, gefolgt von Snapchat und WhatsApp. Im Vergleich zu 2017 hat sich die Nutzung von Instagram für Stellenanzeigen verdreifacht.[18] Es lohnt sich als Bewerber somit auf alle Fälle, diesen Kanal bei der Jobsuche einzubeziehen. Seine Bedeutung wird definitiv weiter steigen!

Mithilfe der Hashtag-Suche können Sie Jobangebote finden:

- Geben Sie in das Instagram-Suchfeld zuerst eine Raute ein und dann einen Suchbegriff, der sich auf Job- und Stellenangebote bezieht. Geben Sie einen deutschen Begriff ein, um zu Posts zu gelangen, die sich auf Deutschland beziehen, z. B.: #jobangebot, #jobsuche. Dieser wird Sie zu Hashtags führen, in denen Sie sehr viele Einträge finden, die jedoch nicht lokal oder nach Bereichen eingegrenzt sind.
- Effizienter suchen Sie, wenn Sie in den Begriff den Ort (besser als das Bundesland) oder einen Fachbereich verwenden, wie z. B.: #jobmünchen, #arbeiteninmünchen, #munichjobs, #berlinjobs oder #marketingjobs, #prjobs, #eventjobs, #salesjobs, #financejobs.

18 Vgl. Social Recruiting und Active Sourcing 2019, FAU, CHRISS im Auftrag von Monster Worldwide Deutschland GmbH

  - Sie erhalten eine Liste, in der für jeden einzelnen Hashtag die Anzahl der Beiträge angezeigt wird. Mit dieser Information können Sie den Umfang des Jobangebots beurteilen, das mit dem Hashtag verbunden ist.
  - Wählen Sie einen Hashtag mit vielen Beiträgen aus. Sie werden dann zuerst die beliebtesten Posts in diesem Hashtag finden.
- Suchen Sie internationale Jobs bzw. in anderen Ländern, sollten Sie englische Begriffe oder eben Begriffe in der entsprechenden Sprache verwenden.

Sind Sie nun auf einem Hashtag mit vielen Beiträgen gelandet, beginnt die echte Suche nach offenen Stellen. Unternehmen posten ihre Stellen auf sehr unterschiedliche Weise und auch auf unterschiedlich professionellem Niveau:

- Die klassische Stellenanzeige, wie wir Sie alle kennen, wird als Foto oder Infografik gepostet. Dies hat den Vorteil, dass Sie Unternehmen und Stelle sofort erkennen.
- In vielen Fällen werden Sie zuerst »nur« ein Foto ohne Text finden oder eine Infografik mit einem kurzen Slogan wie z. B. »We are hiring«. Dies erschwert die Suche, denn Sie müssen dann erst in den Post hineinsehen, um zu erfahren, um welche Stelle es sich handelt.
- Klicken Sie auf das Foto, können Sie weitere Informationen abrufen. Sie erhalten dann in der rechten Spalte zusätzliche Informationen, die unterschiedlich zusammengestellt sein können: Manchmal werden Sie hier einen Text zur Position und den Anforderungen finden und wie Sie sich bewerben sollen (per Mail, über das Karriereportal etc.). Es lohnt sich der Klick auf den Verfasser, normalerweise das einstellende Unternehmen. So gelangen Sie auf das Unternehmensprofil und können dort die verschiedenen Posts ansehen. Außerdem werden Sie im Normalfall die URL der Website des Unternehmens finden.

Um bei der aktiven Stellensuche effizient zu sein und Zeit zu gewinnen, sollten Sie gezielt vorgehen:

- **Arbeiten Sie mit einer Liste der Arbeitgeber, die Sie am meisten interessieren**. Suchen Sie das Profil dieser Unternehmen über die Hashtag-Suche und folgen Sie diesen Unternehmen. Auf diese Weise werden Sie zuerst die aktuellen Posts dieser Unternehmen sehen.
- **Am Anfang prüfen und beobachten**: Was findet sich auf dem Account des Unternehmens bzw. der Organisation? Finde ich hier neue Informationen, die ich aus anderen Kanälen noch nicht kenne? Wenn Sie keinen Mehrwert in den Informationen entdecken, ist die direkte Suche nach offenen Stellen über die Website des Unternehmens sinnvoller und effizienter.

7.3.3 Instagram für Ihr Selbstmarketing als Bewerber

Instagram ist ein visuelles Medium, in dem man mit Fotos und seit Kurzem auch mit Videos, Infografiken und auch Spruchbildern Aufmerksamkeit erzeugen kann. Instagram ist durch seinen visuellen Bezug in der Mode- und Beautybranche sehr beliebt und wichtig. Die meisten Models haben einen Instagram-Account und die Anzahl ihrer Follower wird bei der Vergabe von Aufträgen als wichtiger Faktor mit einbezogen.

Privater oder beruflicher Account?
Eine wichtige, grundsätzliche Überlegung vorab ist, ob und wie Sie private und berufliche Inhalte verbinden oder trennen möchten. Dies ist eine sehr persönliche Entscheidung, die nur Sie selbst treffen können. Auf Instagram haben Sie die Möglichkeit, mehrere Accounts anzulegen. Damit können Sie beide Bereiche klar und einfach trennen. Denken Sie bei allem immer an Ihre Zeit, die Sie einsetzen können und möchten. Zwei Accounts zu unterhalten und zu pflegen wird mehr Zeit in Anspruch nehmen als nur ein Account. Entscheiden Sie auch ganz bewusst, ob und welchen Account Sie nur Ihren Kontakten und welchen der gesamten Öffentlichkeit zugänglich machen möchten. Die einzig wahre Lösung gibt es hier nicht: Es ist davon abhängig, wie öffentlich Sie sein möchten!

7.3.4 Ihr professionelles Profil auf Instagram

Ein professionelles Profil auf Instagram ist die Basis für Ihre Visibilität, sozusagen Ihre »Homebase«, von der aus Sie agieren. Wichtig beim Anlegen Ihres Profils sind insbesondere folgende Aspekte:

- **Profilname:** Ihr Profilname sollte so gewählt sein, dass man Sie schnell und eindeutig identifizieren kann. Damit werden Sie und Ihr Profil für Business-Kontakte, Recruiter und Headhunter leichter auffindbar. Am besten verwenden Sie Ihren eigenen Namen, d. h. Ihren Vor- und Nachnamen. Achten Sie darauf, dass Instagram keine Umlaute im Profilnamen akzeptiert. Sie können über instagram.com/benutzername prüfen, ob Ihr Wunsch-Profilname noch frei ist.
- **#Hashtags:** Damit Sie mit Ihrem Fachthema auf Instagram Aufsehen erregen und gefunden werden, d. h. Follower finden und Likes erhalten, brauchen Sie für Ihre Posts **die »richtigen« Hashtags**. Nehmen Sie sich ein wenig Zeit, um das Thema auf Instagram zu recherchieren und zu analysieren und um zu den guten und wichtigen Hashtags zu kommen. Schauen Sie sich die Hashtags Ihrer Wunsch-Arbeitgeber oder Ihrer wichtigsten Community an. In der Regel reichen fünf Hashtags pro Bild. Sie können die Reichweite von Beiträgen vergrößern, indem Sie kurz nach dem Veröffentlichen noch weitere Hashtags in die Kommentare schreiben.

- Ihre Posts werden definitiv interessanter und sie werden mehr Follower und Likes bekommen, wenn Sie sie mit **kurzen Geschichten** versehen, die Sie den Posts zufügen können.

Da Instagram auf visuellen Inhalten basiert, ist die Kernfrage für Ihr Profil, welche Kompetenzen, Fähigkeiten und Erfahrungen Sie mit Bildern oder Kurz-Videos darstellen können. Bei Berufen wie Grafikern, Fotografen, Malern, Illustratoren, Film- und Medienfachleuten, Visagisten, Architekten oder Models ist die Verbindung sehr klar und eindeutig, weil der Beruf sehr stark mit visuellem Content verbunden ist. Wenn Sie also einen kreativen, visuell geprägten Beruf haben, sollte es Ihnen leichtfallen, Fotos oder Videos aus Ihrem Arbeitsalltag zu finden, die Sie in Ihr Profil aufnehmen können.

Tipps

- **Spannung**: Machen Sie es abwechslungsreich und spannend für Ihre Kontakte. Und das wird es, wenn Sie immer wieder inhaltlich variieren und Neuigkeiten einbauen. Es können neue Orte, neue Menschen, neue Erkenntnisse, neue Erfahrungen sein, die Sie in einem Foto oder Video dokumentieren und teilen.
- **Instagram Story oder Instastory**: Hier handelt es sich um eine Funktion, die genau in Bezug auf Spannung sehr wirksam ist. Wir lieben alle Geschichten, und Instastory kann genau das. Es verbindet Fotos und Videos zu einer Bilderserie und wird nach 24 Stunden automatisch wieder gelöscht.
- **Wiedererkennbare Bildsprache**: Idealerweise entwickeln Sie für sich eine eigene Bildsprache, mit der man Sie wiedererkennt. Hierfür müssen Sie kein professioneller Fotograf oder Kameramann sein. Es kann eine bestimmte Farbtönung oder ein bestimmter Rahmen sein, den Sie für jedes Ihrer Fotos wählen. Smartphones bieten heute viele gute Möglichkeiten, mit denen Sie Ihre Fotos und Videos schnell und einfach bearbeiten können. Es gibt Foto- und Video-Apps, mit denen Sie gute oder coole Effekte erzielen können (z. B. Hipstamatic, iMovie, Windows Movie Maker, Movavi, für professionelle User Adobe Premiere).
- **Links**: Auch auf Instagram ist es nützlich und wichtig, die verschiedenen Social-Media-Kanäle mithilfe von Links zu verbinden.

Sie können in den meisten Berufen das Produkt Ihrer Arbeit bzw. Tätigkeit oder Ihren Arbeitsprozess fotografieren und evtl. zusätzlich in einem Video dokumentieren. Hier ein paar Anregungen:

- Als **Koch** können Sie ein Kurzvideo von sich bei verschiedenen kritischen Arbeitsschritten beim Kochen oder Fotos von Ihren »Endprodukten« posten, z. B. der leckersten Schwarzwälder Kirschtorte oder der besten Crème brulée, die Sie mit besonderen Tipps für das Nachahmen versehen.
- Als **Kfz-Mechaniker** können Sie ein Kurzvideo einer Autoreparatur oder eine Fotoserie »Vorher-Nachher« produzieren, mit der Sie die erfolgreiche Reparatur eines

Unfallwagens oder Lackierarbeiten mit Ihren Tipps und Tricks für ein perfektes Ergebnis dokumentieren.

Sind Sie als Trainer, Speaker oder Berater tätig und noch dazu selbstständig, sind höchstwahrscheinlich Konferenzen, Trainings, Workshops oder öffentliche Preisverleihungen sehr gute Möglichkeiten für Sie, Fotos und Videos zu produzieren und über Instagram mit Ihren Kontakten zu teilen. Als Trainer, Berater oder professioneller Speaker wird es für potenzielle Auftraggeber höchst interessant sein, Sie live und in Action zu sehen bzw. zu erleben. Bitten Sie einen Teilnehmer, Kollegen oder Ihren Praktikanten, Sie zu filmen oder zu fotografieren. Klären Sie auf alle Fälle den datenschutzrechtlichen Aspekt (keine Direktaufnahme von Gesichtern) vorher mit dem Organisator der Veranstaltung ab, damit Ihnen dieses Thema später nicht negativ auf die Füße fällt, denn Sie können sich strafbar machen, falls Sie die neuen datenschutzrechtlichen Regelungen missachten (siehe hierzu ausführlicher Kapitel 5 und 7.3.5).

Hier noch ein paar Dinge, die Sie beherzigen sollten:

- Die Fotos und Videos, die Sie posten möchten, müssen nicht perfekt sein. Sie sollen vielmehr **authentisch und echt** wirken. Nur dann werden Sie als glaubwürdig wahrgenommen. Seien Sie offen und zeigen Sie sich mit einem echten, ehrlich gemeinten Lächeln. Wichtig ist auch, dass Sie aktiv »rüberkommen«. Achten Sie darauf, dass man Sie auf den Fotos »**in action**« sieht.
- Vergessen Sie auch nie die **Wirkung Ihres Outfits.** Kleider machen Leute, sagt der deutsche Volksmund. Das sollte für Ihr gesamtes Berufsleben gelten, insbesondere jedoch für wichtige Auftritte, wie z. B. Konferenzen oder Preisverleihungen, während derer Sie mehr im Rampenlicht stehen als an einem gewöhnlichen Arbeitstag, und die Sie auf Instagram teilen möchten und können. Wählen Sie für dieses Event eine dem Anlass entsprechende, angemessene Kleidung, die Ihrem persönlichen Stil entspricht.
- Denken Sie auch und vor allem an **Accessoires**. Gerade diese können einen tollen Wiedererkennungseffekt bewirken. Denken Sie an ein Accessoire, das Ihnen sehr am Herzen liegt und Ihnen große Freude bereitet - wie z. B. ein bestimmtes Schmuckstück, eine Krawatte oder Schuhe - das Sie gerne tragen und das Ihren persönlichen Stil ausdrückt. Auf diese Weise stechen Sie aus der Masse hervor und werden schneller erkannt. Das ist genau das, was Sie im Bewerbungsprozess bewirken möchten!
  Viele Menschen, die regelmäßig in der Öffentlichkeit stehen, erzeugen auf diese Weise ein bestimmtes Bild, das sie sich zumeist gemeinsam mit ihren PR-Beratern sehr gut überlegt haben. Denken Sie an Angela Merkel oder Queen Elisabeth II., die beide mit einem sehr eigenen Kleidungsstil und bewusst ausgewählten Accessoires in die Öffentlichkeit treten. Diese Accessoires drücken bestimmte Eigenschaften aus und übertragen sich auf ihre Träger. Dabei spielen auch Farben eine sehr große Rolle. Trägt Angela Merkel immer wieder eine Halskette, die aus

schwarzen, roten und goldenen Perlen besteht, assoziieren wir damit unbewusst, dass sie für die Bundesrepublik Deutschland steht.
Arbeiten Sie mit den gleichen Mitteln! Es kann eine bestimmte Computermarke sein oder ein bestimmtes Computermodell, das in der Öffentlichkeit als hipp, modern und innovativ wahrgenommen wird und das Sie auf Ihren Fotos ebenfalls immer bei sich haben. Es kann eine bestimmte Farbe sein, die Ihre Bluse, Ihre Schuhe oder Ihre Handtasche hat und die eine bestimmte Eigenschaft ausdrückt, mit der Sie in Verbindung gebracht werden möchten. Tragen Sie jedoch nur das, was Sie auch sonst tragen.

Allein oder im Team?
Ob Sie sich allein oder im Team präsentieren, ist sehr wichtig für Ihre Außendarstellung – gerade auf Instagram. Sie möchten im Bewerbungsprozess als teamfähiger Mitarbeiter wahrgenommen werden? Dann achten Sie darauf, auch Fotos oder Videos zu veröffentlichen, die Sie mit anderen, mit Ihren Kollegen, Geschäftspartnern oder bei der Arbeit im Team zeigen. Beachten Sie hier immer das Thema Datenschutz. Sie benötigen natürlich die Einwilligung der anderen Personen, die auf dem Foto oder im Video zu sehen sind, denn Sie können sich bei Missachtung des Datenschutzes strafbar machen.

Oft ist es die Mischung, die es macht, wie im berühmten Marketing-Mix, der verschiedene Marketingmaßnahmen vereint und für die größte Schlagkraft bei der Produktvermarktung sorgt. Bei Ihnen ist es genauso: Posten Sie Fotos, auf denen Sie allein im Rampenlicht zu sehen sind, um zu zeigen, dass Sie auch das können. Veröffentlichen Sie dann auch Fotos, die Sie mit anderen in der Gruppe und im Team zeigen.

7.3.5 Persönlichkeitsrechte und Geheimhaltung

Und noch etwas: Gehen Sie vorsichtig mit den Persönlichkeitsrechten anderer um, die auf den Fotos und Videos zu sehen sind, die Sie verwenden möchten. Stellen Sie sicher, dass alle einverstanden sind, wenn Sie das Foto oder Video online stellen. Erkundigen Sie sich auf alle Fälle, was der Organisator des Events, Ihr Auftraggeber bzw. Ihr Arbeitgeber Ihnen erlaubt bzw. was mit den neuen Datenschutzregelungen konform ist: Wo und was dürfen Sie fotografieren oder wo dürfen Sie Videos machen und diese online veröffentlichen? Lesen Sie hierzu noch einmal Kapitel 5.

7.4 YouTube

YouTube ist nach Google die zweitgrößte Online-Suchmaschine, die am dritthäufigsten besuchte Seite nach Google und Facebook und hat monatlich mehr als 1,9 Milliarden aktive Nutzer. Jede Minute werden auf YouTube 400 Stunden Videomaterial hochgeladen. YouTube steht in insgesamt 80 verschiedenen Sprachen zur Verfügung und erreicht damit 95 Prozent aller Internetnutzer. 70 Prozent der YouTube Views stammen von mobilen Geräten. Die Plattform steht in über 91 Ländern zur Verfügung. Durch die Möglichkeit der Interaktion mit anderen Nutzern ist YouTube nicht nur eine Suchmaschine, sondern auch ein Social-Media-Kanal.[19]

7.4.1 Bedeutung von YouTube im Active Sourcing der Unternehmen

Im Vergleich zur immensen Wirkkraft von YouTube als Social-Media-Kanal ist er als Plattform für das Active Sourcing von Arbeitgebern relativ unbedeutend. Die meisten Unternehmen nutzen ihn nur äußerst selten zur aktiven Suche nach Kandidaten und Kandidatinnen sowie zur Suche nach Informationen über Bewerber. Bei der Veröffentlichung von Stellenanzeigen und Imagewerbung schneidet YouTube im Vergleich zu anderen Social-Media-Kanälen ebenfalls recht schwach ab.

7.4.2 Potenzial von YouTube für Ihre Bewerbung

YouTube können Sie also für Ihre Stellensuche eher vernachlässigen. Das Potenzial von YouTube liegt hingegen in der Veröffentlichung eines Bewerbervideos, das – wenn Sie es smart und klug anstellen – eine ungeheure Verbreitung über diesen Kanal erlangen kann. Heute sind Bewerbungen auf YouTube in Deutschland noch sehr selten. Damit hätten Sie die Möglichkeit, mit einem sehr guten Video auf einem sehr wirkungsvollen Kanal aufzufallen und damit eine riesige Aufmerksamkeit zu generieren.

Wann ist eine Bewerbung über YouTube sinnvoll?
Ein Bewerbungsvideo ist dann sinnvoll, wenn Sie sich in einer Branche bewerben, die internet- und insbesondere videoaffin ist. Dies trifft auf alle Fälle auf die Medienbranche und insbesondere die Film- und Fernsehbranche zu. Bewerben Sie sich in einem Medienberuf wie Filmproduzent, Cutter, Kameramann, Mediengestalter oder Moderator/ Speaker, dann ist eines Ihrer beruflichen Hauptmedien der Film. Mit einem eigenen Video können und sollten Sie Ihrem zukünftigen Arbeitgeber Ihre Medientauglichkeit beweisen. Ihr Bewerbungsvideo wird damit zur ersten Arbeitsprobe, mit der Sie Ihre wichtigsten Skills für Ihren Beruf unter Beweis stellen können.

Ein Bewerbungsvideo kann auch als Initiativbewerbung sinnvoll sein, wenn Sie sich bei einem Riesen der Internetbranche wie z. B. Google oder Facebook bewerben, bei

19 Vgl. https://www.youtube.com/intl/de/yt/about/press/; https://www.brandwatch.com/de/blog/statistiken-youtube/

denen man mit einer klassischen Bewerbung oft recht geringe Aussichten auf Erfolg hat. Einige große Unternehmen setzen ein Bewerbervideo im ersten Schritt der Bewerbung ein, um sich ein lebendigeres Bild von einem Bewerber machen zu können. Mehrere Matching-Apps arbeiten mit Videos auf Bewerberseite, weil diese aussagekräftiger sind als ein Text.

Warum also nicht den Spieß umdrehen bzw. ein eigenes Bewerbervideo selbst produzieren?

7.4.3 Was sind die wichtigsten Vor- und Nachteile von YouTube als Bewerbungskanal?

Eine Bewerbung auf YouTube hat das Potenzial einer immens großen Reichweite und Sichtbarkeit. Gleichzeitig sollten Sie einbeziehen, dass Sie dort mit sehr vielen kommerziellen Anbietern konkurrieren. Sie wagen sich also mit einem Bewerbervideo in ein sehr kompetitives Umfeld.

Die Professionalität des eigenen YouTube-Kanals bzw. -Videos ist definitiv ein zentraler Faktor für Ihren Erfolg. Der Schuss kann komplett nach hinten losgehen, wenn das Video nicht an die Zielgruppe bzw. den Adressaten der Bewerbung angepasst ist. Das Risiko ist durchaus real, mit einem schlechten oder durchschnittlichen oder ungewollt lustigen Video negativ aufzufallen.

7.4.4 Ihre Wirkung vor der Kamera

Bevor Sie loslegen, fragen Sie sich: Wie vertraut sind Sie mit dem Medium Film? Wie wohl fühlen Sie sich, wenn Sie gefilmt werden? Wie wirken Sie auf Fotos und in Videos? Es gibt Menschen, die eine tolle, völlig natürliche Präsenz haben und sich selbstbewusst vor der Kamera bewegen. Wenn Sie zu diesen zählen, dann herzlichen Glückwunsch! Wenn Sie jetzt denken, dass Sie sich eher auf der anderen Seite des Spektrums bewegen und eine Kameralinse Sie sehr einschüchtert, dann konzentrieren Sie sich besser auf andere Wege, sichtbar zu werden, die wir in diesem Kapitel noch beschreiben werden.

Haben Sie sich für ein Bewerbungsvideo auf YouTube entschieden, arbeiten Sie folgende Punkte Schritt für Schritt für die Produktion Ihres Videos durch:

Ihr Bewerbungsvideo auf YouTube – darauf sollten Sie achten:	
Storytelling	Sie brauchen eine sehr gute Storyline für Ihr Bewerbervideo. Ihre Selbstpräsentation per Video wird dann gut, wenn Sie sie strukturiert (mit einer klaren Gliederung), kurz und prägnant, einfach und anschaulich gestalten. Ähnlich wie in einem Elevator Pitch sollten Sie folgende Fragen beantworten: • Wer bin ich? • Was kann ich? • Welche besonderen Erfahrungen biete ich? • Was möchte/suche ich beruflich? • Call for Action! Diese Fragen helfen Ihnen für den Aufbau Ihrer Storyline. Sie können sie auch direkt in Ihr Video einbauen und unterstützen damit Ihren Zuschauer, Ihnen inhaltlich zu folgen. Verwenden Sie systematisch Ihre Keywords, d. h. die Schlagwörter, die sich auf Ihre wichtigsten beruflichen Stärken beziehen.
Storyline	Sie können die o. g. Fragen in das Video als visuelles Hilfsmittel einblenden, um Ihrem Vortrag eine klare Struktur zu geben. Es gibt gute Programme, mit denen Sie leicht Videos bearbeiten können (z. B. iMovie für Mac, Windows Movie Maker und für die Profis unter Ihnen Adobe Premiere, Magix oder Camtasia). Bauen Sie visuelle Elemente wie z. B. (Info-)Grafiken ein – überraschen Sie Ihre Zuschauer!
Call for Action!	Fordern Sie Ihre Zuschauer zu einer Handlung auf, am besten am Ende des Videos. Diese Aufforderung zu einer konkreten Handlung könnte sein: Bitten Sie um Kommentare zu Ihrem Video (wenn Sie ein Fachthema präsentiert haben) oder verweisen Sie darauf, wie man gerne mit Ihnen in Kontakt treten kann (per Mail, per XING oder LinkedIn etc.). Idealerweise ist diese Kontaktinformation das Schlussbild Ihres Videos.
Emotion	Bringen Sie Emotion in Ihre Selbstpräsentation. Zeigen Sie, dass Sie von sich überzeugt sind! Trauen Sie sich, Ihren Stolz auf das zu zeigen, was Sie erreicht haben. Was war das genau? Erinnern Sie sich an die wichtigsten Momente Ihrer beruflichen Stationen und zeigen Sie offen und mit Vertrauen, was Sie dabei empfinden! Das wird Ihren Vortrag definitiv lebendiger machen und die Aufmerksamkeit der Zuschauer wecken.
Länge	Unser Aufnahmevermögen hat sich durch die Informationsflut, der wir täglich ausgesetzt sind, in den letzten Jahren reduziert. Bei Online-Inhalten muss die Würze in der Kürze liegen. Empfehlenswert sind hier drei bis fünf Minuten, in denen Sie überzeugen müssen.
Vorbild	Wer ist Ihr Vorbild für Präsentationen? Gibt es einen Speaker, der Ihr Role Model in Bezug auf Vorträge ist? Dann schauen Sie sich seine Vorträge immer wieder an. Was macht er besonders gut? Wie macht er es genau? Imitation ist eine sehr effektive Form des Lernens.

Ihr Bewerbungsvideo auf YouTube – darauf sollten Sie achten:	
Übung	Prägen Sie sich die Storyline ein und üben Sie diese mehrfach, ohne sie auswendig zu lernen. Nehmen Sie sich auf und schauen Sie sich die Aufnahmen an. Das ist die effektivste Vorbereitung!
Test	Machen Sie die Probe aufs Exempel, bevor Sie das Video auf YouTube stellen. Zeigen Sie das Video ausgewählten Personen und bitten Sie diese um konstruktives Feedback. Wie kommt das Video an?

Checkliste für ein Bewerbungsvideo auf YouTube

Im Kapitel 8.1 »Special #1: Bewerbungsvideos« gehen wir noch genauer auf die einzelnen Details der Produktion und der Bearbeitung von Bewerbervideos ein.

Wichtig

In Bezug auf frühere Arbeitgeber sollten Sie immer professionell und neutral berichten. Wenn es negative Arbeitsverhältnisse in Ihrem Berufsleben gab, dann ist dies leider so, nur wäre die Benennung dieser Tatsachen sehr kontraproduktiv für Ihre positive Eigen-PR, die im Kern aller Ihrer Aktivitäten im Bewerbungsprozess steht.

7.4.5 Der YouTube-Kanal

Ihr Bewerbungsvideo sollten Sie idealerweise in einen eigenen YouTube-Kanal einbinden. Damit Ihr Bewerbungsvideo und Ihr YouTube-Kanal Hand in Hand gehen und beides professionell wirkt, sollten Sie Folgendes beim Anlegen Ihres YouTube-Kanals beachten:

So legen Sie einen YouTube-Kanal an	
Erscheinungsbild	Um Ihr Profil bzw. Ihre eigene Marke zu stärken, gestalten Sie Ihren YouTube-Kanal genauso wie alle anderen Kanäle und Medien, die Sie im Bewerbungsprozess verwenden. Gleiches Foto, gleiche Farben, gleiches Design. Sie brauchen einen hohen Wiedererkennungswert, der nur entsteht, wenn Sie ganz diszipliniert und konsistent mit allen Designelementen umgehen. Dabei hat Ihr Profilfoto eine herausragende Stellung. Verwenden Sie am besten immer das gleiche Foto oder ähnliche Fotos. Damit erkennt man Sie sofort wieder!
Kanalinfo	Nutzen Sie die »Kanalinfo« und/oder einen Kanaltrailer, um einerseits Ihre berufliche bzw. fachliche Ausrichtung und Ihre fachlichen Stärken zu beschreiben und die Tatsache zu dokumentieren, dass Sie auf Jobsuche sind.

So legen Sie einen YouTube-Kanal an	
Vorrat	Wenn Videos zu Ihrer Leidenschaft gehören und Sie die Vision haben, ein YouTuber zu werden, dann gehen Sie fokussiert an die Sache heran und produzieren Sie Videos vor. Damit haben Sie einen Vorrat, um in regelmäßigen Abständen zu posten und eine Community aufzubauen. Vergessen Sie dabei nie, Ihr Video mit einer klaren Beschreibung zu versehen.
Verlinken	Wie bei allen anderen Social-Media-Kanälen ist das Verlinken ein wichtiger Aspekt für den sog. viralen Effekt, die möglichst schnelle Verbreitung und das Erlangen einer möglichst großen Reichweite. Denken Sie an das Verlinken Ihres YouTube-Kanals und Ihrer Videos (in der Videobeschreibung) mit Ihrem Blog, Ihrer Website, Ihrem XING- oder LinkedIn-Profil und weiteren Social-Media-Kanälen, die Sie nutzen. Falls Sie einen Bewerbungsblog oder eine Bewerbungswebsite haben, verlinken Sie bitte auch das Impressum im YouTube-Kanal mit diesen. Verlinken Sie auch Ihre Videos miteinander und verlinken Sie auch Videos von potenziellen Arbeitgebern. Damit werden sich Ihre Inhalte auf den verschiedenen Medien schneller und weiter verbreiten.
Kommentieren	Gehen Sie sorgsam mit jedem einzelnen Zuschauer Ihrer Videos um. Stellen Sie sich innerlich darauf ein, dass Sie auch negative Kommentare erhalten können. Heißen Sie erst einmal Kommentare auf Ihre Videos willkommen und beantworten Sie jeden einzelnen. Damit treten Sie in Beziehung zu Ihren Zuschauerinnen und Zuschauern: Diese bekommen das Gefühl, dass sie gehört bzw. gesehen werden, und fühlen sich motiviert, zu Ihnen zurückzukehren. Auch wenn der Kommentar unsachlich, provokativ oder aggressiv ist: Antworten Sie immer freundlich und professionell, evtl. sogar mit einer Nachfrage auf der sachlichen Ebene oder mit dem Angebot eines persönlichen Gesprächs, um die Auseinandersetzung offline zu lösen.
Teilen	Wenn Sie jetzt Ihr Bewerbungsvideo auf Ihrem eigenen YouTube-Kanal lancieren, dann teilen Sie es sofort auf Ihren weiteren Social-Media-Plattformen. Damit Ihr Video weiter Fahrt aufnimmt und an Reichweite gewinnt, informieren Sie am besten Ihre wichtigsten Kontakte vorab und bitten Sie diese, Ihr Video zu teilen sobald Sie es online gestellt haben. Nur so kann es zu dem sog. viralen Effekt kommen, den Sie bewirken wollen. Ihr Video wird geteilt, geteilt, geteilt und wieder geteilt, sodass es dann hoffentlich von einer sehr hohen Anzahl Nutzer angeschaut wird. Und wenn Sie es nach einer gewissen Zeit noch einmal teilen, wird dies die Verbreitung Ihres Videos noch einmal steigern!

Checkliste für das Anlegen eines YouTube-Kanals

Jetzt kann Ihrem Erfolg als YouTuber eigentlich (fast) nichts mehr im Wege stehen!

7.5 Online-Reputation: Ihre digitalen Fußspuren

Der Austausch von privaten Informationen, Fotos und Videos über Social-Media-Plattformen ist für viele von uns sehr normal und wichtiger Bestandteil unseres Alltags.

Die meisten von uns sehen sich schon morgens vor dem Büro die neuesten Nachrichten und Posts auf Facebook & Co. an, um sich darüber zu informieren, was Familienmitglieder, Freunde und Bekannte aus ihrem Alltag teilen. Unternehmen verwenden Social-Media-Kanäle für Employer-Branding-Aktivitäten und Active Sourcing. Damit wird relevant, was und wie Sie als Bewerber auf Social-Media-Plattformen kommunizieren.

Ihr Digital Footprint, die Spur von Daten, die Sie im Internet aktiv oder passiv hinterlassen, bekommt eine besondere Bedeutung, wenn Sie sich bewerben. In den meisten Fällen nutzen Unternehmen unsere digitalen Fußspuren, um unser Konsumverhalten zu verstehen und uns gezielt mit Werbung zu versorgen. Personaler möchten mithilfe der digitalen Spuren die Persönlichkeit und den Menschen verstehen, der sich bei ihnen beworben hat.

Recruiter nutzen meistens XING und LinkedIn, außerdem Spezialisten-Foren und Blogs, Facebook und Twitter, um sich selbst über bereits bekannte Kandidaten zu informieren. In neuen sog. E-Recruiting-Systemen wird mit Algorithmen gearbeitet, mit denen anhand von digitalen Spuren, insbesondere Likes, erkannt wird, welche Themen eine Person unterstützt. Damit kann dann eine Persönlichkeitsanalyse erstellt und bestimmtes Verhalten vorausgesagt werden.

7.5.1 Wie sichern Sie als Bewerber eine positive Online-Reputation?

- Gehen Sie bewusster damit um, wie Sie Social-Media-Kanäle nutzen und welche Datenspuren Sie dort hinterlassen. Überlegen Sie sich genau, wo Sie welches Like setzen, was Sie posten und welche Aussage Sie damit über sich treffen, insbesondere auf XING, LinkedIn, Facebook und auf Ihrem Blog (wenn Sie einen eigenen haben).
- Vermeiden Sie Posts mit Fotos, Videos oder Texten, mit denen Sie sich sehr offen zu schwierigen Themen wie Politik, Religion, Sexualität, Alkohol und Drogen äußern. Damit machen Sie sich persönlich angreifbar.
- Falls es Ihnen persönlich wichtig ist, generell kontrovers diskutierte Themen mit Ihren Freunden, Familie und anderen Facebook-Freunden zu teilen, dann tauschen Sie sich darüber nur mit Ihren privaten Kontakten aus.
- Wenn Sie direkt mit Unternehmensvertretern wie z. B. Recruitern oder HR-Spezialisten auf Social-Media-Kanälen kommunizieren, behandeln Sie Ihr Gegenüber immer professionell und freundlich und es wird Sie genauso behandeln. Auf diese Weise schreiben Sie sich selbst das beste Empfehlungsschreiben als zukünftiger Mitarbeiter.
- Achten Sie auf Ihre Rechtschreibung und auf das korrekte Setzen von Satzzeichen. Wir haben es uns angewöhnt, kurz und mit vielen Emoticons zu kommunizieren,

und dabei oft eine eigene Online-Sprache entwickelt, die stark von der Schriftsprache, die wir in der Schule lernen, abweicht.
- Wie und was Sie kommunizieren, ist Ausdruck Ihrer Professionalität und in den Augen vieler Personaler und Recruiter bereits Ihre erste Arbeitsprobe.

Wichtig

Falls das öffentliche Teilen von Meinungen zu bestimmten gesellschaftlich relevanten Themen wie Politik, Sexualität und Religion für Sie sehr wichtig ist, weil Sie z. B. politisch aktiv sind oder in einer gesellschaftlich wirkenden Organisation tätig sind, dann tun Sie es weiter, ganz bewusst – denn dann ist es ein wichtiger Bestandteil Ihres Lebens und hat seine Berechtigung. Bereiten Sie sich jedoch darauf vor, dass Sie in einem Vorstellungsgespräch darauf angesprochen werden können. Dann sollten Sie diese Aktivität als wichtigen Teil Ihrer Persönlichkeit darstellen und mitteilen, dass es für Sie wichtig ist, sich für bestimmte Themen zu engagieren und diese zu vertreten. Bleiben Sie dabei auf dieser Meta-Ebene, ohne inhaltlich in die jeweiligen Themen einzusteigen.

7.5.2 Wie sichern Sie Ihre Daten und Ihre Privatsphäre?

- Jeder Social-Media-Kanal hat bestimmte Nutzungsbedingungen, denen wir bei der Anmeldung und dem Anlegen eines Profils zustimmen oder die wir ablehnen müssen. Nehmen Sie sich die Zeit, um sich durch die Einstellungen zu arbeiten und darüber bewusst zu entscheiden, welche Ihrer Daten auf welche Art und Weise weiterverwendet werden dürfen. Wir haben im Fall der letzten US-amerikanischen Wahl z. B. erlebt, wie Online-Daten analysiert und bewusst für politische Kampagnen eingesetzt wurden, um nationale Wahlen zu beeinflussen. Sie können in jedem Moment die Einstellungen auf Ihrem Profil ändern.
- Sie haben in allen Social-Media-Kanälen die Möglichkeit, Ihre Privatsphäre zu schützen, indem Sie Ihr Profil und Ihre Posts nur mit Ihren Kontakten oder mit der gesamten Öffentlichkeit teilen.

Lesen Sie hierzu auf alle Fälle auch Kapitel 5»DSGVO in der Bewerbung«.

8 Specials für Ihr Selbstmarketing

8.1 Special #1: Bewerbervideos

Bei der Bewerbung kommt dem positiven Selbstmarketing des Bewerbers eine entscheidende Rolle zu. Viele Bewerberinnen und Bewerber tun sich schwer damit, sich beim potenziellen Arbeitgeber für einen Job aktiv in Szene zu setzen und ihre relevanten Skills selbstbewusst zu zeigen. Viele stehen sich selbst mit einem geringen Selbstvertrauen im Weg. Arbeitgeber suchen immer den idealen Bewerber für die optimale Besetzung einer freien Stelle. Wieso sollte sich ein Unternehmen für einen Kandidaten entscheiden, der sich hinter seinen guten Leistungen versteckt und hofft, eine Chance zu bekommen?

Mit einem zielgerichteten »**Personal Branding**« können Sie praktisch eine eigene Marke kreieren. Mit gezielten Botschaften sollten Sie offensiv und kontinuierlich Ihre wichtigsten Kompetenzen und Skills kommunizieren. Ein klein wenig »Posing« ist ausdrücklich erwünscht.

In der heutigen schnelllebigen Zeit wird das Bewerbervideo immer beliebter. Denn sowohl der Bewerber als auch die Recruiter und Personaler haben großes Interesse daran, schnelle Antworten auf die zentrale Frage zu finden: Stimmt das »Matching« zwischen Angebot (Bewerber) und Nachfrage (Stellenanzeige), anders gesagt: zwischen Anforderungsprofil und Bewerberprofil? Einen neuen Kandidaten zu finden, der wirklich auf die ausgeschriebene Stelle und zur Firma passt, ist ein sehr kosten- und zeitintensiver Prozess. Hier sind alle Mittel und Wege recht, um schnell ans Ziel zu gelangen. Das gilt für beide Parteien. Viele Personaler möchten die langweiligen und standardisierten Anschreiben nicht mehr lesen und setzen auf den persönlichen Eindruck, den sie im ersten Schritt durch ein Bewerbungsvideo erhalten.

Der Einsatz von Bewerbungsvideos kann über unterschiedliche Kanäle und zu unterschiedlichsten Bedingungen erfolgen. Vom Einrichten einer eigenen Homepage mit einer professionellen Selbstdarstellung in Videoform bis hin zu schnell zu bedienenden Apps, die Bewerberportale oder Unternehmen entwickelt haben, bei denen man die Bewerbungsvideos selbst aus dem Stegreif dreht, ist alles möglich. Auch verschiedene digitale Bewerbungskanäle bieten das Hochladen von Videos an. Oft werden dazu Tipps, Anregungen, Anleitungen und Fragen vom Unternehmen zur Verfügung gestellt, je nachdem, welches Konzept diese Plattformen verfolgen.

Bevor es vor die Kamera geht, gilt es jedoch, sich gut vorzubereiten und sich genau Gedanken zu machen, was Sie als Ihre **Kernbotschaften und Alleinstellungsmerkmale** hervorheben möchten. Die ältere Generation tut sich eher schwer damit, sich vor der Kamera mit einer Selbstdarstellung zu positionieren. Für die sog. Selfie-Generation ist es erheblich leichter.

Eine intensive Vorbereitung wird Ihnen helfen, selbstbewusst vor die Kamera zu treten und Ihre Chance auf einen guten ersten Eindruck zu nutzen. Wenn Sie die unten stehenden Hinweise beachten, werden Sie mit dem Ergebnis sicher zufrieden sein und punkten können. Machen Sie hier keine »halben Sachen« und gehen Sie nach dem Motto »Der erste Eindruck zählt und er muss sitzen« vor.

Im Bewerbungsvideo kommt es noch mehr als in den Bewerbungsunterlagen darauf an, den Betrachter zu überzeugen und sich als attraktive Persönlichkeit zu zeigen. Gerade im Bewerbervideo muss jede für den Job relevante Kompetenz und Erfahrung positiv verkauft und bewusst betont werden. Ein Bewerbungsvideo ist bereits die Vorstufe des Bewerbungsgesprächs.

Vor der Kamera sollten Sie besonders darauf achten, wie Sie wirken. Der persönliche Eindruck, den Sie anderen vermitteln, entsteht aus Ihrer Körperhaltung, Ihrer Mimik und Gestik sowie Ihrer Art, sich zu geben und zu sprechen. All das führt schnell zu einem Bild von Ihnen beim Betrachter und möglicherweise bereits zu einer Vorentscheidung. Die Integration von Kurzvideos in der Bewerbung hilft in jedem Fall dabei, sich vielseitiger, interessanter und authentischer gegenüber dem Unternehmen zu präsentieren. Der große Vorteil besteht darin, dass man sich richtig gut vorbereiten kann und dies natürlich auch eine hervorragende Übung für das »echte« Vorstellungsgespräch ist.

Trotz aller Vorteile, die das Medium Video in der heutigen Zeit bietet, wird es von Bewerberinnen und Bewerbern eher verhalten eingesetzt. Unternehmen dagegen nutzen bereits viele videobasierte Interviewformen, wie z. B. die zeitversetzten Videos ohne Interviewpartner (siehe Kapitel 9.2 »Zeitversetzte Videointerviews ohne Interviewpartner«). Mit einem professionellen Video heben Sie sich von der Mehrzahl der Bewerberinnen und Bewerber ab und erhöhen so bestimmt die Chancen auf den gewünschten Job.

8.1.1 Die Erstellung eines Bewerbungsvideos

8.1.1.1 Die Vorbereitung – der Inhalt

Bevor mit der Videoaufnahme gestartet werden kann, braucht es eine sehr gute, wenn möglich, eine kreative, innovative und hochwertige Vorbereitung. Möchte Sie den Job wirklich bekommen? Wenn Sie mit einem klaren Ja antworten, dann heißt es ab jetzt: Geben Sie alles! »Video« können inzwischen sehr viele. In unserer heutigen »Selfiezeit«

schreckt vor allem die Jugend nicht mehr davor zurück, sich vor die Kamera zu stellen. Deswegen spielt bei einer Bewerbung die Qualität des Videos eine sehr große Rolle.

Genau wie bei den Bewerbungsunterlagen sollten Sie hier Ihr Bestes geben: eine positive, sympathische und auf die Stelle eingehende Präsentation Ihrer Person. Das Video ist bereits eine Art Arbeitsprobe, aus der der Personaler erkennen kann, ob Sie motiviert sind, genau arbeiten und Ihre Aufgaben ernst nehmen. Sie können durch das Video eine erste »Duftmarke setzen«, die die Voraussetzung dafür ist, den Job zu bekommen.

Erstellen Sie ein Skript

Ohne Plan geht gar nichts. Die Kamera bleibt erst mal in der Schublade. Sie überlegen sich zunächst, was und wie Sie etwas sagen möchten. Dafür schreiben Sie ein kleines Drehbuch. Arbeiten Sie mit einem Storyboard. Vor allem sollten Sie sich vorab alle relevanten Fragen stellen und die richtigen Themen heraussuchen, damit Sie wissen, wohin die Reise geht:

- Wer sind Sie? Was macht Sie aus?
- Was können Sie richtig gut? Welche Qualifikationen und Fähigkeiten bringen Sie mit?
- Welche Stärken zeichnen Sie aus?
- Was schätzen andere Menschen an Ihnen?
- Bei welchen Aufgaben und Arbeiten ist Ihre Motivation nicht nur hoch, sondern sehr hoch?
- Auf welche Erfahrungswerte können Sie zurückgreifen?
- Was haben Sie in der Vergangenheit erreicht? Worauf sind Sie besonders stolz?
- Warum passen Sie zum Unternehmen?
- Warum sollten genau Sie diese Stelle bekommen?
- Was interessiert Sie besonders an der Firma und an der Stelle?
- Wie können Sie dem Unternehmen, bei dem Sie sich bewerben, nützlich sein?
- Welche privaten und beruflichen Bedürfnisse und Ziele sind Ihnen wichtig?
- Welche kurz-, mittel- und langfristigen Ziele haben Sie – beruflich und privat?

Diese Selbstanalyse bringt vor allem erst einmal Klarheit für Sie selbst und damit gleichzeitig ein großes Stück Selbstbewusstsein sowie Selbstsicherheit. Besonders die letzten beiden Punkte der obigen Fragen sind bedeutend für die Bewerbung: Erfolg kann sich nur dann einstellen, wenn die Persönlichkeit samt der eigenen Bedürfnisse nicht zu kurz kommt und im Beruf zielgerichtet zur Geltung gebracht werden kann. Es ist nämlich wenig sinnvoll, sich auf eine Stelle zu bewerben, bei der wesentliche Persönlichkeitsmerkmale verdrängt werden müssen oder bei der Sie nicht so sein können, wie Sie sind.

Klären Sie außerdem die Zielgruppe und nehmen Sie deren Sichtweise ein:

- Wer wird Ihr Video ansehen? Wer sind Ihre Adressaten?
- Wen möchten Sie erreichen? Personalverantwortliche Angestellte, den Unternehmer oder den Gesellschafter selbst? In kleineren Firmen führen oft die Inhaber selbst die Einstellungsgespräche und treffen die Entscheidung.
- Versetzen Sie sich in die Position Ihres »Gegenübers«. Was spricht Ihr Gegenüber an? Was könnte ihn besonders interessieren?

Diese Fragen sollten Sie auf prägnante und überzeugende Weise im Video beantworten.

Der richtige Einstieg

Die ersten Sekunden im Video sollten gleich neugierig machen und den Zuschauer motivieren, sich auch noch den Rest anzusehen. Sie selbst sind dafür verantwortlich, den anderen »heiß auf sich zu machen«. Hier entscheiden bereits die ersten Sekunden! Starten Sie nicht mit »Ich heiße Peter Meier, bin Diplom-Kaufmann und bringe einen Universitätsabschluss mit«. Wo bleibt hier die Spannung? Versuchen Sie es mit einer Frage! »Haben Sie es satt, dass es in Ihrer Firma immer noch zu viele Milchmädchenrechnungen gibt? Mich, Peter Meier, hat es schon in der Schule begeistert, damit gar nicht erst anzufangen. In meinem Studium zum Diplom-Kaufmann konnte ich ...«. Hier kommt schon Ihre erste Leidenschaft für ein fachliches Thema ins Spiel und der Zuschauer möchte mit großer Wahrscheinlichkeit mehr über Sie erfahren. Bauen Sie weitere plakative Beispiele oder überraschende Informationen ein – probieren Sie aus, was für Sie am stimmigsten ist.

Diese erste Vorstellung sollte auch nicht mehr als ein paar Sekunden dauern. Dann sollte es gleich »ans Eingemachte« gehen. Kein Geschwafel, kein Schwank aus Ihrem Leben. Bei einem Video, das nicht länger als eineinhalb bis zwei Minuten dauern darf, sollten Sie gleich die Fragen beantworten, die Sie vom Personaler erwarten und auf die Sie sich auch für das Vorstellungsgespräch vorbereiten. Das Wichtigste ist nicht, was Sie alles in der Vergangenheit gemacht haben, sondern das, was der neue Arbeitgeber an Ihnen hat und welchen positiven Beitrag oder Mehrwert Sie ihm bieten können.

Weiter geht es mit den relevanten Informationen

Ihr Lebenslauf dient dem vollständigen Abriss Ihrer akademischen und beruflichen Laufbahn – im Video sollten Sie nur die Erfahrungen betonen, die Sie besonders für die ausgeschriebene Stelle qualifizieren. Vor allem Erfolge und Meilensteine Ihrer bisherigen beruflichen Karriere lassen die Augen und Ohren der Personaler größer werden. Verknüpfen Sie diese Erfolgsgeschichten immer mit den Themen bzw. Aufgaben, die auch im neuen Job auf Sie zukommen könnten.

Auch Persönliches hat hier Platz. Was gibt es an interessanten Hobbys bzw. Freizeitaktivitäten, die zum Thema oder der Branche des Unternehmens besonders gut passen? Gibt es Netzwerke, Organisationen, Verbände, für die Sie sich engagieren? Der Personaler könnte natürlich auch an den Kontakten, z. B. Kunden oder Lieferanten, interessiert sein, die Sie mitbringen. Bei allen Punkten sollten Sie bei der Wahrheit bleiben. Denn beim Vorstellungsgespräch kommen die Themen sicher wieder auf den Tisch. Wer hier zu dick aufträgt, wird sicher durchschaut und wird die dann zu hohen Erwartungen nicht erfüllen können.

Erzeugen Sie Spannung

Achten Sie unbedingt darauf, im Video Neues zur Sprache zu bringen und nicht einfach alles zu wiederholen, was man sowieso in Ihrem Anschreiben und Lebenslauf finden kann. Dann ist das Video nicht mehr zeitsparend und spannend, sondern verschwendet die kostbare Zeit des Personalers und macht Sie nicht sonderlich beliebt bei ihm.

Nutzen Sie das Bild und auch den Ton, um hier evtl. Ihre Sprachkenntnisse zum Besten zu geben oder Ihr Talent für Rhetorik und den Umgang mit Körpersprache, Mimik und Gestik zu zeigen.

Ein guter Trick ist es, sich selbst zu interviewen. Stellen Sie sich selbst die zu erwartenden Fragen. »Sicher wollen Sie wissen …«, »Ich vermute, es könnte für Sie interessant sein zu erfahren, ...« oder »Ich habe noch eine Info, die Ihnen sicher gefallen wird ...« Dann wird aus einem langweiligen Monolog ein kurzweiliger Vortrag, der gut ankommen und die richtige Wirkung erzielen wird.

Die Frage nach Ihrem Nutzen für das Unternehmen ist sicherlich die interessanteste und wichtigste für den Zuschauer. Alle anderen Informationen kann er sich auch aus dem Lebenslauf oder dem Anschreiben holen. Schildern Sie doch kurz, aber eindrücklich, wie Sie der Wunschfirma in Zukunft beim Lösen ihrer Probleme helfen wollen oder bei welchen Herausforderungen Sie genau die Expertise haben, die Ihr Gegenüber braucht. Das Unternehmen wird definitiv etwas davon haben, wenn es zukünftig mit Ihnen zusammenarbeiten wird.

Nutzen Sie die »Storytelling«-Methode

Im Kapitel 4.1.1 »Storytelling« sind wir schon auf das Thema eingegangen. Bei der Selbstpräsentation im Bewerbervideo ist diese Methode ebenfalls hilfreich. Storytelling wird im Marketing und in der Öffentlichkeitsarbeit schon lange erfolgreich angewendet. Fakten werden hierbei nicht nur aneinandergereiht, sondern als spannende Geschichte »verpackt« und präsentiert. Doch warum sollten Sie dieses Konzept für Ihre Videobewerbung nutzen?

Ganz einfach: Geschichten verbinden Menschen und machen das Erlebte greifbarer und spannender. So können Sie Storytelling dazu nutzen, sich selbst und Ihre wichtigsten Kompetenzen und Fähigkeiten in eine spannende Geschichte zu verpacken und damit lebendig zu machen. Dies ist eine hervorragende Möglichkeit, die Zuschauerinnen und Zuschauer emotional anzusprechen und für sich zu interessieren.

Wie funktioniert das Ganze in einem Bewerbervideo? Denken Sie über Ihren bisherigen beruflichen Werdegang nach und überlegen Sie sich einen Satz, der besonders gut auf Sie zutrifft. Diesen Satz können Sie als »Aufhänger« für Ihre Geschichte verwenden. Zudem bieten sich Bilder, ein Zitat oder eine Frage an, um mit Ihrer Geschichte zu beginnen. Sie können sich beispielsweise am Modell der Heldengeschichte orientieren, um Ihre Geschichte spannend aufzubauen. Sie können in Ihrer Story auch auf das Wunschunternehmen eingehen. Recherchieren Sie dazu vorher News, Pläne, Probleme oder Herausforderungen des Unternehmens und überlegen Sie sich genau, wie Sie mit Ihren Stärken und persönlichen Eigenschaften zu deren Lösung beitragen können.

Halten Sie sich am besten an die folgende Struktur – das wird Ihnen helfen: Ihre Geschichte besteht aus drei Teilen, die in einfachster Form mit Anfang, Mitte und Ende bezeichnet werden können. Genauer ausgedrückt: Ausgangssituation, Komplikation, Auflösung.

Nehmen Sie die folgenden »Zutaten«:
- **Eine Dramaturgie.** Sie lässt sich im oben genannten Dreiaktschema darstellen - Ausgangssituation, Komplikation, Auflösung -, danach die »Erstarkung« des Helden.
- **Einen Helden oder eine Heldin**. Ihr Gegenüber sollte sich mit diesem identifizieren können. Im Normalfall sind Sie das.
- **Ein Ziel**. Die entscheidende Frage ist: Warum erzählen Sie diese Geschichte? Was wollen Sie damit erreichen?
- **Einen Konflikt.** Er entsteht aus Widerständen, die den Helden (und sein Team oder sein Unternehmen) daran hindern, das Ziel zu erreichen. Erinnern Sie sich an schwierige Situationen, die Sie in Ihrem Berufsleben erfolgreich gemeistert haben. Denken Sie daran, dass vor allem die Firma, für die Sie damals gearbeitet haben, davon profitiert haben sollte.

Ein Held oder eine Heldin hat immer einen Schlüsselmoment, in dem nicht klar ist, ob er/sie die Herausforderung bewältigen wird oder nicht, d. h. ob er/sie scheitern oder siegen wird. Normalerweise hatten wir alle in unserer beruflichen Entwicklung mindestens einen derartigen Konflikt oder Schlüsselmoment. Seien Sie mutig und offen, diesen anzusprechen, natürlich am besten, wenn Sie den Konflikt gut gelöst und die Hürde überwunden haben!

Verwenden Sie kurze Sätze und halten Sie Ihre Geschichte eher einfach. Allerdings sollten Sie darauf achten, dass Geschichten und Wortwahl zur Branche oder zu dem Bereich passen, in der bzw. dem Sie sich bewerben möchten.

Rhetorik

Machen Sie sich mit den gängigen Stilmitteln vertraut. Damit können Sie punkten. Denn in vielen Jobs wird es erwartet, dass man gut präsentieren kann und über gute kommunikative Fähigkeiten, Überzeugungskraft oder Verhandlungsgeschick verfügt – sei es in Meetings, auf Messen, in Webkonferenzen, bei Kundenveranstaltungen oder in Verhandlungssituationen.

Wenn Sie bereits im Bewerbungsvideo glänzen können, hinterlassen Sie auf jeden Fall einen positiven Eindruck. Hier alle sinnvollen Stilmittel aufzuzählen würde den Rahmen dieses Buches sprengen.[20] Eine Recherche hierzu ist aber in jedem Fall sinnvoll und bringt Sie in Ihrer Kommunikation, auch in anderen Bereichen Ihres Berufsalltags (oder auch privat) weiter.

Tipp

Achten Sie in jedem Fall auf Ihre Formulierungen. Feilen Sie daran, bis ein »runder« Text entstanden ist, der Ihnen entspricht. Das macht es für Personaler leichter, Ihnen zu folgen und gern zuzuhören.

Clickbaiting

Clickbaiting (»to bait« bedeutet »ködern«) dient dazu, den Zuschauer/Leser an die Angel zu bekommen. In Online-Netzwerken ist das ein eher weniger gern gesehenes Stilmittel, bei Bewerbungen kann es aber die Neugier des Betrachters wecken. Eine Frage kann zum Beispiel ein interessanterer Einstieg in ein Video sein. »Warum gerade ich eine Bereicherung für Ihr Unternehmen bin? Da fällt mir ein, … « Wenn Sie noch einen Schritt weitergehen möchten, beziehen Sie sich einfach auf einen Querverweis: »Sie möchten wissen, wie sich bei meinem 2.0-Projekt während meines Auslandssemesters in Australien doch noch alles zum Guten gewendet hat? Dann folgen Sie dem unten eingeblendeten Link.«

Wichtig! Der Schluss – Aufforderung zum Handeln

Der Schluss des Videos und damit die Verabschiedung sollten immer »der Anfang von etwas Nächstem« sein. Indirekt sollte derjenige, der dann über die weiteren Schritte entscheiden wird, auch ganz genau zu diesem nächsten Schritt hingeführt werden. Denn worum geht es eigentlich? Darum, dass Sie sich gut verkaufen und der andere zukünftig Ihr Arbeitgeber wird. Nutzen Sie somit die Tricks aus der Werbung und bauen

20 Wir empfehlen: Flume, Peter; Mentzel, Wolfgang: Rhetorik, 2015

Sie am Schluss einen »Call to Action« ein. Diese Handlungsaufforderung kann bereits die richtigen Weichen für Ihre weitere berufliche Zukunft stellen. Werden Sie gerne ein bisschen frech, zum Beispiel so:

- »Sie finden interessant, was Sie jetzt über mich herausgefunden haben? Warum greifen Sie nicht gleich zum Hörer und laden mich zu einem Gespräch ein, in dem Sie noch mehr von mir und meinen Skills erfahren? Ich freue mich, wenn ich Ihnen noch mehr über mich erzählen darf.«
- »Fortsetzung folgt natürlich gerne, wenn Sie es möchten. Meine Kontaktdaten für ein Gespräch, gerne persönlich oder per Skype, wie es Ihnen lieber ist, finden Sie unten eingeblendet. Melden Sie sich jederzeit bei mir.«
- »Wenn Sie der Überzeugung sind, dass ich gut in Ihr Team passe, dann vertraue ich gerne Ihrem Urteil und freue mich, schon bald Teil dieses Teams zu werden. Melden Sie sich doch gleich bei mir. Ich freue mich! Die Kontaktdaten finden Sie unten eingeblendet.«

Zu forsch? Dann finden Sie Ihre eigenen Worte und bringen Sie den Entscheider auf die richtige Spur. Sie haben im Video eine große Chance, die Sie nutzen sollten. Das macht auf jeden Fall Eindruck!

8.1.1.2 Die Vorbereitung – Ihr Studio

Das Bewerbungsvideo wird natürlich nicht irgendwo und irgendwie gedreht. Sie brauchen hier kein professionelles Studio oder High-Tech-Kameras und Kameraleute. Hier kommt es nicht auf Perfektion an, sondern darauf, dass man Sie kennenlernt und noch mehr über Sie erfahren möchte.

Je nach Branche kann es interessant sein, die Kulisse, in der Sie das Video drehen, sorgsam auszuwählen: wenn möglich passend zur Stellenausschreibung und zu Ihren Kompetenzen. Aber beachten Sie immer, dass Sie gut zu verstehen sind und die Ablenkungen nicht zu groß sind. Ein echter Hingucker macht auf jeden Fall Eindruck. Wählen Sie Motive im Hintergrund, die einen »Wow-Effekt« auf den Zuschauer haben. »Ich stehe gerade auf dem Dach des Olympiastadions in München, weil mich das schon in meiner Kindheit zu meinem Traum, Architekt zu werden, inspiriert hat. Ich komme immer mal wieder hierher, um mich zu neuen Ideen inspirieren zu lassen. Ich wollte schon immer etwas erreichen und bin auf dem besten Weg dazu ...«

Hier ein paar Dinge, auf die Sie achten sollten, denn auch mit dem passenden Setting können Sie punkten.

- Sorgen Sie für eine **ruhige Atmosphäre**, in der Sie nicht gestört und abgelenkt werden können. Die Kinder sind in der Schule und das Telefon ist auf stumm geschaltet. Ein Ton, der durch Hintergrundgeräusche oder Rauschen nicht zu verstehen ist, überdeckt jeden sonst vielleicht positiven Eindruck.

- Achten Sie darauf, dass der **Hintergrund** passt. Eine einfache weiße Wand sollte es sein, wenn das Video im Wohnzimmer gedreht wird. Ansonsten wirkt auch eine Aufnahme in einem Büroumfeld sehr gut. Ein geordnetes Bücherregal, optimalerweise gefüllt mit Fachliteratur, darf es gerne sein. Vor allem muss es ruhig und unaufdringlich sein, damit Ihre Zuschauerinnen und Zuschauer nicht abgelenkt werden. Beim Video müssen Sie, der Bewerber, die Blicke auf sich ziehen. Im privaten Umfeld sollten hier natürlich keine Wäschekörbe oder der Kabelsalat Ihres Rechners auftauchen. Wenn Sie direkt vor dem Fenster sitzen (bestes Licht), spannen Sie ein weißes oder zumindest helles musterfreies Laken davor. Fertig ist »Ihr Studio«.
- Videos **im Freien**, evtl. vor dem Gebäude Ihrer Wunschfirma, sind natürlich auch möglich, allerdings sollten Sie schon etwas routinierter sein, damit Sie sich nicht von den vielen Störfaktoren, die dort auftauchen, ablenken lassen. Aber auch hier gilt: Der Hintergrund bleibt ruhig und unauffällig.
- **Das Licht** spielt eine entscheidende Rolle. Versuchen Sie, sich von allen Seiten gut auszuleuchten, damit sich nicht eine Gesichtshälfte im Schatten befindet. Ihr Gegenüber kann so nur Ihre Konturen erkennen, wenn Sie gegen das Licht filmen. Das Licht sollte weder blenden noch zu große Schatten werfen. Mit ein paar Versuchen und einer zusätzlichen Lampe sollte das problemlos gelingen. Sollten Sie mit zu grellem Sonnenlicht zu kämpfen haben, das durch das Fenster scheint, verhängen Sie die Fenster mit einem durchscheinenden weißen Vorhang. Wenn das Tageslicht durch das Fenster scheint, haben Sie meist die beste Ausleuchtung. Weiter drinnen im Raum legen sich dann Schattenschleier über das Motiv. Das sind Sie! Drehen Sie wenn möglich **bei Tageslicht** oder nutzen Sie sehr helle Lampen. Ohne professionelle Lampen werden Sie immer »in schlechtem Licht« erstrahlen oder untergehen.

8.1.1.3 Die Vorbereitung – die Technik

Die Kamera

Die Webcams und Smartphones der aktuellen Generation verfügen über sehr gute Kameras und Mikrofone und reichen auf jeden Fall für das Bewerbungsvideo aus. Sie können jede Kamera mit Videofunktion nutzen, die Ihnen zur Verfügung steht. Sie sollten mit der Bedienung vertraut sein, damit Sie nicht durch die Anwendung der unterschiedlichen Funktionen abgelenkt werden. Es gibt viele zusätzliche Apps, die Ihnen dabei helfen können, ein eindrucksvolles und ansprechendes Video zu erstellen. Wenn Sie das Nutzen dieser Tools stresst, lassen Sie es. Das Video soll auch Spaß machen und nicht unnötig Zeit kosten.

Hier noch ein paar Varianten bzw. Geräte, die Sie ausprobieren bzw. nutzen können.

Das Mikrofon
Wir empfehlen Ihnen, ein separates Mikrofon zu verwenden. Sie können ein kleines Lavalier-Mikrofon ans Revers stecken – es sorgt für einen guten Sound. Es ist klein und unauffällig und wer genau hinsieht und es entdeckt, mag sogar beeindruckt sein. Diese Mikrofone sind nicht teuer und müssen nur in das Smartphone oder in die Kamera eingesteckt werden. Webcams haben hierfür in der Regel keine Buchse.

Tipp
Verwenden Sie möglichst kein Headset – außer Sie wollen sich als Synchronsprecher verkaufen. Ein Headset macht keinen so guten Eindruck – im Vorstellungsgespräch tragen Sie ja auch kein Headset.

Oft ist sogar die Aufnahmequalität des Mikrofons Ihres Notebooks so gut, dass Sie auch dieses nutzen können.

Ein Kamerastativ verwenden
Stellen Sie Ihr Smartphone, Ihre Webcam oder andere Kameras auf Augenhöhe auf. Filmen Sie nicht von oben oder von unten. Aus diesen Positionen schauen Sie entweder auf Ihr Gegenüber herab – das wäre verheerend – oder Sie machen sich zu klein, was Ihrer kompetenten und selbstbewussten Ausstrahlung schadet. Sie sollten in jedem Fall auf »Augenhöhe« mit Ihrem Betrachter sein! Nutzen Sie dafür am besten ein Stativ. Ein ausreichend hoher Bücherstapel tut es auch. Achten Sie darauf, dass das Smartphone aufrecht steht (das Querformat könnte evtl. noch besser sein) und sich nicht nach hinten neigt.

Positionieren Sie sich mittig im Bild und wählen Sie den Ausschnitt, den man von Ihnen im Bild sieht, so, wie es Ihnen auch im echten Gespräch angenehm wäre. Brust und Schultern sollten auf jeden Fall zu sehen sein. Sitzen Sie möglichst aufrecht

8.1.1.4 Die Vorbereitung – Sie selbst

Es versteht sich von selbst, dass Sie sich nicht mit dem Jogginganzug (außer Sie bewerben sich als Fitness-Trainer) vor die Kamera setzen. Es muss nicht so offiziell sein wie bei einem Vorstellungsgespräch, dennoch macht sich Business Casual hier sicher gut. Die Krawatte können Sie weglassen, außer Sie tragen sie immer und überall. Legen Sie auch das Jackett oder Sakko ab, wenn Sie sich in einem geschlossenen Raum befinden. Ein schönes Hemd macht sich immer gut. Bei Frauen eignen sich eine schöne Bluse und evtl. zusätzlich ein Blazer.

Der Eindruck sollte auf jeden Fall ein gepflegter und der Situation entsprechender sein. Als Frau können Sie sich dezent schminken, ein Lippenstift bringt etwas Farbe ins Bild, aber bitte nur, wenn Sie es gewohnt sind, diesen aufzulegen. Sie sollen sich wohlfühlen und nicht »maskieren«. Ein bisschen Puder schadet in keinem Fall – auch nicht bei Männern. Zu sehr glänzende Gesichter können unsympathisch wirken, aber man findet sie doch recht oft und sie bringen Minuspunkte.

8.1.2 Der Dreh

8.1.2.1 Grundsätzliches

Nachdem Sie sich vorbereitet haben und wissen, was Sie sagen möchten, machen Sie ein paar Trockenübungen. Tragen Sie Ihren Text mehrere Male vor, evtl. vor dem Spiegel. Hierzu müssen Sie die Kamera noch nicht einschalten. Es gilt zunächst einmal zu testen, ob der Text sitzt und wie lange Sie brauchen. Daraufhin sollten Sie bei Bedarf noch mal kürzen.

Achten Sie bei den Probeläufen auch auf Ihre »Ähs« und »Ähms«. Wenn Sie zu viele dieser Füllwörter bzw. Partikel verwenden, vermitteln Sie den Eindruck, dass Sie unvorbereitet sind – außerdem wirken Sie weniger kompetent. Und diese Wörter stören beim Zuhören. Dazu kommt: Sie kosten Zeit. Es zählt jede Sekunde, wenn Sie alles in 90 Sekunden unterbringen wollen.

Auch relativierende Wörter sollten Sie eher sparsam einsetzen. Wörter wie »eigentlich«, »ziemlich«, »relativ« und »eventuell« reduzieren die Aussagekraft. Zu viele Konjunktive müssen es ebenfalls nicht sein. Ihr Ziel ist es, selbstsicher aufzutreten – Sprache und Wortwahl spielen hier eine entscheidende Rolle.

Jetzt schalten Sie die Kamera ein: Beobachten Sie sich selbst bei den ersten Aufnahmen und arbeiten Sie an Ihrer Wortwahl und Ihren Formulierungen, bis Ihre Präsentation flüssig ist und Sie sich sicher fühlen. Machen Sie keine Doktorarbeit daraus, Sie sollen ja auch noch natürlich wirken. Je lockerer und redegewandter Sie wirken, desto besser. Denken Sie auch an den »Sympathieeffekt«, lächeln Sie und zeigen Sie eine positive Stimmung.

Achten Sie unbedingt auch auf Ihre Sprache und Ihr Sprechtempo. Eine klare und gut artikulierte Aussprache hilft, Sie zu verstehen. Sprechen Sie nicht zu schnell – Sie möchten ja, dass man Ihnen folgen kann, außerdem verhaspeln Sie sich so nur und eventuell tauchen wieder Füllwörter auf. Machen Sie lieber kleine Pausen, wenn Sie kurzfristig nicht weiterwissen oder zu sehr stocken.

Gehen Sie mit einem Strahlen vor die Kamera. Sie freuen sich auf den Job. Sie freuen sich darauf, Ihr Gegenüber kennenzulernen. Sie sind überzeugt von dem, was Sie tun und was Sie können. Lassen Sie Ihr Gegenüber das spüren. Vergessen Sie nie, dass Sie sich hier selbst verkaufen. Und was tun Verkäufer? Sie lächeln.

Wenn Sie von Ihren Erfolgen sprechen, dann erzählen Sie darüber so, wie wenn Sie mit Ihrer besten Freundin über Politik, Mode oder Ihren Partner reden würden, in Ihrem natürlichen, engagierten und interessierten Tonfall. Vielen von uns fällt das Sprechen über eigene Erfolge schwer. Wir denken, dass wir dabei arrogant und überheblich wirken. Tatsächlich ist es reine Übungssache und es wird Ihnen leichter fallen, wenn Sie sich dabei an »normale« Alltagsgespräche erinnern.

Tipps

- Nehmen Sie andere mit ins Boot – Ihr Team, Ihre Kollegen, Ihre Geschäftspartner. Verwenden Sie gelegentlich die »Wir-Form«. So werden Sie als Teamplayer wahrgenommen. Trotzdem geht es hauptsächlich um Sie. »Ich-Botschaften« und eigene Erfolge dürfen Sie gerne mit Stolz präsentieren.
- Eine andere Möglichkeit, um nicht als Superstar empfunden zu werden: Reden Sie insbesondere über Fakten. »Im ersten Quartal konnte ich maßgeblich dazu beitragen, den Umsatz um 20 Prozent zu erhöhen.« Klar ist, dass Sie daran beteiligt waren, oder?

Der Text ist zu lang? Sie können sich das alles nicht merken? Dann nutzen Sie einen **Spickzettel**, auf dem die relevanten Stichwörter vermerkt sind und kleben Sie ihn direkt unter die Kamera. Das sehen Ihre Zuschauerinnen und Zuschauer nicht. Die Augen bleiben so in Kamerahöhe und Sie können spicken. Für Smartphones gibt es eigene Teleprompter-Apps, in die Sie Ihren Text wortwörtlich eingeben können und dann nur noch ablesen müssen (siehe »Video-Bearbeitungstools« unten). Das ist aber eher nicht zu empfehlen. Ein abgelesener Text unterscheidet sich doch sehr von einer freien Rede, bei der man merkt, dass Sie mit Leib und Seele frei und spontan von Ihren Erfahrungen berichten. Die Natürlichkeit und Offenheit einer freien Rede ist überzeugend und bringt Ihnen weitere Pluspunkte ein. Sie haben etwas zu bieten – und das dürfen Sie auch zeigen.

Deshalb sind die Proberunden so wichtig, damit Sie Ihren Text immer besser parat haben und flüssiger reden können.

8.1.3 Video-Bearbeitungstools

8.1.3.1 Die Bearbeitung

Meist ist es besser, kurze aufeinanderfolgende Szenen zu drehen, statt ein vollständiges Video am Stück zu erstellen, das von Anfang bis Ende ohne Schnitt oder Übergänge auskommt. Zum einen ist es leichter zu erstellen, da Sie bei einem Fehler nur einige Sekunden neu aufnehmen müssen, zum anderen ist es für den Betrachter spannender und abwechslungsreicher, wenn verschiedene Szenen mit unterschiedlichen Inhalten und Drehorten aufeinanderfolgen.

Für die anschließende Videobearbeitung benötigen Sie eine geeignete Software. Falls Sie bereits Videos bearbeitet haben, verwenden Sie das Programm, das Sie schon haben und mit dem Sie sich auskennen. Sie können sich auf Ihren Windows-Rechner auch das hauseigene Programm »Windows Movie Maker« kostenlos herunterladen. Die Mac-User können »Apple iMovie« nutzen. Sollten Sie keines dieser Programme besitzen, gibt es viele andere hilfreiche Tools. Auch hier gilt: Es muss nicht die Proficersion sein.

Neben den teuren Tools wie Camtasia, Adobe Premiere oder Magix, die sicher gute Arbeit leisten, gibt es gerade für die Smartphones gute Tools, die es Ihnen ermöglichen, Ihre Aufnahmen auf einfache Art und Weise zu schneiden und zu bearbeiten. Geben Sie in die Suchmaschine Ihrer Wahl oder in Ihrem Appstore den Begriff »Videobearbeitungstool Freeware« ein. So finden Sie das Programm, das zu Ihnen passt. Beispiele für Apps sind »YouCut« oder »InShot«.

Tipp

Wenn Sie Ihr Video aufnehmen und sich versprechen: Halten Sie die Aufnahme nicht an und fangen Sie nicht wieder von vorne an. Machen Sie nach dem Versprecher lieber eine längere Pause, damit Sie die Stelle bei der Videobearbeitung wiederfinden, fangen Sie denselben Satz noch einmal an und schneiden Sie die Stelle mit dem Versprecher einfach nachträglich heraus. Damit der Schnitt nicht auffällt, wählen Sie mit der Zoomfunktion eine andere Perspektive, indem Sie einen größeren Ausschnitt von sich zeigen. Nach ein paar Sekunden können Sie wieder zum ursprünglichen Ausschnitt zurückkehren. Keiner hat es gemerkt – die Großaufnahme von Ihnen war genau so von Ihnen geplant.

Vor- und Abspann

Sicherlich ist es von Vorteil, wenn das Video einen kurzen Vor- und Abspann bekommt. Hier können Sie Punkte sammeln, wenn Sie für jede Stelle ein eigenes Video drehen und im Vorspann das Unternehmen sowie die Stelle, für die Sie sich konkret bewerben, angeben. Die gängigen Videobearbeitungstools bieten hierfür diverse Vorlagen und Mustertemplates. Außerdem haben Sie die Möglichkeit, im Abspann noch ein paar Sekunden Ihre Kontaktdaten und Links zu weiterführenden Informationen zu hinterlegen. Machen Sie davon Gebrauch!

Musik
Ob Sie Ihr Video mit Musik hinterlegen, sollten Sie sich sehr gut überlegen. Hier gilt: Passt das zur Firma, bei der Sie sich bewerben? Ist die Musik vielleicht zu aufdringlich? Lenkt sie sogar ab?

Manche Apps bieten Musik an. Achten Sie darauf, dass Sie die Musik verwenden dürfen und weisen Sie im Abspann nach, woher die Musik kommt. Teilweise bieten die Apps, z. B. bei »InShot«, den Button »Copyright kopieren« an. Dann ist der Hinweis mit einem Klick erledigt.

Wir raten von Musik eher ab, denn es geht um Sie. Zudem sollten Ihre Zuschauerinnen und Zuschauer Sie gut verstehen können.

8.1.3.2 Weitere Apps und Tools

Teleprompter
Wie oben bereits erwähnt, gibt es Teleprompter-Apps. Hier können Sie Ihren Text eingeben und ablesen – wie gesagt ist das nicht unbedingt zu empfehlen. Falls Sie dieses Tool doch einmal ausprobieren möchten: Bewährt hat sich hier z. B. »ORATORY«. Das Tool ist leicht zu bedienen und gratis verfügbar.

Filter
Sie möchten etwas ganz Außergewöhnliches? Dann versuchen Sie es doch einmal mit speziellen Filtern, die Sie während des Drehs mitlaufen lassen. Sie wollen Vintage Style oder Retro? Eine Aufnahme in Schwarz-Weiß? Dann verwenden Sie z. B. »YayCam Retro«. Aber übertreiben Sie es nicht. Es muss zur Branche und zur favorisierten Firma passen. Weniger ist hier mehr!

Smartpaper Video
Für die ganz Kreativen: Erstellen Sie Ihre schriftliche Bewerbung in Form einer »digitalen Zeitung«. Bei www.zeitungsdruck-online.de/smartpaper-video können Sie Ihre Bewerbung **als Zeitung** gestalten und direkt in dieser Zeitung Videos abspielen lassen.

Wie funktioniert das? Nachdem Sie die Zeitung im Editor gestaltet haben, übermitteln Sie dem Anbieter Ihr Bewerbungsvideo und legen fest, auf welchen Fotos Ihrer Zeitung es angezeigt werden soll. Der Leser, in Ihrem Fall der Personaler oder Recruiter, installiert eine App, schlägt die Zeitung auf und kann dann, indem er das Smartphone vor die Bilder Ihrer Zeitung hält, Ihr Bewerbungsvideo anschauen. Genial, passt aber natürlich nicht immer und ist auch mit erheblichem Aufwand verbunden. Aber Sie wollen den Job, oder? Also was soll's! Es darf auch mal etwas Außergewöhnliches sein.

8.2 Special #2: Bewerbungswebsite

Was versteht man unter einer Bewerbungswebsite?
Mit einer Bewerbungswebsite haben Sie die Möglichkeit, sich mit allen relevanten Informationen zu Ihrer persönlichen und beruflichen Qualifikation sowie mit Ihrem Erfahrungsschatz übersichtlich an einem Ort darzustellen. Mit dieser Form der digitalen Visitenkarte machen Sie sich unabhängig, sowohl von Jobbörsen als auch bei Design und Aufbau. Doch auch hier gibt es wichtige Regeln und rechtliche Besonderheiten, auf die Sie unbedingt achten sollten.

Eine Bewerbungswebsite ist eine echte Website im Internet, die auf einer eigenen Domain läuft, genau so, wie wir es von anderen Firmenwebsites kennen. Diese Website kann somit als moderne und interaktive Form einer Online-Bewerbung genutzt werden. Durch eine eigene Homepage haben Sie freie Hand, wie Sie sich präsentieren möchten, und können Ihre gesamten Bewerbungsunterlagen online stellen und an verschiedenen Orten durch eine einfache Verlinkung für andere nutzbar machen.

Bei der Erstellung Ihrer Bewerbungswebsite sollten Sie sich natürlich richtig Mühe geben und mehr Informationen und zusätzlichen Input anbieten als in den üblichen Bewerbungsunterlagen. Hier gibt es genug Raum, Ihre vielfältigen Leistungen und Skills zu präsentieren. Sollten Sie einen kreativen Beruf ausüben, wie z. B. Fotograf oder Designer, können Sie sich mit Links zu ehemaligen Projekten interessant darstellen oder gleich Ihre Arbeiten auf Ihrer Website präsentieren.

Wann sollte eine eigene Bewerberhomepage eingerichtet werden?
Aufgrund der steigenden Tendenz, dass immer mehr Arbeitgeber im Bewerbungsprozess online nach Informationen über eine Bewerberin oder einen Bewerber suchen, gibt es bei der Bewerbungswebsite nahezu alle Möglichkeiten, sich von seiner besten Seite zu zeigen. Auch lassen sich so zusätzliche Spuren über die Suchmaschinen-Giganten zum passenden Arbeitgeber legen.

Vermeiden Sie es jedoch, eine Bewerberhomepage nur deshalb anzulegen, weil es gerade »schick« ist. Es ist nicht sinnvoll, eine solche Seite nur aus Prinzip anzulegen, wenn sie kaum zusätzliche und nützliche Inhalte für Ihren zukünftigen Arbeitgeber oder Personalverantwortliche aufweist.

Die Vorteile einer eigenen Homepage bei der Bewerbung
Die Vorteile liegen klar auf der Hand: Sie sind komplett frei in der Gestaltung Ihrer Homepage. Der Fokus liegt auf Ihrer Individualität und den fast grenzenlosen Möglichkeiten, alle wichtigen Informationen, die Ihnen für den Bewerbungsprozess relevant erscheinen, zu hinterlegen und attraktiv zu präsentieren.

So können Sie ein detaillierteres und individuelleres Bild von sich zeigen und in Sachen Selbstpräsentation aus dem Vollen schöpfen. Bei all den Möglichkeiten sollten Sie immer auf eine klare Struktur und auf Übersichtlichkeit achten. Arbeiten Sie mit Unterseiten, um die Startseite nicht zu überfrachten. Achten Sie darauf, dass die Navigation möglichst einfach und übersichtlich gehalten wird, um den Zeitaufwand für den Besucher Ihrer Seite gering zu halten.

Durch eine Downloadfunktion haben Sie außerdem die Möglichkeit, den Zugriff auf Dokumente zu ermöglichen, die den Rahmen einer E-Mail sprengen würden. Auch die Weiterleitung an Kollegen und weitere Beteiligte im Personalauswahlprozess, die sich im Zuge des Bewerbungsprozesses ein Bild von Ihnen machen sollen, wird dadurch deutlich erleichtert.

Ein paar Tipps für die Erstellung einer Bewerbungswebsite
Heutzutage finden Sie auch für technisch nicht so versierte Bewerber einfach einzurichtende Website-Baukästen, die sich sehr gut für diesen Zweck eignen. Hierzu später mehr. Diese Baukästen entsprechen den heutigen modernen und technischen Erfordernissen in Zeiten der Smartphone-Nutzung. Das Responsive Design ist wichtig, da sich dadurch die Anzeige der Bildschirmgröße anpasst. Also brauchen Sie sich hierzu keine Gedanken machen.

Im Online-Zeitalter ist eine eigene Homepage relativ einfach zu erstellen. Alle gängigen Webhoster, wie z. B. »1&1«, »Strato«, »T-Online« und »united-domains« bieten fertige Vorlagen, eine Domain und Webspace bereits für eine kleine monatliche Gebühr an. Achten Sie darauf, dass diese Domain, wenn möglich, Ihren vollständigen Namen enthält. Evtl. ist Ihre Domain www.vorname-nachname.de nicht mehr frei, dann können Sie frei variieren und Ihren Namen einfach mit einem Zusatz ergänzen: z. B. www.bewerbung-vorname-nachname.de oder www.profil-vorname-nachname.de.

Weitere gute Anbieter von Baukastensystemen sind:
- www.homepage-baukasten.de
- www.about.me
- de.wix.com
- de.jimdo.com
- www.weebly.com/de

Bei diesen Anbietern können Sie zumeist gratis einsteigen und sich zunächst ohne Kosten eine eigene Website – allerdings zumeist mit eingeschränkten Funktionen oder mit Werbeeinblendungen – erstellen.

Wenn Sie einen Anbieter für ein CMS, also ein Content-Management-System, bevorzugen, dann ist hier mit einem erheblichen Mehraufwand für die Erstellung zu rechnen. Hier sollte besser ein Profi ran.

Als CMS-Anbieter kommen beispielsweise infrage:
- de.wordpress.com
- www.drupal.de
- www.joomla.de
- typo3.org

Folgende Fragen werden Ihnen dabei helfen, den richtigen Anbieter zu finden:
- Bietet der Anbieter eine Vorlage und ein Layout, die Ihnen gefallen und darüber hinaus auch übersichtlich ist?
- Haben Sie Einfluss auf die Benennung der Domain?
- Wie hoch sind die Kosten?
- Wie sind die Vertragslaufzeiten und Kündigungsmöglichkeiten? Denken Sie daran, dass Ihre Seite vielleicht nur ein paar Wochen online sein wird.
- Gibt es die Möglichkeit, Dateien zum Download zur Verfügung zu stellen oder Videos einzubinden?
- Wie einfach ist die Handhabung bei Änderungen?
- Wird Werbung bei der Gratis- bzw. kostenpflichtigen Version eingeblendet?
- Gibt es einen technischen Support, der Ihnen bei Fragen weiterhelfen kann?

Der Aufbau Ihrer »Imageseite«
Über den Aufbau Ihrer Homepage sollten Sie sich etwas gründlicher Gedanken machen. Im Prinzip können Sie sich an der Struktur einer Bewerbungsmappe orientieren.
- **Die Startseite** ist die wichtigste Seite, die Sie sofort in den Mittelpunkt stellen sollte. Die Startseite ist wie das Deckblatt einer Bewerbungsmappe. Sie dient der ersten Orientierung und liefert Informationen darüber, was den Besucher auf der Website erwartet.
  Zusätzlich zu Arbeitsproben und Projektübersichten können Sie auch einen privaten Bereich gestalten, damit man Sie besser kennenlernen kann. Hier findet der Besucher z. B. »Meine zuletzt gelesenen Bücher«, »Interessante Beiträge aus dem Netz« oder einen Bereich »Q&A – Questions and Answers«, in dem Sie proaktiv auf die Fragen antworten, die im Bewerbungsgespräch üblicherweise gestellt werden. Arbeiten Sie mit vielen ansprechenden oder professionellen Bildern als Eyecatcher, um gleich Interesse zu wecken und um die anderen auf Sie neugierig zu machen.
  Nutzen Sie hierzu auch die Tipps aus dem vorhergehenden Kapitel zur Erstellung eines Bewerbungsvideos. Dieses sollte man dann natürlich auch auf der Bewerberhomepage finden.

- **Persönliches Profil/Kurzprofil/Über mich:** Verwenden Sie hier am besten gleich die Startseite, um sich kurz vorzustellen. Hier findet der Besucher eine möglichst knapp formulierte Selbstpräsentation.
- **Lebenslauf und Anschreiben:** Halten Sie sich hier an die Vorgaben, die Sie für die klassische Bewerbung kennen. Falls Sie auch ein Anschreiben nutzen möchten, sollte dies eher allgemein gehalten sein und insbesondere Ihre Motivation und Ihre Ziele unterstreichen.
- **Verlinken:** Vergessen Sie nicht, Links zu ausgesuchten weiteren Online-Profilen wie XING, LinkedIn oder Facebook zu integrieren. Machen Sie den Personaler so neugierig auf sich und bringen Sie ihn dazu, sich länger mit Ihnen und Ihren »Qualitäten« zu beschäftigen. Wenn dies gut gemacht ist, hinterlassen Sie so einen bleibenden Eindruck.
- **Infos mit Mehrwert:** Denken Sie auch an Arbeitsproben, Referenzen, Pressebeiträge, Auszeichnungen, spezielle Zertifikate oder Links zu Artikeln oder YouTube-Videos, wenn Sie mal ein Interview gegeben haben oder einen eigenen Kanal unterhalten. Denken Sie auch über besondere Skills, Mitgliedschaften in Verbänden oder zusätzliche Qualifikationen nach.
- **Das Impressum** ist Pflicht und besteht aus den folgenden Angaben: Vor- und Nachname, Ihre vollständige Adresse und Ihre Kontaktdaten. Ausnahme ist die Telefonnummer. Diese sollte nur in den geschützten Dokumenten zu finden sein. Das Impressum muss von allen Seiten und Unterseiten aus anklickbar sein.
- **Dokumente:** Hinterlegen Sie Ihre Dokumente im PDF-Format als Downloadmöglichkeit und schützen Sie sie durch ein Passwort. Das Passwort wird in der ersten Mail an den Personalverantwortlichen mitgeschickt. Die Dokumente werden einzeln aufgelistet und nicht wie in einer E-Mail-Bewerbung als ein zusammengefügtes Dokument angegeben. Mit aussagekräftigen Titeln versehen, kann der Personaler hier selbst entscheiden, was genau er sehen möchte.
- **Vorlagen:** Wählen Sie bei den Vorlagen des Baukastenanbieters eine Vorlage aus, die in Stil und Design zu Ihrer Branche passt. Eine Homepage für einen Reiseverkehrskaufmann sollte sich deutlich von der eines ITlers unterscheiden.
- **Aktualität:** Halten Sie Ihre Image-Seite stets aktuell und vollständig. Wie bei der Bewerbung müssen die Angaben natürlich korrekt sein und der Wahrheit entsprechen. Sollten Sie hier zu sehr flunkern, wird dies wie ein Bumerang immer zu Ihnen zurückkommen und Ihnen Nachteile im weiteren Bewerbungsprozess bringen.
- **Vorbilder:** Suchen Sie im Internet nach Beispielseiten, von denen Sie sich etwas abschauen können. Sie merken sofort, welche Seiten aussagekräftig und übersichtlich sind. Kupfern Sie nicht zu sehr ab, aber übernehmen Sie sinnvolle Strukturen und Ideen. Gehen Sie direkt zu den oben genannten Anbietern wie about.me, wix, jimdo, oder weebly oder anderen Webhostern und schauen Sie sich dort die Vorlagen an (z. B. unter den Stichworten Bewerbung, Lebenslauf, Portfolio, Persönliches). So können Sie gleich auch den Anbieter auswählen, der die Vorlage anbietet, die Sie am meisten anspricht.

Obwohl immer mehr Bewerberinnen und Bewerber sehr internetaffin sind, haben bisher nur die wenigsten eine eigene Homepage – daher kann diese einen entscheidenden Vorteil bringen. Falls Sie sich dafür entscheiden, ist es wichtig, dass Ihre Homepage gut strukturiert ist und insgesamt einen positiven Eindruck hinterlässt.

Fazit: Die Bewerbungswebsite ist eine wirkungsvolle Ergänzung zu einer klassischen Bewerbung und kann ein großer Vorteil im Bewerbungsprozess sein, wenn man es versteht, sie ansprechend und interessant zu gestalten. Eine eigene Homepage fördert Ihre Online-Reputation und hinterlässt einen positiven Eindruck, wenn sie professionell sowie visuell und inhaltlich ansprechend gestaltet ist.

Wichtig

Ihre Bewerberwebsite können Sie als »**Aushängeschild**« für Ihre beruflichen Errungenschaften nutzen. Private Informationen und Inhalte dürfen genannt werden, vor allem dann, wenn Sie Ihre Skills unterstreichen.
Die Homepage dient allerdings eher als **Ergänzung Ihrer Bewerbung**. Sie dürfen trotzdem ein individuelles Anschreiben und einen Lebenslauf an das Unternehmen schicken und bereits hier einen ersten positiven Eindruck hinterlassen. Die weiteren Informationen kann sich das Unternehmen bei Interesse später ansehen und dadurch einen noch umfassenderen Einblick zu Ihnen, Ihren bisherigen Projekten und Arbeiten sowie zu Referenzen bekommen.

8.3 Special #3: Online-Bewerbungskampagne

In der Vergangenheit gab es immer wieder sehr erfolgreiche Beispiele von Online-Bewerbungskampagnen. Es gab Philippe Dubost mit seiner Online-Bewerbung im Amazon-Stil oder Jeanne Hwang mit ihrem Pinterest-Board »Jeanne for Pinterest«, das ihren digitalen Lebenslauf darstellte. In Deutschland und Österreich haben insbesondere drei Menschen in den letzten Jahren mit ihren Online-Bewerbungskampagnen für Furore gesorgt:

- Christine Heller mit ihrer Blog-Bewerbung im Bereich Online-Kommunikation
- Jochen Henke mit seiner Facebook-Bewerbung »Jochen for Stiegl« bei einer Brauerei
- Florian Blaschke, der mit seinem Blog-Eintrag »2013: Das Jahr, in dem wir Kontakt aufnehmen?« eine erfolgreiche Online-Bewerbung als Journalist lanciert hat

Alle drei waren erfolgreich mit ihren Kampagnen und haben in relativ kurzer Zeit neue Jobs gefunden. Sie wurden mit großer medialer Aufmerksamkeit bedacht und für ihre Kreativität und Originalität gefeiert.

Wie kann eine Online-Bewerbungskampagne zum Erfolg werden?
Die genannten Online-Guerilla-Kampagnen waren unbestritten originell, und haben gerade aus diesem Grund so gut funktioniert. Es gab vorher noch niemanden, der sich genau auf diese Weise beworben hatte. Je öfter Unternehmen diese Art der Bewerbung sehen, desto weniger Interesse wird sie erzeugen. Die Kreativität, der Mut und die Frechheit, die wir in diesen Kampagnen erkennen und fühlen, sind inspirierend und haben diejenigen, die sich diese Kampagnen überlegt haben, auch deshalb zum Erfolg geführt. Auch wenn es immer schwieriger wird, wirklich originell zu sein: Bisher hat es relativ wenige Nachahmer gegeben. Insofern besteht heute auf alle Fälle immer noch das Potenzial, mit einer originellen Online-Bewerbung große Aufmerksamkeit zu bekommen.

Damit eine Online-Bewerbungskampagne von Erfolg gekrönt sein wird, sollten mehrere Bedingungen erfüllt sein:

- **Ein großes, funktionierendes Netzwerk:** Eine Online-Bewerbungskampagne funktioniert eigentlich nach dem bekannten Prinzip des »Vitamin B«: Der Freund von der Freundin kennt jemanden, der gerade jemanden sucht, nur dass in diesem Fall die Empfehlung online bzw. digital passiert.
  Sie brauchen also eine eigene große Community, viele Kontakte, die Ihre Kampagne unterstützen, weiterempfehlen und mit ihren Kontakten teilen werden. Nur auf diese Weise kann sie Reichweite gewinnen und immer mehr Menschen erfahren von ihr. Das ist die entscheidende Ressource, die Sie benötigen! Die oben genannten Beispiele hatten einen existierenden Blog mit einer bereits großen Fangemeinde. Gerade deswegen haben sie so gut funktioniert.
- **Eine gute Geschichte:** Es braucht eine richtig gute Story, die Sie online zeigen und die alle Antworten auf die Fragen »Wer bin ich?«, »Was zeichnet mich aus?«, »Was sind meine wichtigsten Stärken?«, »Welchen Job suche ich?« und »In welches Umfeld möchte ich genau?« klar und anschaulich gibt.
- **Glaubwürdigkeit:** Ihre Bewerbung wird immer nur dann überzeugend sein, wenn sie in Bezug auf die Kernkompetenzen des angestrebten Jobs glaubwürdig ist. In den genannten Beispielen war das Bloggen bereits die Demonstration der beruflichen Kernkompetenz »Digitale Kommunikation« der Jobs, für die sich Christine Heller und Florian Blaschke bewarben. Die beiden schlugen mit der Bewerbung über ihren Blog gleich zwei Fliegen mit einer Klappe. Das hat geradezu perfekt funktioniert.
- **Diskretion gegenüber dem alten bzw. aktuellen Arbeitgeber:** Eine Online-Bewerbungskampagne ist das Gegenteil einer diskreten, geheimen Jobsuche. Wenn Sie Ihren Job abgeschlossen haben und frei auf dem Arbeitsmarkt verfügbar sind, brauchen Sie sich über Ihren früheren Arbeitgeber keine Gedanken mehr machen. Haben Sie gekündigt, sind jedoch noch im Unternehmen, dann sollten Sie sich gut überlegen, wie Ihr Noch-Arbeitgeber auf diese öffentliche Bewerbung reagieren

wird. Manche Arbeitgeber kann dieses sehr offene und direkte Vorgehen irritieren und überfordern, gerade wenn Ihre Kampagne wie eine Bombe einschlagen sollte.
- **Online-Affinität des Arbeitgebers:** Eine Online-Bewerbung wird dann gut ankommen, wenn Ihre favorisierten Arbeitgeber ebenfalls online-affin sind. Dies wird bei Start-ups oder Agenturen, die sich noch dazu mit (Online-)Marketing oder Online-Medien bzw. -Kommunikation beschäftigen, eher der Fall sein. Diese werden von einer Online-Bewerbungskampagne begeistert sein, wenn sie gut gemacht ist. Und viele, die in der Marketing-, Medien- oder Kommunikationsbranche arbeiten, sind fast zwingend immer irgendwo online, da es zu ihrem täglichen Brot gehört.
- **Zeitaufwand:** Eine Online-Bewerbungskampagne benötigt mehr Zeit, als Sie wahrscheinlich annehmen. Unterschätzen Sie nicht den Aufwand, den Sie für die Vorüberlegungen benötigen, um Ihre Stärken und Erfahrungen in eine starke Geschichte zu verpacken und visuell überzeugend aufzubereiten. Sie werden auch viel Zeit brauchen, um Kommentare und Feedback zu beantworten und in den persönlichen Kontakt zu kommen. Mit einer Online-Bewerbungskampagne stehen Sie in der Öffentlichkeit und haben damit einen gewissen Druck, auf Nachrichten zu reagieren.

Wenn Sie die gerade beschriebenen Bedingungen erfüllen und gerne das Abenteuer »Online-Bewerbungskampagne« wagen möchten, dann beziehen Sie bitte noch folgende Aspekte in Ihre Entscheidung ein, bevor Sie an die Umsetzung gehen:
- **Kritische Stimmen und negatives Feedback:** Das Kommunikationsverhalten im Internet ist oft sehr negativ und diskriminierend, weil sich Menschen anonym äußern können. Bereiten Sie sich innerlich darauf vor, dass Sie unprofessionelle Kommentare und wenig schöne Worte erhalten können. Tolerieren und akzeptieren Sie diese als Teil des Online-Kommunizierens. Antworten Sie immer höflich und professionell, auch wenn es Ihnen sehr schwer erscheinen mag, und konzentrieren Sie sich auf die Sachebene.
- **Risiko einer öffentlichen Blamage:** Diese Art der öffentlichen und absolut transparenten Bewerbung birgt ein hohes Risiko. Sie können damit eine Berühmtheit werden oder aber eine öffentliche Blamage erleben. Da alle zusehen, kann am Ende des Tages die traurige Erkenntnis kommen: Ich stehe auf dem Jobmarkt zur Verfügung, nur: Keiner will mich.

Wenn Sie jetzt weiterhin von den Vorteilen einer Online-Bewerbungskampagne überzeugt sind und es wagen möchten, dann folgen Sie am besten dem folgenden Step-by-Step-Prozess für die Umsetzung:

Step 1: Ihre Geschichte
Sie brauchen eine starke Geschichte. Arbeiten Sie mit folgenden Fragen, um Ihre Geschichte zu entwerfen:

- Was sind meine wichtigsten Stärken? Was kann nur ich?
- Bei welchen Themen oder Aufgaben werde ich zu Hilfe geholt?
- Was sind die besonderen Erfahrungen, die ich beruflich bisher gesammelt habe?
- Wofür interessiere ich mich besonders stark?
- Was hat mir immer besonders viel Spaß gemacht?
- Womit beschäftige ich mich sehr gerne?
- Welche (beruflichen) Themen motivieren mich besonders? Worüber lese ich auch in meiner Freizeit und/oder zu welchen Themen besuche ich Fortbildungen?

Tipp: Brainstorming und Feedback

- Brainstormen Sie mit sich allein und dokumentieren Sie Ihre Gedanken handschriftlich auf Papier. Wiederholen Sie diese Übung mehrere Male in bestimmten Abständen und analysieren Sie dann Ihre Aufzeichnungen. Welche Fähigkeiten tauchen immer wieder auf? Analysieren Sie ganz rational nach der Häufigkeit der auftauchenden Wörter.
- Holen Sie sich die Meinung Dritter ein. Bitten Sie Menschen aus Ihrem engeren Umfeld, Ihnen Ihre Stärken zurückzumelden. Suchen Sie die Menschen auf, die Ihnen ehrliches und konstruktives Feedback geben können. Am genauesten wird das Feedback von den sog. Peers sein, also den Menschen, die mit Ihnen zusammenarbeiten (Kommilitonen oder Kollegen).

Wichtig

Überlegen Sie, wie Sie jede Fähigkeit mit einer konkreten Erfahrung belegen können. Brainstormen Sie auch hierüber. Falls Sie doch in einem strukturierten, kompetenzbasierten Vorstellungsgespräch landen, ist dies die perfekte Vorbereitung dafür: Dort werden Personaler nach konkreten Erfahrungen und Beispielen fragen, um von diesen auf Ihre Kompetenzen zu schließen.

Step 2: Ihre beruflichen Ziele

Die Kernfrage, für die Sie eine Antwort benötigen, lautet: Wie soll meine neue Stelle sein? Dies sollte auf alle Fälle ein Element Ihrer Online-Kampagne sein, damit der potenzielle Arbeitgeber auch »getriggert« wird und sich angesprochen fühlt, wenn er Ihre Bewerbung liest. Er sollte denken: »Der oder die möchte ja genau zu mir!«

Sie können eine Mindmap nutzen, um Ihre Ideen zu visualisieren und zu strukturieren. Bestimmt haben Selbstreflexion und Brainstorming zu Ihren Stärken gute Ideen hervorgebracht.

Step 3: Wahl der Medien

Entscheiden Sie sich, mit welchen Medien Sie Ihre Geschichte transportieren möchten. Sie haben verschiedene Darstellungsmöglichkeiten: Text, Foto, Video und Grafiken. Dazu kommen noch wichtige grafische Gestaltungsmöglichkeiten wie Schriften und Farben. Die Mischung macht's und im Zentrum Ihres Mix sollte mindestens ein visuelles Element stehen: ein Foto von Ihnen, das sich auf den verschiedenen Kanälen wiederfindet – Ihr Profilbild.

Das Foto kann zudem einen Schriftzug/ein Textelement beinhalten (dies bietet sich insbesondere für Pinterest und Instagram an), mit einer direkten Botschaft zu Ihrer Bewerbung. Ein schönes Beispiel hierfür ist das Profilfoto von Jeanne Hwang, die es mit dem Schriftzug »Jeanne for Pinterest« versah – sie wollte unbedingt für Pinterest arbeiten.

Zudem ist ein Video, ebenfalls ein sehr wirkungsreiches Element, das nicht fehlen sollte.

Wichtig

Ihre Online-Bewerbung sollte auf alle Fälle auch einen Überblick über die wichtigsten Stationen Ihrer Ausbildung und Ihres Berufslebens geben. Setzen Sie dies am besten mithilfe einer anschaulichen Grafik um, die Sie sehr gut und relativ einfach mit dem Tool ResumUP kreieren können.

Step 4: Vorbereitung auf das Go-live

Holen Sie sich Feedback, bevor Sie mit Ihrer Kampagne live gehen. Es ist gut, wenn Sie einen oder zwei Sparringspartner haben, die Ihnen zu Ihrer Online-Bewerbungskampagne konstruktives Feedback geben können. Das können Freunde sein – noch sinnvoller ist es, gleich einen Experten in Ihr Team zu holen, also einen Online-Marketingexperten und/oder einen Karrierecoach, der sich mit Online-Bewerbungskampagnen auskennt.

Step 5: Live!

Die Anfangsphase Ihrer Online-Kampagne wird entscheidend für den Erfolg sein. In dieser Phase sollte Ihre Kampagne möglichst oft geteilt und geliked werden, damit ein sog. viraler Effekt entsteht. Um eine möglichst große Verbreitung in den ersten Minuten, Stunden und Tagen zu erzielen, informieren Sie Ihre wichtigsten Unterstützer und Multiplikatoren vorab, damit diese gleich nach der Veröffentlichung aktiv werden können.

Zeit für Kommentare

In der Live-Phase Ihrer Online-Kampagne sollten Sie genügend Zeit in Ihren Tagesablauf einplanen, um Kommentare und Fragen zu beantworten. Wenn jetzt viele Angebote auf Sie einstürmen, was Ihnen zu wünschen ist: Bleiben Sie cool und nehmen Sie sich die Zeit für persönliche Gespräche!

Bei dieser besonderen Art der Online-Bewerbung werden Sie einen ganz anderen Bewerbungsprozess durchlaufen. Er ist weniger strukturiert, spontan und sehr direkt.

Sie werden höchstwahrscheinlich keine strukturierten Interviews oder Assessment-Center erleben, sondern eher sehr persönliche, direkte Gespräche, in denen man sich gleich auf der inhaltlichen Ebene austauscht. Dies ist auf alle Fälle einer der großen Vorteile und Gewinne dieses Vorgehens!

9 Jobinterviews in der digitalen Welt

In der digitalen Welt sind diverse neue Kommunikationsplattformen entstanden, die es Unternehmen leichter machen, mit interessanten Kandidatinnen und Kandidaten Kontakt aufzunehmen, diese kennenzulernen und gezielt zu befragen. In den letzten Jahren haben sich damit neue, digitale Interviewformen entwickelt, die den Unternehmen viele Vorteile bieten und Bewerberinnen und Bewerber gleichzeitig vor zusätzliche Herausforderungen stellen. Viele Unternehmen nutzen heute zum Beispiel den kostenlosen Instant-Messaging-Dienst Skype für Jobinterviews. Manche setzen Videointerviews ein, in denen Kandidaten ohne ein persönliches Gegenüber Interviews durchführen, die im Unternehmen zeitversetzt ausgewertet werden können.

Der Einsatz internetbasierter Medien bietet den Unternehmen mehrere wichtige Vorteile. Um die stark steigende Anzahl von Bewerbungen aus dem In- und Ausland verarbeiten zu können, müssen Arbeitgeber die eigenen Prozesse und Tools in ihren Personalabteilungen optimieren und effizienter gestalten. Mit dem Einsatz von Skype können Unternehmen zum Beispiel Kandidaten, die nicht vor Ort sind, zu einem ersten Interview einladen und befragen, bevor sie sich zu einem persönlichen Interview entschließen, das oft mit hohen Reisekosten und großem Zeitaufwand für die Unternehmen verbunden ist.

Mit zeitversetzten Videointerviews gehen die Unternehmen auf ihrer Suche nach Effizienz im Einstellungsprozess noch einen Schritt weiter. Die in die Vorauswahl gekommenen Kandidatinnen und Kandidaten erhalten per E-Mail Instruktionen und Zugang zu vorbereiteten Interviewfragen. Der Bewerber führt nun das Interview allein ohne den Personaler durch und nimmt seine Antworten mithilfe eines Videoprogramms auf. Für die Beantwortung der Fragen gibt es bestimmte Zeitvorgaben und in den meisten Fällen hat der Kandidat einen Probeversuch, damit er sich mit dem Ablauf vertraut machen kann. Auf diese Weise werden die Koordination der Interviews und deren Auswertung deutlich einfacher, denn Bewerber sowie Personaler können zeitlich völlig unabhängig voneinander arbeiten. Zudem werden Interviewergebnisse zuverlässiger, da sichergestellt ist, dass jeder Kandidat die gleichen Fragen erhält. Damit werden die Ergebnisse absolut vergleichbar. Seit einigen Jahren werden spezielle Videoapplikationen als moderne Recruiting-Tools von Dienstleistern angeboten und eingesetzt, um die Vorauswahl von geeigneten Kandidaten schneller und effizienter zu gestalten.

Skype- und Videointerviews werden heute in den meisten Fällen als erster Schritt im Auswahlverfahren eingesetzt. Unternehmen möchten sich einen ersten Eindruck vom Kandidaten oder von der Kandidatin verschaffen und bestimmte Kompetenzen prüfen, bevor sie diese zum persönlichen Vorstellungsgespräch einladen. Das Skype- und Videointerview ist in den meisten Fällen kürzer als ein persönliches Interview, aber auch hier bestätigt die Ausnahme die Regel. Für alle Interviewformen gilt aus der Sicht des Bewerbers: Je länger es dauert, desto besser! Es kann auf alle Fälle als Zeichen von Interesse gewertet werden, wenn der Interviewer länger als geplant mit dem Bewerber spricht. Bei einem Videointerview ist die Dauer meist wenig variabel, da die Fragen vordefiniert und auch die maximale Länge der Antworten vorgegeben ist.

9.1 Das Skype-Interview

9.1.1 Sicheres Anwenden von Skype

Falls Sie zu einem Skype-Interview eingeladen wurden, sollten Sie sicherstellen, dass Sie das Programm sicher anwenden können. Stellen Sie sich vor, Sie haben Schwierigkeiten, das Gespräch auf Skype anzunehmen und verzögern damit den Start des Interviews um mehrere Minuten. Ihr Gesprächspartner wird, je nachdem wie dick oder dünn sein Geduldsfaden ist, nicht sehr »amused« sein. Er hat im Zweifelsfall wenig Zeit und muss eventuell gleich ins nächste Meeting.

Fühlen Sie sich jetzt erkannt, sollten Sie sich Zeit nehmen, sich mit dem Programm vertraut zu machen. Ihr Gegenüber wird voraussetzen, dass Sie Skype kennen und sicher damit umgehen können.

Wichtig

- Nehmen Sie sich genügend Zeit vor dem Interviewtermin, um sich mit den wichtigsten Funktionalitäten von Skype vertraut zu machen.
- Sie finden in der Hilfe von Skype eine Einführung in das Programm. Sie werden auch auf YouTube sehr gute Tutorials finden, die Ihnen den Gebrauch von Skype erklären. Sie sollten das Programm problemlos starten, einen Kontakt finden, ein Video- und Telefongespräch starten, annehmen und beenden können.

Tipp

Probieren Sie Skype mit einem Freund aus. Auf diese Weise können Sie alle relevanten Funktionalitäten in Ruhe testen und sich mit dem Programm ohne Zeitdruck vertraut machen. Hier können und sollten Sie auch testen, wie stabil Ihre Internetverbindung ist. Ändern Sie, falls notwendig, Ihren Standort bzw. Ihre Raumplanung. Riskieren Sie nicht, Ihren Gesprächspartner zu verärgern, weil Sie sich mehrmals aus- und wieder einloggen müssen.
Vereinbaren Sie bei Beginn Ihres Skype-Interviews mit Ihrem Interviewpartner, wer wen im Falle eines technischen Problems, das trotz aller Vorkehrungen passieren kann, noch einmal anrufen wird. Damit vermeiden Sie ein wirres Hin und Her und Zeitverlust im Worst Case.

9.1.2 Ihr Profil und Nutzername auf Skype

Viele nutzen Skype hauptsächlich für private Kontakte und den Austausch mit Freunden und Familie. Daher finden sich auf Skype in den Nutzerprofilen häufig private Profilfotos und auch als Nutzername werden oft Kosenamen bzw. sehr kreative Fantasienamen verwendet. Dies ist für eine professionelle, berufliche Anwendung nicht passend. Deshalb:

- Verwenden Sie einen Usernamen, der Ihren Vor- und Nachnamen und (bei Bedarf) eine Zahl enthält.
- Nutzen Sie als Profilfoto am besten Ihr aktuelles Bewerbungsfoto. Auf diese Weise erzeugen Sie ein klares, professionelles Bild von sich, das sich beim Betrachter einprägt und mit dessen Hilfe er Sie leichter wiedererkennt. Das Foto, das Sie verwenden, sollte natürlich auch Ihrem aktuellen Aussehen entsprechen, um böse Überraschungen im Interview zu vermeiden.
- Prüfen Sie auch noch einmal die Informationen, die Sie in Ihrem Profil auf Skype hinterlegt haben. Sie können für jede gespeicherte Information festlegen, ob diese öffentlich oder privat sein soll. So haben Sie es selbst in der Hand, persönliche Daten zu schützen.
- In Ihrem Skype-Profil haben Sie die Möglichkeit, eine persönliche Nachricht und eine Kurzbeschreibung in der Sektion »Über mich« einzugeben. Sie können diese Profilkategorien ähnlich wie auf den Online-Plattformen XING oder LinkedIn für berufliche Inhalte nutzen, müssen es aber nicht. Achten Sie auf jeden Fall darauf, dass Sie hier nicht zu persönliche Inhalte einstellen, die Ihren Interviewpartner irritieren oder die dieser als unprofessionell einordnen könnte.
- Eine Option besteht darin, dass Sie sich für private Kontakte ein eigenes Profil mit einem kreativeren Usernamen anlegen und damit beruflichen und privaten Austausch bewusst trennen.

Mit diesen vorbereitenden Maßnahmen leisten Sie einen wichtigen Beitrag dazu, beim einstellenden Unternehmen einen professionellen Eindruck zu hinterlassen.

9.1.3 Raumplanung, Vorbereitung und Test

Überlegen Sie sich gut, wo Sie das Skype-Interview durchführen möchten. Sie sollten in einer möglichst ruhigen Umgebung sein, in der Sie während des Interviews ungestört bleiben. Falls Sie Ihr Büro oder Ihre private Wohnung wählen, in der sich zeitgleich noch andere Personen aufhalten, dann stellen Sie vor dem Interview auf alle Fälle sicher, dass niemand Sie stören wird. Teilen Sie vor dem Gespräch jedem in Ihrer unmittelbaren Umgebung mit, dass Sie während des Interviews nicht zu sprechen sind. Ein Schild mit einem entsprechenden Hinweis hilft, um unwillkommenen Besuch zu verhindern.

Ein weiterer wichtiger Aspekt sind die **Lichtverhältnisse** im Raum. Hier hilft Ihnen am besten ein **Test** mit einem Freund, der Ihnen bestätigen kann, wie hell bzw. dunkel und gleichmäßig ausgeleuchtet das übertragene Bild ist. Nutzen Sie den Test vor dem tatsächlichen Skype-Interview ebenfalls, um **Bildausschnitt, Hintergrund** und **Lautstärke** zu optimieren:

- Setzen Sie sich mit ca. einem halben Meter Abstand vor den Bildschirm. So wird Ihr Kopf und ein Teil Ihres Oberkörpers gut zu sehen sein. Achten Sie auf eine aufrechte Sitzhaltung. Diese wird Sie dabei unterstützen, sich sicher und selbstbewusst zu fühlen und entsprechend auf Ihr Gegenüber zu wirken. Setzen Sie sich deshalb auf alle Fälle an einen Tisch, und nicht einfach auf das Bett oder auf den Boden mit Ihrem Laptop auf den Knien.
- Achten Sie auf einen einfachen, neutralen Hintergrund. Am besten wählen Sie eine weiße, saubere Wand als Hintergrund. Ihr Interviewpartner sollte nicht durch Gegenstände oder Bildmotive im Raum von Ihnen abgelenkt werden. Hängen Sie eventuell Bilder ab, um eine entsprechend große Fläche als Hintergrund zu schaffen.
- Wichtig ist, dass es im Raum hell genug ist. Ihr gesamter Bildausschnitt sollte gut ausgeleuchtet sein. Eventuell hilft Ihnen eine Stehlampe mit mehreren Spots, um diesen Zustand herzustellen. Achten Sie auch darauf, dass eine zusätzliche Lichtquelle nicht zu nah steht. Dann kann es auch passieren, dass man blass wirkt. Ebenso erzeugt Licht von hinten eine eher unvorteilhafte Wirkung.
- Sie sollten gut zu verstehen sein, ohne zu laut zu sein. Konzentrieren Sie sich auf eine deutliche Aussprache und sprechen Sie möglichst langsam. Wir überfordern unser Gegenüber sehr oft, indem wir schnell und viel reden. Dies passiert vor allem leicht in Stresssituationen. Bitten Sie Ihren Testpartner darauf zu achten und Ihnen diesbezüglich Feedback zu geben. Kopfhörer können helfen, eine unangenehme Rückkopplung des Tons zu verhindern. Wählen Sie eher kleine Kopfhörer – sie lenken weniger von Ihnen ab.
- Gedankenstrich in die Zeile darüber.

Eine große Herausforderung besteht in einem Skype- und auch in einem Videointerview darin, in die Kamera zu blicken und damit den direkten Blickkontakt zum Gesprächspartner herzustellen. Dies bedarf einiger Übung. Konzentrieren Sie sich darauf, in Ihre Kamera zu schauen, wenn Sie sprechen. Die meisten Personen konzentrieren sich beim Sprechen auf das Bild auf dem Bildschirm. Eine weitere Ablenkung und Irritation kann auch das eigene Bild darstellen, das auf dem eigenen Bildschirm zu sehen ist. Eventuell ist es sogar sinnvoll, diese Einblendung zu deaktivieren.

9.1.4 Überzeugen im Interview

Neben den technischen Aspekten, die Sie bestmöglich kontrollieren sollten, gibt es verschiedene Techniken, die Sie in einem Skype-, aber auch in einem Videointerview gezielt einsetzen können, um Ihre Wirkung auf Ihr Gegenüber und damit Ihre Überzeugungskraft zu steigern. Wenn wir uns die verschiedenen Bestandteile unserer Kommunikation ansehen, wird klar, worauf Sie sich konzentrieren sollten:

- 23 Prozent unserer Kommunikation belegt der paraverbale Aspekt (alles, was mit unserer Stimme in Verbindung steht, wie z. B. Tonalität, Modulation und Lautstärke).
- Der verbale Aspekt, also das gesprochene Wort, nimmt dagegen nur 7 Prozent ein.
- Der Löwenanteil geht an die Körpersprache: Sie ist mit 70 Prozent der wichtigste Aspekt in unserer Kommunikation.

Um positiv auf Ihr Gegenüber zu wirken und es für sich zu gewinnen, sollten Sie sich also stark auf Ihre Körpersprache konzentrieren.

Ihre Augen

Ihr Gesicht wird in einem Skype- oder Videointerview im Mittelpunkt stehen und damit werden Ihre Augen zu den wichtigsten Elementen Ihrer Körpersprache. Setzen Sie Ihre Augen bewusst ein, indem Sie wichtige Wörter oder Passagen mit weiter als normal geöffneten Augen betonen. Hier kommen auch Ihre Augenbrauen mit ins Spiel – sie werden sich mitbewegen. Auf diese Weise wird Ihre Mimik lebendiger und damit werden Sie noch interessanter für Ihr Gegenüber.

Tipp

Es gibt eine sehr gute Übung, mit der Sie Ihre Mimik trainieren können: Stellen Sie sich Kinder vor, die begeistert und mit weit geöffneten Augen von Ihren Erlebnissen erzählen, wie lecker z. B. das Eis geschmeckt hat oder wie aufregend der Besuch im Tierpark war, als sie einen Löwen gesehen haben. Üben Sie nun zu zweit oder auch allein die »Big Eyes«, indem Sie

- in der ersten Runde ein alltägliches Erlebnis »wie immer« erzählen,
- in der zweiten Runde dasselbe Erlebnis wie ein Kind mit »Big Eyes« erzählen, indem Sie bestimmte Wörter mit weit geöffneten Augen betonen.

Reflektieren Sie sich selbst oder bitten Sie Ihren Sparringspartner, Ihnen Feedback zu geben, welchen Unterschied er in den zwei Runden festgestellt und wie sich Ihre Wirkung verändert hat.

Sie werden sich mit weit geöffneten Augen am Anfang komisch fühlen. Dieses Gefühl ist normal und gehört dazu, wenn Sie neue Dinge ausprobieren. Die »Big Eyes«-Übung wird Ihnen definitiv helfen, die Wirkung Ihrer Mimik zu steigern. Sie werden feststellen, dass sich auch Ihre Stimme ändern wird, wenn Sie Ihre Augen bewusster einsetzen. Sie wird variantenreicher, ausdrucksstärker und lebendiger werden.[21]

21 Vgl. Flume, Peter; Mentzel, Wolfgang: Rhetorik, 2015

Ein Lächeln wirkt Wunder

Ein weiteres, sehr effektives Mittel in jedem Gespräch ist ein Lächeln, mit dem Sie Ihr Gegenüber für sich interessieren und gewinnen können. Ein Lächeln wird aber nur dann zu einer wirklichen Waffe, wenn es echt ist und zum Gesagten passt. Sie können Ihr Lächeln trainieren und sich mit einem Smiley neben dem Bildschirm daran erinnern, Ihr Gegenüber anzulächeln. Es wird Wunder wirken. Denn es wird nicht nur Ihr Gegenüber erfreuen, sondern auch Ihre Gesichtsmuskeln entspannen und sich auf Ihre Stimmung positiv auswirken. Zerbrechen Sie sich nicht zu sehr den Kopf darüber, ob Ihr Lächeln natürlich wirkt oder nicht. Fangen Sie einfach damit an, im Sinne eines »Fake it until you make it!«. Da unser Körper mit unserem Geist und unseren Gefühlen verbunden ist, wird sich der rein körperliche Akt des Lächelns positiv auf Ihren Geist auswirken.

Probieren Sie es aus und üben Sie im Alltag das Lächeln als echtes Geschenk für Ihr Gegenüber und für sich selbst. Gerade in Deutschland sind wir oft sehr ernst und vergessen bei aller Ernsthaftigkeit die positiven Seiten des Lebens. Wie gut kann da ein Lächeln tun, das wir uns selbst und unseren Mitmenschen schenken. Und in einem Skype- oder Videointerview, in dem Ihr Gesicht im Vordergrund steht, werden Sie Ihr Gegenüber mit einem Lächeln für sich einnehmen können.

Ihre Körperhaltung und Ihre Gestik

Auch wenn Ihr Gesicht im Mittelpunkt der Aufmerksamkeit steht, wird auch Ihre Körperhaltung und Ihre Gestik wahrgenommen. Achten Sie also bewusst auf eine aufrechte Körperhaltung. Sie wird Ihnen ein sicheres Gefühl geben und Ihrem Gegenüber Selbstbewusstsein vermitteln. Versuchen Sie, Ihre Hände relativ ruhig zu halten. Stark gestikulierende Hände können Ihren Interviewpartner irritieren und ablenken. Legen Sie Ihre Hände auf dem Schreibtisch ab. Auf keinen Fall sollten sie unter dem Schreibtisch sein. Um ruhiger zu werden, kann es auch hilfreich sein, wenn Sie die Hände falten oder locker ineinanderlegen.

Ein Bild sagt mehr als tausend Worte

Eine positive Wirkung basiert auch auf unserem äußeren Erscheinungsbild. Kleiden Sie sich also angemessen und gleichzeitig individuell – zeigen Sie Ihren persönlichen Stil. Jede Organisation, ob ein privatwirtschaftliches Unternehmen, ein Verein oder eine Stiftung, wird einen eigenen »Dresscode« haben. Recherchieren Sie deshalb vorab auf der Website des Unternehmens, das Sie eingeladen hat, welcher Kleidungsstil dort vorherrscht. Sie werden dies auf Fotos von Mitarbeiterinnen und Mitarbeitern normalerweise gut erkennen können.

Überlegen Sie sich, wie Sie durch ein farbiges Element, ein Kleidungsstück oder ein Accessoire, einen bleibenden Eindruck hinterlassen können. Gerade wenn Sie einen neutralen, vielleicht sogar einen weißen Hintergrund gewählt haben, werden Sie in schwarzen und/oder weißen Kleidungsstücken eher langweilig erscheinen. Haben Sie Mut zur Farbe! Wenn Sie sich erinnern: Ein Bild sagt mehr als tausend Worte. Hinterlassen Sie also durch den einen oder anderen Farbtupfer einen überzeugenden visuellen Eindruck – natürlich ohne zu übertreiben.

9.1.5 Ihr Interview-Storyboard

In einem Skype- oder Videointerview werden Sie als Bewerber in Ihrem Selbstmarketing gefordert sein. Für Ihren Erfolg wird maßgeblich sein, dass Sie Ihren Mehrwert auf den Punkt bringen. In einem Skype- oder Videointerview müssen Sie dies auch noch in viel weniger Zeit schaffen, denn beide sind höchstwahrscheinlich kürzer als ein klassisches Vorstellungsgespräch.

ARBEITSHILFE ONLINE

Bei Ihrer Vorbereitung auf diese herausfordernde Aufgabe wird Ihnen ein Storyboard helfen, das Sie auch während des Interviews als Gedächtnisstütze einsetzen können. Das Storyboard bringt alle relevanten Inhalte, die Sie für das Interview kennen müssen, auf einem Blatt Papier zusammen: das Anforderungsprofil der Stelle, auf die Sie sich beworben haben, Ihr Kompetenzprofil als Kandidat und Ihre wichtigsten Erfolgsgeschichten, mit denen Sie belegen können, die Anforderungen zu erfüllen. Das Storyboard können Sie auch als Arbeitshilfe herunterladen.

	Jobprofil	**Mein Bewerberprofil**	**Meine Success Stories****
Fachliche Kompetenzen*			
Methodenkompetenzen			
Persönliche Kompetenzen			
Soziale Kompetenzen			

Mein Storyboard

* Kompetenz bezeichnet die Fähigkeit eines Bewerbers, die Anforderungen der Unternehmen für eine bestimmte Stelle mithilfe der eigenen Erfahrungen, des Könnens und Wissens zu erfüllen.

** Denken Sie an positive Ergebnisse, die Sie mit quantitativen oder qualitativen Daten, Keywords und konkreten Beispielen be- und umschreiben.

Um das Storyboard auszufüllen, starten Sie mit dem Anforderungsprofil der Stelle, auf die Sie sich beworben haben. Das ist Ihr Referenzpunkt, auf den Sie sich immer wieder gedanklich und auch in Ihren Aussagen beziehen sollten. Das Jobprofil finden Sie in der Stellenanzeige, die immer einen Abschnitt enthält, in dem die geforderten Fähigkeiten aufgelistet werden (normalerweise nach der Beschreibung des Aufgabengebiets). An erster Stelle werden immer die fachlichen Anforderungen und die Berufserfahrung in einem bestimmten Bereich genannt werden, die in den meisten Fällen zu den sog. Muss-Kriterien gehören.

Zur Erstellung Ihres eigenen Kompetenzprofils arbeiten Sie am besten mit Ihrem Lebenslauf. Reflektieren Sie Station für Station, welche Fähigkeiten Sie in welchem Job, in welcher Weiterbildung, in Ihrem Studium oder in Ihrer Ausbildung gezeigt haben und womit Sie diese belegen können. Denken Sie an konkrete Ergebnisse, zu denen Sie maßgeblich beigetragen haben. Wertvolle Erfolgsgeschichten können sein:

- Prämien, Auszeichnungen und Preise (wie z. B. Mitarbeiter des Monats, nachhaltigstes Design des Jahres, effektivstes Kostenprojekt des Monats)
- konkrete Resultate, die sich z. B. auf Umsatzsteigerungen, Kostensenkungen, das Gewinnen neuer Kunden, die Erschließung neuer Märkte, den Abschluss strategischer Projekte beziehen, mit denen Sie messbar zum Erfolg des Unternehmens/der Organisation beigetragen haben
- Veröffentlichungen und Patente
- ehrenamtliches Engagement: Funktionen und Rollen in Vereinen oder Stiftungen, in denen Sie wichtige Beiträge geleistet haben (z. B. Sammeln von Spendengeldern, Organisation von Benefizveranstaltungen)
- sportliche Erfolge: Preise und Titel in regionalen, nationalen oder internationalen Wettbewerben
- sehr gute (und gute) Noten in der Schule, im Studium und/oder in der Promotion und erhaltene Stipendien

Versuchen Sie, bei der Beschreibung der Erfolgsgeschichten so konkret wie möglich zu sein und im Idealfall das Ergebnis mit qualitativen oder quantitativen Daten zu beschreiben, denn diese bringen Objektivität und Gewicht in diese Information. Mit dem Storyboard haben Sie Ihre wichtigsten Argumente vor sich und können, je nach Frage, relevante Kompetenzen mit Ihren wichtigsten positiven Resultaten belegen. Reflektieren Sie in Ihrer Vorbereitung auch Schlüssel- und Fachbegriffe, mit denen Sie Ihre Expertise in bestimmten Fachbereichen unterstreichen und veranschaulichen können.

Mit einem Storyboard können Sie sich schnell und effektiv auf jedes Jobinterview vorbereiten. Bei einem Skype- oder Videointerview können Sie es so platzieren, dass es Ihnen auch während des Gesprächs eine Gedächtnisstütze für Ihre wichtigsten Verkaufsargumente ist, ohne dass Ihr Gegenüber dies mitbekommt. Legen Sie es einfach rechts oder links vom Bildschirm vor sich hin als eine Art Spickzettel.

9.2 Zeitversetzte Videointerviews ohne Interviewpartner

Zeitversetzte Videointerviews werden von Unternehmen gern und immer häufiger zur Vorauswahl von Bewerberinnen und Bewerbern eingesetzt. Sie zeichnen sich dadurch aus, dass Sie als Bewerber keinen persönlichen Interviewpartner haben, sondern mit einem Videoprogramm arbeiten, das Ihnen vorab definierte Fragen präsentiert und den Prozess der Aufnahme Ihrer Antworten leitet. Die Vorteile für Sie – genauso wie für den Recruiter – sind zeitliche und räumliche Flexibilität, mit der Sie Ihre Antwort aufnehmen können. Wie funktioniert ein zeitversetztes Videointerview?

1. Sie werden vom Personaler per Mail zum Interview eingeladen. In dieser Mail sollten alle Informationen enthalten sein, die Sie benötigen: der Link zum Programm und die Frist, bis zu der Sie das Videointerview durchführen sollen.
2. Die Software erklärt Ihnen vorab, wie das Interview ablaufen wird.
3. Normalerweise haben Sie mehrere Testläufe, um sich mit dem Programm vertraut zu machen.
4. Sie lancieren das eigentliche Interview, wenn Sie bereit sind.
5. Dann werden die Fragen eingeblendet. Sie bekommen wenige Minuten Zeit, um sich auf die Antwort vorzubereiten.
6. Sie nehmen Ihre Antwort auf und die nächste Frage erscheint. Vergessen Sie nicht auf »Antwort beenden« zu klicken, wenn Sie weniger Zeit für die Beantwortung gebraucht haben.
7. Dieser Prozess wiederholt sich, bis Sie alle Fragen beantwortet haben. Stellen Sie sich auf ca. 20 Minuten Gesamtdauer ein.

Die technischen Voraussetzungen, die Sie erfüllen müssen, sind einfach: Sie brauchen einen PC oder einen Laptop mit einer Kamera und einem Mikrofon und eine stabile und gute Internetverbindung.

9.2.1 Vorbereitung

Zu jedem Jobinterview gehört eine intensive Vorbereitung. Das Videointerview fordert Sie auf besondere Art und Weise, da die Fragen eingeblendet werden und Sie nur kurze Zeit für Ihre Antwort haben. Üben Sie diese Form des Interviews. Sie können sie mit einem Sparringspartner simulieren. Dieser Probelauf wird nicht zu 100 Prozent der Realität entsprechen, jedoch wird er Ihnen mehr Sicherheit geben. Ihr Trainingspartner kann klassische Interviewfragen auf einen Zettel schreiben, Ihnen zeigen und eine Stoppuhr mitlaufen lassen (ein bis drei Minuten pro Frage). Auf diese Weise trainieren Sie sich für den Ablauf.

Das Videointerview wird Ihre ganze Konzentration erfordern. Deshalb ist es sehr wichtig, dass Sie sich auf den Ablauf einstellen und ihn mehrfach üben. Dann wird er im

Ernstfall weniger Stress erzeugen und Sie können beim Beantworten der Fragen klarer denken!

Erstellen Sie ein **Storyboard** (siehe Kapitel 9.1.5) für das Interview. Es wird Ihnen helfen, sich die Anforderungen der Stelle, Ihre Kernbotschaften und Ihre Erfolgsgeschichten einzuprägen. Sie können es zu Ihrer Sicherheit in der Nähe Ihres Sitzplatzes aufhängen, wenn Sie das Interview durchführen.

Sie sind bestens vorbereitet, wenn Sie Ihre Antworten auf folgende grundsätzliche Fragen finden:

- **»Bitte stellen Sie sich kurz vor«.**
  Best Practice: Gehen Sie nur auf die Stationen und Erfahrungen ein, die für die besagte Stelle relevant sind.
- **»Erklären Sie uns bitte, aus welchem Grund Sie sich auf die ausgeschriebene Stelle beworben haben.«**
  Best Practice: Führen Sie konkret aus, was Sie sich von Ihrem eventuell zukünftigen Arbeitgeber und Ihrem Vorgesetzten erwarten und wünschen.
- **»Zeigen Sie anhand einer konkreten (beruflichen) Situation, wie Sie mit Konflikten umgehen.«**
  Best Practice: Beschreiben Sie ebenso konkret wie detailliert eine reale Konfliktsituation, die Sie erlebt haben und die Sie konstruktiv und nachhaltig lösen konnten. Wie haben Sie interveniert? Was haben Sie genau getan oder gesagt, um die Situation zu lösen?
- **»Zeigen Sie anhand einer konkreten (beruflichen) Situation, wie Sie mit Stress umgehen.«**
  Best Practice: Beschreiben Sie möglichst konkret die Situation und wie Sie sie gelöst haben. Was haben Sie konkret unternommen, damit Sie die Aufgabe gemeistert haben und die Anspannung nachgelassen hat?

Es könnten auch spezifische Fragen zu Kunden und Vertriebsstrategien auftauchen, insbesondere wenn Sie sich für eine Stelle im Marketing oder Vertrieb beworben haben.

- **»Wer sind die wichtigsten Kunden unseres Produkts?«**
  Best Practice: Beschreiben Sie konkret und detailliert, wer die Kunden sind, und zeigen Sie damit, wie intensiv Sie sich mit dem Unternehmen auseinandergesetzt haben!

Bereiten Sie sich auch darauf vor, dass ein Teil der Fragen in einer Fremdsprache gestellt sein kann, um Ihre Sprachenkenntnisse (meistens Englisch) zu testen. Dann sollten Sie die Beantwortung der Fragen auch in der Fremdsprache üben, um im echten Interview möglichst flüssig und korrekt antworten zu können!

9.2.2 Test und Durchführung

Nutzen Sie alle Testläufe im Programm, um sich mit dem Prozedere vertraut zu machen. Interviews ohne Interviewpartner sind für uns sehr ungewöhnlich, denn wir sprechen normalerweise mit einer anderen Person. Hier werden Sie sprechen, ohne dass Sie ein menschliches Gegenüber haben.

Ihre Körpersprache ist auch in dieser Art Jobinterview äußerst wichtig. Erinnern Sie sich an eine aufrechte Sitzhaltung. Lächeln Sie! Verwenden Sie einen Smiley-Sticker als Reminder, den Sie an Ihren Laptop heften.

Tipp

Es gibt ein paar einfache Übungen, mit denen Sie kurz vor dem Interview Ihren Körper entspannen und Ihre Stimme stärken können:

1. Klopfen Sie Ihren Körper komplett ab. Sie können bei den Füßen beginnen und sich dann nach oben arbeiten oder umgekehrt bei den Schultern beginnen. Tun Sie sich nicht weh, klopfen Sie dennoch intensiv.
2. Ihrem Kopf gönnen Sie eine Massage mit den Fingerspitzen.
3. Bearbeiten Sie Ihre Ohrmuscheln, indem Sie sie massieren und damit den Energiefluss in Ihrem ganzen Körper anregen.
4. Stellen Sie sich schulterbreit und aufrecht hin. Beginnen Sie aus den Knien heraus langsam mit steigernder Intensität Ihren Körper zu bewegen. Wenn Sie bei Ihrem Maximum angelangt sind, dann werden Sie wieder Schritt für Schritt langsamer.

Dies wird Sie entspannen, konzentrierter und ruhiger machen. Ihre Stimme wird danach kräftiger und klarer sein.

Ihre Kleidung ist definitiv ein wichtiges visuelles Element Ihres Selbstmarketings. Entscheiden Sie sich mindestens für Business Casual als Dresscode und tragen Sie Kleidung und Accessoires, mit denen Sie visuelle Anker setzen können!

Bei **Licht und Bildausschnitt** gilt das Gleiche, was wir bereits für das Skype-Interview besprochen haben (siehe Kapitel 9.1.3).

10 Online-Assessment-Center (AC)

Immer mehr Unternehmen, insbesondere größere Konzerne und Unternehmen, die oft mehrere Hundert Bewerbungen auf ihre ausgeschriebenen Stellen erhalten, haben ihren Personalauswahlprozess in den letzten Jahren umgestellt bzw. modernisiert und nutzen als neues Tool Online-Assessment-Center (häufig auch als »E-Assessment« oder »Online-AC« bezeichnet). Ihr Ziel ist es, Zeit und Geld zu sparen und eine möglichst gute Vorauswahl geeigneter Kandidatinnen und Kandidaten zu treffen. Bei einem Online-AC müssen die Teilnehmer nicht persönlich erscheinen, sondern bekommen per E-Mail einen Link zugeschickt, über den sie bequem von zu Hause aus Computertests oder spielerische Übungen (im Kapitel 10.7 »Psychometrische Testverfahren« und folgende konkreter betrachtet) durchlaufen. Der Zugang zu einem Online-AC erfolgt über einen kodierten Link oder eine Kombination aus Benutzername und Kennwort. In der Regel kann man ein Online-AC nur einmal absolvieren. Nur Kandidatinnen und Kandidaten, die ihre Eignung im Online-AC erfolgreich bewiesen haben, kommen in die nächste Runde (persönliches Vorstellungsgespräch, Telefon- oder/Skype-Interview oder Präsenz-Assessment-Center).

Online-Assessments bieten eine sehr gute Möglichkeit, bestimmte Fähigkeiten oder Eigenschaften einfach und zeitnah zu testen und festzustellen, inwieweit sich jemand für bestimmte Aufgaben oder Funktionen eignet. Das Online-AC dient so als eine Art »Negativauswahl«. Unternehmen haben die Möglichkeit, ohne großen personellen Aufwand und nahezu vollautomatisch die nicht passenden Bewerber herauszufiltern. Wer bestimmte Aufgaben und Tests nicht adäquat lösen kann oder eine vordefinierte Punktzahl nicht erreicht, wird für das anschließende persönliche Auswahlverfahren nicht weiter berücksichtigt.

Je nach Unternehmen oder zu besetzender Stelle stehen bestimmte Fähigkeiten besonders im Fokus. Bewerben Sie sich beispielsweise für eine Marketingposition, kommt es insbesondere auf Fähigkeiten wie Kreativität, Kommunikationsfähigkeit, analytisches Denken oder Präsentationsgeschick an. Bei einer Position im Bereich Vertrieb stehen voraussichtlich insbesondere wirtschaftliches Denken, Zahlenverständnis, Belastbarkeit oder Verhandlungsgeschick im Fokus.

Ähnlich wie bei einem herkömmlichen Präsenz-AC möchte die einstellende Firma mehr über Sie erfahren, etwa wie viel Einfühlungsvermögen Sie besitzen oder welche Strategien zur Problemlösung Sie kennen und nutzen. Die Tests können somit sehr unterschiedliche Skills ins Visier nehmen und auch Konzentrationsfähigkeit, Merkfähigkeit, Stressresistenz, Zeitmanagement, logisches Denken oder andere persönliche Kompetenzen messen. Auch Sprachkenntnisse, Textverständnis und Mathematikkenntnisse werden häufig getestet. Die Reihenfolge, in der Sie die jeweiligen Tests bearbeiten, können Sie meist selbst bestimmen. Sie müssen normalerweise auch nicht alle Tests direkt hintereinander bearbeiten, sondern können zwischen den Tests Pausen einlegen und sich eine kurze Erholungsphase gönnen.

Im Gegensatz zu einem offline durchgeführten AC entfallen im Online-AC die Beobachter (Assessoren). Trotzdem werden Ihre Eingaben während des Tests natürlich genau erfasst und aufgezeichnet. Bei bestimmten Aufgabentypen kann sogar die Klickgeschwindigkeit oder die Reihenfolge der Bearbeitung wichtig sein.

Die Auswertung Ihrer Testergebnisse geschieht fast immer automatisiert durch einen Algorithmus bzw. eine speziell dafür entwickelte Software. Ein konkretes Feedback zu Ihrem Ergebnis erfolgt oft erst bei einem persönlichen Kennenlernen. Sofern das Unternehmen bereits direkt nach dem Test eine Rückmeldung gibt, erfolgt diese häufig standardisiert, ebenfalls automatisiert und online. Die Testergebnisse werden meist nur quantitativ mit Balkendiagrammen oder Prozentzahlen angegeben und sind somit für den Bewerber schwer verständlich und fast nicht einzuschätzen. Eine qualitative Einordnung erfolgt erst zu einem späteren Zeitpunkt.

10.1 Das Verfahren beim Online Assessment-Center

Häufig testen Online-Assessment-Center nichts anderes als herkömmliche ACs: die fachlichen und persönlichen Kompetenzen der Bewerber, also die Hard Skills und die Soft Skills, die dem Anforderungsprofil der ausgeschriebenen Stelle entsprechen. Sie sollten sich somit insbesondere auf Fähigkeits-, Wissens- und Persönlichkeitstests einstellen und sich natürlich darauf vorbereiten. In der Regel handelt es sich um die drei folgenden Bereiche bzw. Testverfahren:

- **normative Testverfahren:** Hier werden Ihre persönlichen Eigenschaften getestet. Durch die Befragung wird ermittelt, wie Kandidatinnen und Kandidaten im Vergleich zu einer Referenzgruppe zu sehen sind. Man misst somit insbesondere die Kriterien Leistungsmotivation, Handlungsorientierung und Kontaktfähigkeit.
- **ipsative Testverfahren:** Hier werden Sie auf antrainierte Gewohnheiten hin getestet. Es geht also darum, welche Verhaltensweisen und Fähigkeiten Kandidaten und Kandidatinnen bereits in der Vergangenheit erfolgreich angewendet haben. Gewünschte und vorhandene Verhaltensmuster in den Testsituationen können sehr gut mit dem Anforderungsprofil und den Erwartungen des Unternehmens abgeglichen werden.
- **kriterienorientierte Testverfahren:** Es wird hierbei untersucht, wie stark bestimmte Eigenschaften, Merkmale oder Verhaltensweisen ausgeprägt sind.

Die individuellen Testergebnisse können mit Referenzgruppen verglichen werden. So werden die Kandidaten konkreten Bewerbergruppen mit bestimmten Eigenschaften zugeordnet. Es lässt sich feststellen, ob jemand zur entsprechenden Wunschkandidatengruppe gehört, da sich das im Testverfahren ermittelte Kandidatenprofil mit dem gewünschten Anforderungsprofil (Soll-Profil) der zu besetzenden Stelle gut vergleichen lässt.

10.2 Aufbau der Tests

Die Tests sind fast immer nach demselben Schema aufgebaut. Zu Beginn gibt es eine kurze Einführung, in der die Testaufgaben erklärt werden. Danach folgt eine kurze interaktive Sequenz, die den Test näher erklärt und zeigt, wie Sie die Aufgaben bearbeiten sollen. In der Regel müssen Sie bestimmte Aktionen ausführen und können üben, bevor Sie mit dem Test beginnen. Um sicherzustellen, dass Sie die Aufgabe auch wirklich verstanden haben, folgen einige Beispielaufgaben zum Trainieren.

In diesen ersten Abschnitten der Tests gibt es keine zeitliche Beschränkung. Sie können die Übungsaufgaben daher in aller Ruhe durcharbeiten und bei Bedarf mehrmals wiederholen.

Nach den Beispielen werden die wichtigsten Anweisungen für den Test noch einmal zusammengefasst. Wenn Sie den eigentlichen Test dann starten, wird die Zeit gemessen – meist ist sie begrenzt. Ist die Zeit abgelaufen, ist der Test automatisch zu Ende. Viele Fragebögen zur Persönlichkeit haben dagegen keine Zeitbegrenzung. Sie können sie somit in aller Ruhe bearbeiten.

10.3 Vorteile für Unternehmen und Bewerber

Das Online-AC hat für Unternehmen mehrere Vorteile. Die Personalabteilung muss sich danach nur noch mit den Kandidaten beschäftigen, die mit großer Wahrscheinlichkeit geeignet sind und das notwendige Potenzial für die Stelle haben. Die Teilnahme ist komplett unabhängig von Zeit und Ort, da die Kandidatinnen und Kandidaten lediglich einen Computer und einen Internetzugang benötigen, um daran teilzunehmen. Der Koordinationsaufwand zwischen den Bewerbern und dem Unternehmen wird dadurch deutlich vereinfacht.

Die Zeitersparnis ist für beide Seiten sehr groß. Der Bewerber muss nicht extra zum Unternehmen anreisen. Einige Unternehmen geben schon kurz danach ein erstes Feedback. Für Online-Assessments sind zudem keine Beobachter nötig. Die Gefahr, dass der »Sympathieeffekt« oder »Nasenfaktor« eine zu große Rolle spielt, wird so ausgeschlossen. Online-ACs sind daher deutlich objektiver. Durch geeignete Testverfahren, die hier genutzt werden, kann so recht sicher vorhergesagt werden, ob jemand für eine Stelle geeignet ist bzw. die Grundvoraussetzungen erfüllt.

Bewerberinnen und Bewerber können Online-ACs im Vorfeld üben, obwohl sie nie genau wissen, was wirklich auf sie zukommt und aus welchen Übungen das Auswahlverfahren besteht. Im Internet gibt es zahlreiche kostenpflichtige, aber auch kostenlose Testmöglichkeiten, um einen ersten Eindruck zu bekommen und die Testsituation vorab zu trainieren – hilfreiche Links finden Sie weiter unten. Einige Arbeitgeber bieten sogar Online-Auswahlverfahren zur freien Teilnahme auf ihrer Karriereseite an.

10.4 Strategien gegen die Nervosität

Auch wenn Sie an einem Online-Assessment-Center teilnehmen, ohne von Assessoren beobachtet zu werden, werden Sie dabei bestimmt eine gewisse Nervosität verspüren. Wenn Sie aufgeregt oder angespannt sind, bedeutet dies jedoch nicht, dass Sie allgemein ein ängstlicher Mensch sind. Ihre Aufregung bezieht sich auf eine ganz besondere Situation, nämlich die Teilnahme an einem Testverfahren, das einer Prüfungssituation sehr ähnelt und von dem viel abhängt, da Sie natürlich auch schlecht abschneiden und »durchfallen« können.

Auch Redner oder Schauspieler kennen diese Aufregung, die vor einem Auftritt plötzlich kommt. Sie zu unterdrücken oder zu vermeiden ist definitiv nicht die richtige Lösung, da sich die Anspannung auch positiv auf Ihre Leistung auswirken kann. Bearbeiten Sie Ihre Aufgaben deutlich fokussierter und konzentrieren Sie sich komplett auf Ihre »To-dos«. Zusätzliche Energien werden in Ihnen frei. Machen Sie sich also zunächst klar, dass es völlig normal ist, aufgeregt zu sein. Meist fühlen Sie sich schon etwas besser, wenn Ihnen bewusst ist, was jetzt wichtig für Sie ist bzw. was auf Sie zukommt. Gehen Sie das Online-AC daher hoch motiviert, aber nicht verkrampft an.

Üben Sie so viel wie möglich vorab, damit Sie sich an das Lösen von Aufgaben mit Zeitvorgabe gewöhnen. Damit gewinnen Sie für den Ernstfall definitiv an Selbstsicherheit!

Hier einige Links zu kostenfreien Tests:
- www.ausbildungspark.com
- career-test.de/testtraining
- www.squeaker.net/de/Karriere/Vorstellungsgespraech/Assessment-Center/Online-Assessment
- www.berufsstrategie.de/bewerbung-karriere-soft-skills/assessment-center-eignungstest-beispiele.php
- karrierebibel.de/einstellungstest
- www.plakos.de

Falls Sie Online-ACs kategorisch ablehnen, sollten Sie sich im Vorfeld erkundigen, bei welchen Firmen sie angewendet werden und wo Sie daher möglicherweise nicht arbeiten möchten. Mit diesen Online-ACs, auch »Self-Assessments« genannt, können Sie als Bewerber jedoch selbst gut herausfinden, ob eine Bewerbung überhaupt sinnvoll ist oder nicht. Diese Erkenntnis ist sicher von großer Bedeutung für Sie.

Hilfreiche Tipps

1. **Die geeignete Arbeitsumgebung**
   Ein konzentriertes Beantworten der Fragen ist bei Lärm, Hitze oder wenn Sie gerade gestresst sind, nur schwer möglich. Schaffen Sie sich daher unbedingt eine ruhige und möglichst entspannte Arbeitsatmosphäre. Infomieren Sie Ihre Familie oder Mitbewohner, damit diese Sie nicht stören. Ihr Smartphone sollte unbedingt ausgeschaltet sein und auch Fernseher oder Radio dürfen auf keinen Fall nebenbei laufen. Nehmen Sie den Test ernst, denn hier handelt es sich um die erste Phase des Auswahlprozesses.
2. **Übung macht den Meister**
   Wer schon im Vorfeld erste Erfahrungen sammelt, wird von den Übungen nicht überrascht werden. Insbesondere bezüglich des eigenen Zeit- und Stressmanagements ist eine Übungsphase unbedingt zu empfehlen. Wer schon ungefähr weiß, was auf ihn zukommt, kann deutlich lockerer an das Online-AC herangehen und wird dem Druck besser gewachsen sein.
3. **Gutes Zeitmanagement**
   Einige Online-ACs geben kein Zeitlimit vor, innerhalb dessen Sie die Fragen sollen. Sie sollten sich dann so viel Zeit nehmen, bis Sie sich wirklich ziemlich sicher mit Ihrer Antwort sind. Ein Handeln nach dem Pareto-Prinzip (die sogenannte 80/20-Regel – 80 % der Ergebnisse können mit 20 % des Gesamtaufwandes erreicht werden) ist hier sehr zu empfehlen. Gibt es doch eine zeitliche Begrenzung, sollten Sie sich trotzdem nicht zu sehr unter Druck setzen. Die Tests sind nicht darauf ausgelegt, dass Sie alle Aufgaben bearbeiten können. Wenn Sie zu lange an einer Aufgabe sitzen, sollten Sie mutig sein und zur nächsten Aufgabe klicken. Sie werden nur dann den Hauptteil der Aufgaben bearbeiten können, wenn Sie spontan und pragmatisch entscheiden. Halten Sie sich daher nie zu lange mit einer Aufgabe auf und treffen Sie selbstbewusst eine Entscheidung.
4. **Authentizität**
   Auch wenn Sie nicht beobachtet oder kontrolliert werden, sollten Sie sich trotzdem so natürlich wie möglich verhalten. Authentische, ehrliche und spontane Antworten sind meist die besten. Versuchen Sie nicht zu schummeln und lassen Sie nicht jemand anderen an Ihrer Stelle das Online-AC absolvieren, denn oft ist es die Vorstufe zum eigentlichen AC, das später noch folgt. Wer hier zu sehr schummelt, wird fast immer durchschaut, da die Testergebnisse nicht selten beim Termin vor Ort besprochen werden. Man möchte herausfinden, ob die Ergebnisse zu Ihnen

bzw. Ihrem wahren Charakter passen und Sie im Gespräch, also beim Kennenlerntermin, die gleichen Stärken und Verhaltensweisen zeigen.

5. **Eine stabile Internetverbindung**
   Ein instabiles WLAN oder eine langsame Internetverbindung können leicht zu Abbrüchen oder Verzögerungen der Tests führen. Solche Zwischenfälle lenken immer ab und erzeugen zusätzlichen Stress. Stellen Sie auf jeden Fall sicher, dass Ihre Internetverbindung stabil und leistungsstark genug ist. Ihr Tablet oder Ihr Laptop sollten ebenfalls einwandfrei funktionieren und ein eher neueres Modell sein. Für eine gute Technik tragen nur Sie selbst die Verantwortung.

10.5 Wie geht es nach dem Online-AC weiter?

Nach Ihrem Online-AC liegen dem Unternehmen Ihre Ergebnisse vor. Sie werden jetzt ausgewertet bzw. analysiert, bevor es in die nächste Phase geht. Jetzt müssen Sie erst einmal etwas Geduld haben. Das Unternehmen, bei dem Sie sich beworben haben, wird Sie sicher sehr zeitnah kontaktieren, um Ihnen ein erstes Feedback zu Ihrem Abschneiden bzw. Ihren Ergebnissen zu geben, und Ihnen den weiteren Prozess mitteilen. Wenn Ihre Ergebnisse positiv sind, wird der nächste Schritt voraussichtlich die Einladung zu einem persönlichen Gespräch vor Ort sein.

Hier einige Hinweise zur Auswertung der verschiedenen Testverfahren:

- Bei Leistungstests werden häufig für jede richtige Antwort Punkte gegeben und für falsche Antworten Punkte abgezogen. Zur Ermittlung des Endergebnisses werden alle erreichten Punkte addiert.
- Bei psychometrischen Testverfahren oder Persönlichkeitstests wird Ihre Selbsteinschätzung in bestimmten Persönlichkeitsdimensionen ermittelt. Hier gibt es keine richtigen oder falschen Antworten. In vielen Fällen wird vorab ein sogenanntes »Soll-Profil« definiert. Beim Abgleich Ihrer Ergebnisse damit kann herausgefunden werden, ob Sie aufgrund Ihrer Persönlichkeit, Ihrer Skills und Ihrer Werte voraussichtlich auf die zu besetzende Position und zum Unternehmen passen.

Ihre Ergebnisse werden mit Benchmarks bzw. Normgruppen verglichen. Normen sind statistische Vergleichsdaten, die es möglich machen, individuelle Ergebnisse einer Person mit den Resultaten anderer Personen einer vorab definierten Referenzgruppe zu vergleichen. Ihr individueller Wert kann so eindeutig eingeordnet und interpretiert werden. Anhand dieses Vergleichs wird man einen Ergebnisbericht (oft »Report« genannt) erstellen, der die Grundlage für die Entscheidung für oder gegen einen Kandidaten darstellt.

In der Regel bekommen die Kandidaten eine detaillierte und verständliche Rückmeldung über ihr Testergebnis. Es ist jedoch dem Unternehmen vorbehalten, welches Feedback Sie wann erhalten und wie detailliert es ist.

Das Unternehmen darf Ihre Daten nicht ohne Ihre ausdrückliche Zustimmung für andere Zwecke als für das Auswahlverfahren verwenden. Im Normalfall werden die Testergebnisse und Ihre persönlichen Daten für die Dauer des Bewerbungsprozesses in einer internen Datenbank gespeichert. Diese Datenbank befindet sich in der Regel auf gesicherten Servern, auf die nur wenige Personen aus den Unternehmen Zugriff haben. Sie haben auch die Möglichkeit, das Unternehmen zu bitten, Ihre Daten nach Beendigung des Auswahlverfahrens umgehend zu löschen.

10.6 Die wichtigsten Tests in der Personalauswahl

10.6.1 Intelligenztests

Intelligenztests gehören zu den bekanntesten und am besten untersuchten Leistungstests. Erstaunlicherweise existiert aber bis heute noch keine allgemeingültige Definition von Intelligenz. Aufgrund der Vielzahl an Intelligenztheorien – und den davon abgeleiteten Testverfahren – schrieb der amerikanische Psychologe Edwin Boring bereits 1923: »Intelligenz ist das, was der Intelligenztest misst.« Aus diesem Grund ist es auch schwer vorherzusagen, welchen Test ein Unternehmen bei der Personalauswahl nutzen wird. Doch auch wenn es eine sehr große Anzahl an Testverfahren gibt, gehören der »**Intelligenz-Struktur-Test 2000 R**« **(I-S-T 2000R), der** »**Berliner Intelligenzstruktur-Test**« **(BIS)** sowie der »**Wechsler Intelligenztest für Erwachsene**« **(WAIS-IV)** zu den gängigsten und bekanntesten Verfahren in der Personalauswahl. Diese Tests stechen vor allem durch ihre hohe Reliabilität heraus.

Die meisten Intelligenztests bestehen aus mehreren Teilen, in denen verschiedene mentale Grundfähigkeiten getestet werden, die dann zusammen eine Berechnung des allgemeinen **Intelligenzquotienten (IQ)** erlauben. Dabei gelten IQ-Werte zwischen 85 und 115 als durchschnittlich, Werte zwischen 116 und 130 als überdurchschnittlich und Werte größer 130 als weit überdurchschnittlich.[22] Wundern Sie sich aber nicht, wenn Ihnen nach der Bearbeitung eines Intelligenztests nicht Ihr IQ mitgeteilt wird. Weitaus häufiger geben Unternehmen Prozentränge an, die Ihnen sagen, wie viel Prozent der Teilnehmer im Test schlechter als Sie abgeschnitten haben. Gemeint sind dabei aber nicht die Mitbewerber auf die gleiche Stelle, sondern eine Normstichprobe,

22 Vgl. https://de.wikipedia.org/wiki/Intelligenzquotient

die den Test zuvor bearbeitet hat. Dabei entspricht ein Prozentrang von 84 Prozent einem IQ-Wert von 115.

Allerdings ist in der Praxis die allgemeine Intelligenz oftmals gar nicht von Interesse. Häufig werden lediglich einzelne Subskalen aus den Tests herausgegriffen, um die Bewerber auf stellenspezifische Anforderungen zu testen. Beispielsweise kann man sich im Ingenieurwesen auf die Subskala zur »numerischen Intelligenz« oder der »figural-räumlichen Intelligenz« beschränken, während die Subskala »verbale Intelligenz« vernachlässigt werden kann. Somit werden dann die Bewerber nicht bezüglich ihres IQs miteinander verglichen, sondern bezüglich ihrer Werte in der entsprechenden Subskala.

Zu den bekanntesten Aufgabentypen eines Intelligenztests gelten die **Matrizen**. Hierbei werden bestimmte Formen wie Dreiecke oder Quadrate gezeigt, die sich in bestimmten Merkmalen gleichen oder auch unterscheiden. Die Herausforderung besteht nun darin, in der Reihenfolge der Formen ein Muster zu erkennen und herausfinden, welche Antwortalternative diese Reihe ergänzt. Es handelt sich somit um ein Multiple-Choice-Format. Weitere häufig genutzte Aufgabenstellungen sind das Fortführen von Zahlenreihen, Rechenaufgaben oder das Finden von Gemeinsamkeiten. Aber auch ein allgemeiner Wissenstest kann integriert werden.

Während in den USA auch berufsbezogene Intelligenztests wie der »**Wonderlic Personnel Test« (WPT)** für die Personalauswahl eingesetzt werden, haben sich im deutschsprachigen Raum eher die Standardintelligenztests etabliert. Eine Ausnahme ist die »Arbeitsprobe zur berufsbezogenen Intelligenz« (AZUBI), die in einer Version ihren Schwerpunkt auf Büro- und kaufmännische Tätigkeiten, in einer zweiten Version den Schwerpunkt auf technische und handwerkliche Tätigkeiten legt. Allerdings handelt es sich hierbei nicht um einen reinen Intelligenztest, sondern um eine Kombination aus Intelligenztest und Arbeitsprobe. Wichtig zu wissen ist hierbei, dass berufsbezogene Testverfahren dasselbe wie die Standardverfahren messen, mit dem Unterschied, dass sie in einen beruflichen Kontext eingebunden werden, um die Akzeptanz des Bewerbers gegenüber dem Testverfahren zu verbessern.

Da man mit einem Intelligenztest vor allem die allgemeine, angeborene Fähigkeit zum Problemlösen messen möchte, sind Übungsaufgaben eigentlich nicht intendiert. Trotzdem werden Sie – wie bei den meisten Tests – einen Vorteil haben, wenn Sie bestimmte Übungsaufgaben im Vorfeld gesehen und durchgearbeitet haben. Die Website »Ausbildungspark« bietet gute und seriöse Beispielaufgaben zum **Intelligenz-Struktur-Test (I-S-T-2000R)** an, die Ihnen eine gute Vorbereitung auf einen bevorstehenden Intelligenztest ermöglichen.[23]

23 Vgl. https://www.ausbildungspark.com/einstellungstest/vorbereitung-intelligenz-struktur-test-i-s-t-2000-r/

Unterschätzen Sie nicht den Zeitfaktor! Viele Teilnehmer und Teilnehmerinnen lassen sich durch die begrenzte Bearbeitungszeit zu sehr unter Stress setzen und hasten deswegen durch die Aufgaben. Im Endergebnis stapeln sich dann die falschen Antworten. Arbeiten Sie lieber ruhig und konzentriert. Lassen Sie – falls möglich – Aufgaben, die Ihnen zu viel Zeit rauben erst einmal aus, um sie später zu bearbeiten. Blenden Sie die Zeit nicht vollkommen aus, aber lassen Sie sich von ihr auch nicht zu sehr unter Druck setzen.

10.6.2 Aufmerksamkeits-, Konzentrations- und Kreativitätstests

Während Intelligenztests insbesondere allgemeine kognitive Fähigkeiten erfassen, gibt es auch noch Tests zu spezifischen kognitiven Fähigkeiten. So sind insbesondere in der Luftfahrt Aufmerksamkeits- und Konzentrationstests oftmals ein wichtiger Teil der Personalauswahl. Hier werden Fähigkeiten wie das schnelle Verarbeiten und Differenzieren von ähnlichen Informationen oder das Ausblenden unwichtiger Informationen getestet.

Einen sehr ökonomischen Test stellt der »**Aufmerksamkeits- und Konzentrationstest**« **(d2-R)** dar. Dieser setzt sich aus den zwei Buchstaben »d« und »p« zusammen, die oben und/oder unten mit einem bis vier Strichen gekennzeichnet sind. Der Bewerber hat nun 20 Sekunden Zeit, um möglichst viele der mit zwei Strichen gekennzeichneten »d« in einer Zeile anzukreuzen. Insgesamt besteht der Test aus 14 Zeilen. Nach jeweils 20 Sekunden wird der Bewerber immer dazu aufgefordert, zur nächsten Zeile zu springen, egal wie weit er bei der vorherigen Zeile gekommen ist.

Ein weiterer weitverbreiteter Aufmerksamkeitstest ist das »**Frankfurter Aufmerksamkeits-Inventar 2**« **(FAIR-2)**. Die Aufgabe besteht hier darin, aus einer Vielzahl ähnlicher kreisförmiger Symbole in einer Zeile die richtigen zu herauszufiltern. Dafür soll der Bewerber den Stift am Anfang der Zeile ansetzen und die richtigen Symbole mit einem Zacken versehen, ohne dabei den Stift abzulegen. Bei den nicht korrekten Symbolen soll der Bewerber den Strich unterhalb der Symbole verlaufen lassen. Mit dieser kontinuierlichen Linie möchte man sicherstellen, dass keine Symbole ausgelassen werden bzw. dass ausgelassene Symbole nicht durch Zufall als richtig eingeschätzt werden.

Zu den spezifischen kognitiven Fähigkeiten gehört auch die Kreativität. **Kreativitätstests** versuchen, die Fähigkeit, neuartige und nützliche Problemlösungen zu finden, zu erfassen. Es gibt bei Kreativitätstests also nicht eine einzige richtige Lösung – wie bei Intelligenztests –, sondern es geht darum, möglichst viele neuartige Lösungen zu finden. Es wäre damit verfehlt anzunehmen, dass Kreativitätstests nur in »künstlerisch-gestaltenden« Berufen eingesetzt werden. Stattdessen können diese Tests überall dort verwendet werden, in denen Produkte und Prozesse verbessert oder verändert werden müssen.

Als Screening-Verfahren wird häufig der »**Test zum schöpferischen Denken – zeichnerisch**« (**TSD-Z**) genutzt, der eine erste einfache Einschätzung der kreativen Fähigkeiten einer Person ermöglicht. Dabei sollen figurale Fragmente vom Bewerber zeichnerisch vervollständigt werden. Das Produkt wird dann anhand von 14 Kriterien bewertet. Die »**Analyse des schlussfolgernden und kreativen Denkens**« (**ASK**) ist hingegen eine Mischung aus Intelligenz- und Kreativitätstest. Möchte man ausschließlich kreative Fähigkeiten messen, wird das Modul »Kreatives Denken« ohne das Modul »Schlussfolgerndes Denken« genutzt. Ein an den Arbeitskontext angelehnter Test ist die »**Diagnose berufsbezogener Kreativität**« (**DBK-PG**).

Da es sich bei den Aufmerksamkeits- Konzentrations- und Kreativitätstests ebenfalls um Leistungstests handelt, gelten für die Vorbereitung dieselben Regeln wie für Intelligenztests. Zum einen ist es sinnvoll, die verwendeten Verfahren näher kennenzulernen bzw. Übungsaufgaben zu machen. Zum anderen gilt es auch hier, ruhig zu bleiben, konzentriert vorzugehen und sich trotzdem von der Zeitbegrenzung nicht unter Druck setzen zu lassen.

Einen Blick in das »**Frankfurter Aufmerksamkeits-Inventar**« (**FAIR**) können Sie hier werfen: http://www.truecluster.com/JO/fair_g.htm

10.7 Psychometrische Testverfahren

Eine große Herausforderung der Personalauswahl bzw. der beruflichen Eignungsdiagnostik ist, dass sehr viele der zu erfassenden Merkmale nicht direkt beobachtbar und interpretierbar sind. Merkmale wie Persönlichkeit oder Intelligenz kann man nicht anfassen und damit auch nicht direkt messen. Aus diesem Grund werden Tests genutzt, mit denen auf das hinter dem Verhalten liegende Merkmal geschlossen und seine Ausprägung gemessen werden kann. Diese Tests werden »psychometrische« oder »psychologische Testverfahren« genannt.

Natürlich darf man skeptisch sein, ob ein Test, der vorgibt, die Persönlichkeit zu messen, auch wirklich die Persönlichkeit misst – und falls er das tut, wie exakt er ein bestimmtes Merkmal oder eine Fähigkeit misst. Eine Grundvoraussetzung für eine seriöse und präzise Messung ist, dass der Test wissenschaftlich fundiert ist. Das bedeutet, dass eine genaue Vorstellung von dem zu messenden Merkmal besteht und gewisse Qualitätsansprüche an die Testkonstruktion gestellt werden. Um Bewerber miteinander zielgerichtet vergleichen zu können, ist es außerdem notwendig, dass der Inhalt, die Testdurchführung und die Testwertinterpretation genau vorgegeben sind (Standardisierung). Unstrukturierte oder teilstrukturierte Interviews (z. B. das klassische Bewerbungsgespräch) oder projektive Verfahren (z. B. der Rorschachtest) sind keine psychometrischen Tests, da sie nicht (vollständig) standardisiert sind.

Qualitätskriterien

Nicht überall wo »Persönlichkeitstest« draufsteht, ist auch ein hochwertiger Persönlichkeitstest drin. Auf dem Markt gibt es sehr viele unseriöse Tests, deren Ergebnisse nicht brauchbar sind. Um die Effektivität eines Tests beurteilen zu können, haben sich deshalb bestimmte Qualitätskriterien etabliert, denen Testverfahren genügen müssen. Die drei wichtigsten Gütekriterien für Tests sind **Objektivität, Reliabilität** und **Validität**.

Ein Test ist **objektiv**, wenn der Testleiter keinen Einfluss auf die Messung, die Auswertung und die Testwertinterpretation hat. Dabei kann bereits die Stimmung des Testleiters zu Verzerrungen des Ergebnisses führen. Ist der Gesichtsausdruck des Testleiters bei einem Bewerber freundlich, bei einem anderen Bewerber neutral, könnte dies einen nicht zu vernachlässigenden Einfluss auf die Beantwortung der Fragen eines Persönlichkeitstests haben. Am Computer durchgeführte Tests besitzen eine maximale Durchführungsobjektivität. Es muss jedoch zusätzlich gewährleistet sein, dass auch die Auswertung des Tests sowie die Interpretation der Ergebnisse bei allen Teilnehmern in gleicher Weise verläuft. Objektive Tests beinhalten meistens ein Manual für den Testleiter, in dem alle Schritte fest vorgegeben sind.

Ein Test ist **reliabel**, wenn das Merkmal exakt erfasst wird. Testverfahren mit geringer Reliabilität führen zu Fehlurteilen, da die Merkmalsausprägung stark von der »wahren« Ausprägung abweicht. Veranschaulichen kann man sich dieses Prinzip an einer Waage. Nehmen wir an, eine männliche Person mit einem Gewicht von 75 kg steigt auf eine Waage, die ihm einen Wert von 80 kg anzeigt. Nehmen wir nun weiter an, dass dieselbe Person einige Minuten später nochmals auf die Waage steigt und einen Wert von 70 kg erhält. Aufgrund der unterschiedlichen Ergebnisse können wir folgern, dass es sich bei der Waage wohl um kein sehr genaues Messinstrument handelt. Nun werden psychometrische Verfahren niemals so exakt wie eine funktionstüchtige Waage messen, dennoch möchte man auch bei ihnen sicherstellen, dass sie psychologische Merkmale möglichst genau und konsistent erfassen.

Ein Testverfahren ist **valide**, wenn es wirklich das Merkmal misst, das es vorgibt zu messen. Dieser Punkt gilt als das wichtigste Qualitätskriterium, da z. B. ein Intelligenztest eben Intelligenz und nicht Kreativität oder erlernte Fertigkeiten messen soll. Eine wichtige Voraussetzung für einen validen Test ist, dass er sich auf eine wissenschaftliche Theorie stützt, die das zu untersuchende Merkmal erklären kann.

Damit diese Qualitätskriterien erfüllt werden können, ist es zudem wichtig, dass es sich bei den Testleitern um geschultes Personal handelt. Im Bereich der berufsbezogenen Eignungsdiagnostik sollten Sie auf die Zertifizierung des Testanwenders (nach DIN 33430) achten und gegebenenfalls danach fragen. So stellen Sie sicher, dass nur ein entsprechend zertifizierter und kompetenter Testanwender den Eignungstest und dessen Auswertung durchführt.

10.8 Leistungs- und Persönlichkeitstests

Innerhalb der psychometrischen Verfahren wird zwischen Leistungs- und Persönlichkeitstests unterschieden. Bei den **Leistungstests** werden die kognitiven Fähigkeiten des Bewerbers durch Problemlösungsaufgaben geprüft, um einen Eindruck vom maximalen Leistungsverhalten zu bekommen. Viele Aufgaben in Intelligenztests sind deshalb zeitgebunden. Dabei sind zwar alle Aufgaben potenziell lösbar, entscheidend ist aber, wie schnell sie gelöst werden (**Speed-Tests**). Leistungstests müssen aber nicht immer zeitgebunden sein. Eine weitere Möglichkeit ist, dass die Fragen oder Probleme immer schwieriger werden und so überprüft wird, bis zu welcher Frage der Bewerber richtige Antworten geben kann (**Power-Tests bzw. Niveau-Tests**).

Persönlichkeitstests untersuchen hingegen das »typische« oder alltägliche Verhalten. Hierbei soll sich der Bewerber selbst beurteilen und Angaben dazu machen, wie er sich in bestimmten Situationen verhält. Hier gibt es zwar keine richtigen und falschen Antworten wie bei Leistungstests, dennoch haben die Personalverantwortlichen ganz bestimmte Persönlichkeitsmerkmale bzw. deren Ausprägungen im Fokus: entweder, weil bestimmte Eigenschaften eine allgemeine Leistungsbereitschaft sehr gut vorhersagen können oder weil die Stellenanforderungen bestimmte Eigenschaften einer Person verlangen.

Bei Leistungstests kann der Bewerber seine kognitiven Fähigkeiten nicht beschönigen (»faking good«), während es bei Persönlichkeitstests prinzipiell möglich ist, sich in einem besseren Licht darzustellen. Wenn potenzielle Führungspersonen eine Frage wie »Auch in brisanten Situationen kann ich mich gut durchsetzen« vorgesetzt bekommen, werden die meisten Kandidaten diesem Punkt zustimmen, auch wenn es nicht notwendigerweise der Wahrheit entspricht. Interessanterweise hat die Forschung jedoch gezeigt, dass Persönlichkeitstest sehr gute Vorhersagen für das später tatsächlich gezeigte Verhalten machen – auch bei den Menschen, die von sich sagten, sie hätten bei ihren Angaben nicht immer die Wahrheit gesagt. So scheint bereits das Bewusstsein für richtige Verhaltensweisen in bestimmten Situationen das später gezeigte Verhalten positiv zu beeinflussen.

Beispiele für Persönlichkeitstests
Wenn Sie in einem Personalauswahlverfahren einen Persönlichkeitstest ausfüllen sollen, dann möchte man etwas über Ihr »typisches« bzw. alltägliches Verhalten wissen sowie Ihre persönlichen Kompetenzen ermitteln. Ihnen werden dann Aussagen in Form eines Fragebogens vorgelegt, zu denen Sie angeben sollen, ob Sie diese Aussagen ablehnen, ihnen neutral gegenüberstehen oder ihnen zustimmen. Ein mögliches Statement könnte lauten: »Ich versuche immer und zu jeder Zeit, freundlich gegenüber Kollegen zu sein.«

Das mit Abstand bekannteste Testverfahren in diesem Bereich ist das **»NEO-Persönlichkeitsinventar nach Costa und McCrae« (NEO-PI-R)**. Dieser Test basiert auf dem Fünf-Faktoren-Modell der Persönlichkeit und erfasst die Persönlichkeitsmerkmale Extraversion, Neurotizismus, Offenheit für Erfahrungen, Verträglichkeit und Gewissenhaftigkeit. Dabei hat für Personaler vor allem das Merkmal »Gewissenhaftigkeit« eine besondere Bedeutung, da es von allen Persönlichkeitsfacetten am besten das allgemeine Leistungsverhalten einer Person voraussagen kann. Allerdings kommt es immer auf die genauen Stellenanforderungen an, welche Persönlichkeitsdimensionen in der Endbewertung die größte Gewichtung bekommen.

Erfordert eine Stelle häufigen Kontakt mit Kunden oder Verhandlungspartnern, dann werden die Bewerber in der Dimension »Extraversion« miteinander verglichen, da hier Attribute wie »Geselligkeit« oder »Durchsetzungsfähigkeit« von großer Bedeutung sind. Hohe Werte in der Dimension »Neurotizismus« sind dagegen keine gute Voraussetzung, die Stelle zu bekommen, da Facetten wie »Reizbarkeit«, »Ängstlichkeit« oder »Impulsivität« durchweg mit negativen Konsequenzen für das Unternehmen verbunden sind. Da das NEO-PI-R 243 Fragen umfasst, wird in der Personalauswahl häufiger auf das NEO-FFI mit 60 Fragen zurückgegriffen, wobei häufig auch das **»Big-Five Inventory« (BFI-2)** genutzt wird.

Ein psychometrischer Persönlichkeitstest, der speziell für die Personalauswahl konstruiert wurde, ist das **»Bochumer Inventar zur berufsbezogenen Persönlichkeitsbeschreibung« (BIP)**, das anhand von 14 Dimensionen individuelle Eignungsvoraussetzungen erfasst. In der Praxis wird allerdings häufiger das BIP-6F genutzt, da es nur sechs Dimensionen umfasst und damit deutlich ökonomischer einsetzbar ist.

Anders als bei Leistungstests sind für Persönlichkeitstests meist keine Zeitbegrenzungen vorgesehen. Allerdings kann Ihnen der Personalentscheider ein grobes Zeitfenster vorgeben, das Sie für die Bearbeitung einhalten sollten, um nicht den Zeitrahmen des Auswahlverfahrens zu sprengen.

Da Persönlichkeitstests auf dem Prinzip der Selbstbeschreibung basieren, können sich Bewerber prinzipiell auch anders beschreiben als sie eigentlich sind. Nun sollten

Sie sich natürlich nicht »selbst ins Bein schießen«, sich selbst eine Jobzusage verbauen und gnadenlos Ihre potenziellen Schwächen offenlegen. Trotzdem sollten Sie – so gut es geht – bei der Wahrheit, also möglichst authentisch, bleiben. Denn zum einen besitzen die meisten Persönlichkeitstests eine integrierte Lügenskala, die unrealistische Angaben aufdeckt, zum anderen werden Sie mit einer Stelle, die nicht zu Ihnen passt, auf Dauer sowieso nicht glücklich werden. Das Fazit lautet daher: Seien Sie (möglichst) ehrlich, aber nicht dumm oder ungeschickt.

10.9 Recruiting Games

Online-Rollenspiele und Game-Apps werden erst seit Kurzem immer populärer. Seit einigen Jahren entwickelt sich **»Gamification«** im Personalwesen zu einem neuen Trend. Die damit gemeinte Anwendung spieltypischer Elemente in einem spielfremden Kontext wird auch im Rekrutierungsprozess genutzt.

Recruiting Games sind nicht mehr nur ein Nischenphänomen, sondern gehören immer mehr zum Alltag. **Orientierungsspiele** werden häufig schon sehr früh im Bewerbungsprozess eingesetzt, oft schon lange bevor sich jemand beworben hat. Das Recruiting Game kann als Element der Karrierewebsite eines Unternehmens oder über Social Media die Interessenten oder Bewerber erreichen, die sich theoretisch für eine Tätigkeit in diesem Unternehmen interessieren könnten.

Mögliche Kandidaten können sogar noch früher in Kontakt mit diesen Spielen kommen, beispielsweise im Rahmen der **Berufsorientierung**, die in Schulen derzeit eine immer wichtigere Rolle bekommt. Im Rahmen des Unterrichts an der Schule werden immer wieder **Recruiting Games** eingesetzt. Erst so gehen Interessenten auf die Karrierewebsite des jeweiligen Unternehmens und holen sich schon frühzeitig weiterführende Informationen.

Bei Orientierungsspielen ist die psychologische Qualität nicht besonders hoch, aber das Spiel gibt eine erste Orientierung. Die Inhalte, Aufgaben oder Übungen sollten ein möglichst authentisches Erleben der späteren Realität ermöglichen. Die Inhalte werden oft von Psychologen oder erfahrenen Personalentwicklern gemeinsam mit Ausbildern und Auszubildenden oder Schülern entwickelt. Diverse größere deutsche Unternehmen bieten **»Interactive Games«** als Element der Karrierewebsite an. Ziel ist es, das Unternehmen spielerisch kennenzulernen und einen Eindruck davon zu bekommen, wie das Unternehmen »tickt«.

Orientierungsspiele oder Simulationen bieten gute Orientierungsmöglichkeiten für Kandidaten und Unternehmen. Natürlich haben die Unternehmen auch betriebswirtschaftliche Ziele, denn je mehr gute Kandidatinnen und Kandidaten sich bewerben.

desto effizienter (Zeit und Kosten) wird der gesamte Recruiting-Prozess. Es geht jedoch hauptsächlich um den Erstkontakt mit Kandidaten und um das Arbeitgebermarketing. Die Spiele treffen keine Entscheidung, helfen aber dem Personaler, besser Entscheidungen treffen zu können.

In Orientierungsspielen und Simulationen geht es um Folgendes: In möglichst realitätsnahen Situationen oder Szenarien müssen die Kandidatinnen und Kandidaten ihre Kompetenz, Leistungs- oder Konzentrationsfähigkeit unter Beweis stellen. Bewerber leiten in den Online-Spielen beispielsweise virtuelle Konzerne, sollen bei strategischen Entscheidungen Gespür und Kreativität zeigen oder in Zusammenarbeit mit anderen Mitspielern und Mitspielerinnen Lösungen entwickeln. So sollen sie ihre Teamfähigkeit und ihr strategisches Geschick unter Beweis stellen. Spiele eignen sich besonders gut, um die Kombinationsgabe eines Kandidaten einzuschätzen. In Recruiting Games müssen die Kandidatinnen und Kandidaten unter Zeitdruck die richtigen Prioritäten setzen und aus Fehlern lernen. Die so gewonnenen Daten geben Aufschluss über die Produktivität oder Zielorientierung eines Bewerbers. Die Personaler erhalten so noch vor einem Vorstellungsgespräch einen ersten aussagekräftigen Eindruck von einem potenziellen Kandidaten.

Bei spielerisch gestalteten Tests ist es sinnvoll, dass die eingesetzten Tests eine belegbare und hohe Qualität haben. Ein »guter«, aber aus Sicht der Kandidaten abschreckend, langweilig und nüchtern präsentierter Test kann zwar gute Ergebnisse liefern, bewirkt aber nichts für die Arbeitgebermarke bzw. das Branding des Unternehmens.

Einige Firmen nutzen auch «**Matching-Tools**«. Diese interaktiven Tools zielen auf Persönlichkeit und Interessen ab und vergleichen bzw. »matchen« sie mit den Karrieremöglichkeiten im Unternehmen. Sie geben Empfehlungen zu geeigneten Aufgabenbereichen oder Abteilungen, zu denen die Kandidaten passen könnten. Auch wenn diese Instrumente auf Nachfrage bei den Unternehmen, die diese einsetzen, nicht offiziell als »Recruiting-Instrumente« bezeichnet werden, dienen sie dennoch dazu, Employer Branding zu betreiben, Interesse bei möglichen Bewerbern zu generieren und eine erste Vorauswahl treffen zu können. Häufig werden die Spiele in ein Social-Media-Umfeld eingebettet. Aus diesen Gründen Recruiting Games in unserer »digitalen Zukunft« eine noch größere Bedeutung bekommen.

Beispiele für Unternehmen, die Recruiting Games einsetzen

- **Uber** hat ein Simulations-Game entwickelt, bei dem die Nutzerinnen und Nutzer die Möglichkeit haben, einen typischen Arbeitstag eines Uber-Fahrers spielerisch zu erleben. Im Spiel »Uber Drive« müssen die Spieler Fahrgäste von einem Ort zum anderen bringen und können so gleichzeitig ihre Navigationsskills testen.

- Die Marketing- und PR-Agentur **Ketchum** hat ein interaktives Game für Bewerber für ein Praktikum entwickelt. Bei diesem Spiel werden Kreativität, digitale Affinität und schriftliche Kommunikationsfähigkeiten bewertet.
- Auch die Unternehmen **Swarovski, Axa und die Citigroup** sind Unternehmen, die erfolgreich auf Gamified Recruiting setzen.
- Die **Commerzbank** hat das Online-Spiel »Probier dich aus« entwickelt: Die Zielgruppe sind hier potenzielle Auszubildende. Im Rahmen typischer Situationen aus dem Berufsalltag, die sie durchspielen, können sie herausfinden, was hinter den Berufsbildern Bankkaufmann bzw. Bankkauffrau steckt.
- Die **Deutsche Telekom** hat das Projekt »Wissen verändert alles« aufgesetzt: Hier handelt es sich um Spiele zur Identifikation der fähigsten Kandidaten und Kandidatinnen. Mittels eines virtuellen Erkundungsgangs durch die digitalisierte Konzernzentrale in Bonn müssen die Teilnehmer Aufgaben unterschiedlichster Natur bewältigen. Für das schnelle und richtige Lösen bekommen die Kandidaten Punkte. Nach dem Spielende haben Bewerber die Möglichkeit, einen echten Online-Bewerbungstest für einen Ausbildungsplatz zu durchlaufen. Nur die Besten von ihnen werden schließlich zu einem Recruiting-Event beim Unternehmen eingeladen.
- Im Online-Spiel »REVEAL« des weltweit größten Kosmetikherstellers **L'Oréal** gewinnen Young Professionals in Deutschland Einblicke in fünf Funktionsbereiche des Konsumgüterkonzerns. Die Teilnehmer nehmen hier die Rolle eines Management-Trainees ein und haben so die Gelegenheit, die verschiedenen Stationen eines kompletten Produktlaunch-Prozesses im Zeitraffer zu durchlaufen. Die besten Spielerinnen und Spieler werden dann zu einem Bewerberworkshop in die Deutschlandzentrale des Konzerns eingeladen und müssen sich dort beweisen.
- Auf ihrer Recruitingplattform bietet die **Lufthansa** im Internet ein Spiel an, das jungen Menschen bei der Beurteilung ihrer beruflichen Stärken und der Suche nach den dazu passenden Ausbildungsmöglichkeiten weiterhilft. Bei näherer Betrachtung steckt dahinter jedoch weniger ein Spiel im klassischen Sinn als vielmehr ein Multiple-Choice-Fragebogen inklusive einer zugehörigen Online-Auswertung. Das Ergebnis ist vielmehr eine Stärken-/Schwächen-Analyse des Spielers, bei dem die Antworten des Teilnehmers bezüglich der Einschätzung bzw. des Umgangs mit den beschriebenen Situationen und Vorfällen am Flughafen bewertet werden.[24]

Bei nicht gut durchdachten Kampagnen können diese Spiele und Tools auch schnell zum Flop werden. Nicht selten sind es technische Schwächen oder lange Ladezeiten, die den Bewerbern die Lust auf das Unternehmen rauben. Es sollte immer auch die Spieldauer berücksichtigt werden, da sonst eine erhöhte Abbruchgefahr besteht. Für eine erfolgreiche Entwicklung sollten die HR-Abteilung und die IT-Abteilung möglichst eng zusammenarbeiten. Divergente Vorstellungen der Spieleentwickler, was die Zielgruppe als cool und hip empfindet, können schnell aus dem trendigen Tool einen belächelten Flop machen. Das kann im schlimmsten Fall sogar einen Imageschaden

24 Vgl. https://www.hrm.de/fachartikel/recruiting-games:-best-pratice-beispiele-chancen-und-fallstricke-12262

nach sich ziehen, der nur schwer wieder zu reparieren ist. Wer versucht, unbedingt cool zu sein und das Spiel als reine Verkaufsveranstaltung einsetzt, seine Zielgruppe nicht kennt und ein Quiz als Spiel verkauft, wird mit großer Wahrscheinlichkeit nicht erfolgreich sein.

Ein wichtiges Thema in der heutigen Zeit ist die Einhaltung der Datenschutzbestimmungen: Die Teilnehmer der Spiele müssen unbedingt darauf aufmerksam gemacht werden, dass ihre Aktionen oder Resultate ausgewertet werden und dem Unternehmen als Daten zur Verfügung stehen. Es dürfen daher nur Daten von Spielern gesammelt werden, die bereit sind, sich freiwillig zu registrieren und der Verwendung der Daten mit der Registrierung zugestimmt haben. Falls diese Voraussetzungen erfüllt werden, kann ein Recruiting-Game die erste Bindung an den potenziellen Arbeitgeber fördern. Dies zeigen erste Studien mit Onboarding-Apps.

11 Ausblick und Fazit

Bewerbung 4.0 bedeutet in unseren Augen, sich der Welt des digitalen Recruitings mit offenen, neugierigen Augen zu nähern und bewusst zu entscheiden, was effizient und nützlich sein kann, um den Job zu finden und zu bekommen, den Sie sich wünschen. Mit diesem Buch haben Sie nun einen sehr guten Überblick zu den aktuellen Bewerbungs- und Recruiting-Trends sowie einen Leitfaden, mit dem Sie eine geeignete und effiziente Strategie für Ihren Berufseinstieg definieren und umsetzen können.

Sicher werden sich die aktuellen Online-Tools in den nächsten Jahren weiterentwickeln und in Bezug auf Benutzerfreundlichkeit für Bewerber und Recruiter optimiert werden. Es werden viele neue digitale Bewerbungskanäle und Tools entwickelt werden, die Sie nutzen können. Auch wenn Sie vielleicht skeptisch sind, geben Sie den Unternehmen eine Chance. Nutzen Sie die Möglichkeit, den Unternehmen im persönlichen Kontakt Feedback zu geben. Auf diese Weise können Sie selbst mitgestalten!

Der Bewerbungsprozess wird sich im Kern nicht komplett ändern. Entscheidend für Ihren Erfolg als Bewerber oder Bewerberin wird es immer sein, dass Sie sich in Ihr Gegenüber bzw. den Adressaten Ihrer Bewerbung hineinversetzen und das, was Sie zu bieten haben, möglichst prägnant, aussagekräftig und nutzerfreundlich aufbereiten und zur Verfügung stellen. Wenn Sie diese Aufgabe strategisch und gut organisiert angehen, legen Sie die Grundlage für Ihren Erfolg.

Zeigen Sie immer Mut und Selbstbewusstsein, wenn Sie Ihr Profil potenziellen Arbeitgebern anbieten. Sie sind im Bewerbungsprozess Ihre wichtigste Ressource! Bewerbung 4.0 bedeutet auch, Mut zu haben und seinen eigenen Weg zu gehen, auch wenn er anders sein mag. Fokussieren Sie sich auf das, was Sie erreichen möchten, und bleiben Sie beharrlich dran!

Die klassische Methode der Bewerbung, also die Bewerbungsmappe, hat noch nicht komplett ausgedient, auch wenn sie immer seltener verwendet wird. Gerade das, was nicht von der Mehrheit genutzt wird, fällt besonders auf. Zudem wird eine digitale Bewerbung leichter und schneller gelöscht als eine Bewerbungsmappe in den Papierkorb geworfen. Dies kann für Sie bedeuten, auch mal zwischendurch die analoge Variante einer Bewerbung einzureichen. Gerade bei kleinen Firmen kann es eine gute Idee sein, frech zu sein, direkt hinzufahren, zu klingeln und zu fragen, ob jemand für ein kurzes Gespräch mit Ihnen Zeit hat. Sie zeigen so definitiv Ihr großes Interesse und Ihre hohe Motivation. Vielleicht klappt es sogar gleich so mit einem ersten Kennenlernen!

Schauen Sie, wo Sie Ihre favorisierten Arbeitgeber am besten treffen können. Damit ist die Antwort auf die Frage nach dem passenden Bewerbungskanal immer eine individuelle und persönliche. Der Mix ist entscheidend. Nutzen Sie auf jeden Fall mehrere Bewerbungskanäle und scheuen Sie sich nicht vor Absagen, denn die Faktoren »Glück« und »Sympathie« werden immer eine wichtige Rolle spielen.

Viel Erfolg bei der Suche nach Ihrem neuen Traumjob und im Bewerbungsprozess!

Das wünschen Ihnen

Walter Feichtner und Heike Anne Dietzel

von Karrierecoach München

Karrierecoach München

Karrierecoach München (www.karrierecoach-muenchen.de) ist der kompetente Partner bei allen Themen rund um Karriere, berufliche Neuorientierung oder berufliche und persönliche Weiterentwicklung. Unser Team besteht aus 15 sehr erfahrenen Karriereberatern und Coaches. Gerne helfen wir Ihnen dabei, sich selbst noch besser kennenzulernen, Ihre Talente im Bewerbungsprozess oder im Job erfolgreich einzusetzen und diese zielgerichtet weiterzuentwickeln. Im Rahmen eines Coaching-Termins arbeiten wir zusammen an Ihren Zielen. Das Coaching findet bei uns vor Ort in München statt. Gerne können wir Ihnen auch ein Telefon- oder Skype-Coaching anbieten.

In den letzten Jahren haben wir über 2.500 Personen im Rahmen ihrer Bewerbungs- oder Veränderungsprozesse bzw. beruflichen Anliegen erfolgreich unterstützt.

Mit Karrierecoach München finden Sie Ihren beruflichen und/oder privaten Weg passgenau, weil

- wir mit Ihnen Ihre ganz persönlichen/beruflichen Möglichkeiten ausloten.
- wir mit Ihnen Ihre Ziele neu und maßgeschneidert definieren.
- wir konkret auf Ihre individuellen Bedürfnisse eingehen.
- wir Ihre Stärken, Schwächen und Potenziale im Detail analysieren.
- wir Ihnen erfolgreiche Selbstmarketing-Strategien an die Hand geben und mit Ihnen Ihre Selbstpräsentation gezielt trainieren.

Zudem führen wir jedes Jahr ca. 150 Trainings und Workshops für Unternehmen, Hochschulen und Schulen durch. Als Experten bei allen Themen rund um Beruf, Karriere, Persönlichkeits- und Führungskräfteentwicklung schneiden wir unsere Trainings exakt auf den Bedarf der Kunden zu.

Wir unterstützen viele Unternehmen bei der Personalsuche bzw. im Recruiting-Prozess. Bei Personalauswahlverfahren (Potenzialanalysen, Assessment-Center und Development-Center) stehen wir den Unternehmen mit unserem Know-how und unserer langjährigen Erfahrung ebenso zur Seite wie bei Outplacement-Projekten und Führungskräfte-Entwicklungsprogrammen.

Die Autoren

Walter Feichtner

Walter Feichtner ist Dipl.-Kulturwirt (Univ.) und seit über 20 Jahren als Coach und Trainer tätig. Er ist der Inhaber und Gründer von **Karrierecoach München** (www.karrierecoach-muenchen.de), einem Zusammenschluss aus 15 erfahrenen Coaches und Trainern. Er hat in Passau, Tours (Frankreich) und Charleston (USA) studiert.

Nach fast sechs Jahren als Coach, Trainer und Bildungsberater für ein großes bayerisches Bildungsinstitut war er als Personalberater und Headhunter tätig. Er hat dabei wichtiges Know-how bezüglich Personalsuche und -auswahl erworben. Seine Erfahrung aus weit über 700 Vorstellungsgesprächen kommt ihm bei seiner Tätigkeit als Karriereberater sehr zugute, da er genau weiß, was Unternehmen bei der Besetzung von Fach- und Führungskräftepositionen wichtig ist.

Er baute mit einem Kollegen das Unternehmen Human Synergistics in Deutschland auf. Dabei sammelte er wichtige Erfahrungen mit psychometrischen Befragungen in den Bereichen Führungs-, Personal-, Team- und Organisationsentwicklung.

Bei Karrierecoach München unterstützt Walter Feichtner seit zehn Jahren Berufsanfänger, Berufstätige, Fach- und Führungskräfte, die sich beruflich neu orientieren oder weiterentwickeln möchten, im Rahmen von Einzelcoachings, Trainings und Workshops. In den letzten Jahren hat er als Coach weit über 1.500 Kunden betreut. Er ist zudem für mehrere Unternehmen als Personalrecruiter und -berater tätig. Er entwickelt für diese individuelle Auswahlverfahren, Potenzialanalysen sowie Assessment-Center und führt sie mit den Personalverantwortlichen und der Unternehmensleitung durch.

Walter Feichtner ist Gastdozent an über 20 Universitäten, Hochschulen und Schulen in ganz Deutschland zu allen Themen rund um Karriere, Bewerbungsprozess, Assessment-Center und Persönlichkeitsentwicklung.

Er schreibt regelmäßig Presse- und Blogbeiträge und gibt vielen Medien Interviews zu diversen Themen in den Bereichen Beruf und Karriere. Insgesamt gibt es weit über 100 Pressebeiträge von ihm. Auf zahlreichen Job- und Karrieremessen führt er Bewerbungsunterlagenchecks für die Besucher durch und berät sie bezüglich ihrer weiteren beruflichen Entwicklung.

Heike Anne Dietzel

Heike Anne Dietzel ist selbstständige Karriereberaterin und Trainerin. Seit über sieben Jahren ist sie für Karrierecoach München tätig und hat seitdem mehr als 600 Klienten bei der beruflichen Neu- oder Umorientierung erfolgreich beraten und begleitet. Als Beraterin und Trainerin hat sie sich auf die Themen Selbstmanagement und die erfolgreiche Umsetzung von persönlicher und beruflicher Veränderung spezialisiert. In ihren Beratungen und Trainings lädt sie ihre Klienten und Workshopteilnehmer dazu ein, die eigene Person, Stärken und Schwächen, Werte und Lebenssituation offen und konstruktiv zu reflektieren, um neue Perspektiven zu finden und das eigene Potenzial ausschöpfen zu können.

Für Unternehmen ist sie insbesondere als Trainerin für Soft Skills und Change Management tätig. Als Gastdozentin leitet sie an zahlreichen Universitäten, Hochschulen und Business Schools in Deutschland Workshops und Seminare rund um die Themen Bewerbung, Soft Skills und Persönlichkeitsentwicklung. Ihre Beratungen, Workshops und Trainings hält sie auf Deutsch, Englisch und Italienisch.

Grundlage Ihrer Arbeit mit Menschen ist eine zweijährige Selbsterfahrung auf der Basis der humanistischen Psychologie und eine einjährige Weiterbildung in achtsamkeitsbasierter Stressbewältigung (MBSR). Die Diplom-Kulturwirtin war vor ihrer Tätigkeit als Karriereberaterin, Coach und Trainerin viele Jahre bei internationalen Unternehmen in leitenden Funktionen in Deutschland und Italien tätig.

Heike Anne Dietzel schreibt sehr gerne und hat bereits mehrere Bücher, eBooks und Artikel zu beruflichen und persönlichen Themen veröffentlicht.

Stichwortverzeichnis

Inklusive
Arbeits-
hilfen
online

Exklusiv für Buchkäufer!

Ihre Arbeitshilfen zum Download:

- **http://mybook.haufe.de/**
- **Buchcode:** ENU-0667

HAUFE.
Werden Sie uns weiterempfehlen?
www.haufe.de/feedback-buch
Teilnehmen und eReader gewinnen!
Feedback